Informationstechnik

G. Hauske
Systemtheorie der visuellen Wahrnehmung

Informationstechnik

Herausgegeben von
Prof. Dr.-Ing. Norbert Fliege, Hamburg-Harburg

In der Informationstechnik wurden in den letzten Jahrzehnten klassische Bereiche wie lineare Systeme, Nachrichtenübertragung oder analoge Signalverarbeitung ständig weiterentwickelt. Hinzu kam eine Vielzahl neuer Anwendungsbereiche wie etwa digitale Kommunikation, digitale Signalverarbeitung oder Sprach- und Bildverarbeitung. Zu dieser Entwicklung haben insbesondere die steigende Komplexität der integrierten Halbleiterschaltungen und die Fortschritte in der Computertechnik beigetragen. Die heutige Informationstechnik ist durch hochkomplexe digitale Realisierungen gekennzeichnet.

In der Buchreihe „Informationstechnik" soll der internationale Stand der Methoden und Prinzipien der modernen Informationstechnik festgehalten, algorithmisch aufgearbeitet und einer breiten Schicht von Ingenieuren, Physikern und Informatikern in Universität und Industrie zugänglich gemacht werden. Unter Berücksichtigung der aktuellen Themen der Informationstechnik will die Buchreihe auch die neuesten und damit zukünftigen Entwicklungen auf diesem Gebiet reflektieren.

Systemtheorie der visuellen Wahrnehmung

Von Dr.-Ing. Gert Hauske
Professor an der Technischen Universität
München

Mit 138 Bildern

 B. G. Teubner Stuttgart 1994

Die Deutsche Bibliothek – CIP-Einheitsaufnahme
Hauske, Gert:
Systemtheorie der visuellen Wahrnehmung / von Gert Hauske.
Stuttgart : Teubner, 1994
  (Informationstechnik)
  ISBN 3-519-06156-2

Das Werk einschließlich aller seiner Teile ist urheberrechtlich geschützt. Jede Verwertung außerhalb der engen Grenzen des Urheberrechtsgesetzes ist ohne Zustimmung des Verlages unzulässig und strafbar. Das gilt besonders für Vervielfältigungen, Übersetzungen, Mikroverfilmungen und die Einspeicherung und Verarbeitung in elektronischen Systemen.

© B. G. Teubner Stuttgart 1994
Printed in Germany
Druck und Bindung: Präzis-Druck GmbH, Karlsruhe
Einband: P.P.K, S – Konzepte Tabea Koch, Ostfildern/Stuttgart

Zum Nachdenken: "Es ist ganz einfach: man sieht nur mit dem Herzen gut. Das Wesentliche ist für die Augen unsichtbar."

Aus: "Der kleine Prinz" von Antoine de Saint-Exupery.

Vorwort

Dem vorliegenden Manuskript liegt eine Vorlesung zugrunde, die ich unter dem Titel "Psychooptik" seit dem Sommersemester 1970 an der Technischen Universität München für Studenten der Fachrichtung Informationstechnik halte. Diese Vorlesung hat (ein wenig fast im Widerspruch zu den Erwartungen aus ihrem Titel) eine Beschreibung des visuellen Systems des Menschen mittels nachrichtentechnischer Methoden zum Ziel. Grundlegende Kenntnisse, insbesondere der linearen Systemtheorie werden vorausgesetzt, und ich meine, daß die Beschäftigung mit dem visuellen System ein vorzügliches Beispiel für die Anwendbarkeit dieser Methodik darstellt. Darüberhinaus besitzt die systemtheoretische Beschreibung des visuellen Systems eine eminent praktische Bedeutung z.B. für die Fernseh- und Bildwiedergabetechnik sowie für die Bilddatenverarbeitung, denn sie erlaubt, Eigenschaften des biologischen Systems einer technischen Behandlung zugänglich zu machen.

Die Tatsache, daß das vorliegende Buch nicht schon viel früher erschien, hat mit der starken Entwicklung dieses Fachgebietes in den letzten Jahren zu tun, der eine von Jahr zu Jahr erweiterte Vorlesung Rechnung trug. Nachdem die Anwendung klassischer systemtheoretischer Methoden jedoch zu einer gewissen Reife gelangt ist, scheint es gerechtfertigt, eine zusammenfassende Darstellung zu versuchen. Eine sinnvolle Anwendung der linearen Systemtheorie ist dabei im wesentlichen im Bereich der peripheren Sinneskanäle gegeben. Hier liefert die lineare Systemtheorie Aussagen darüber, ob und in welcher Form vorverarbeitete Daten die zentrale Verarbeitung unseres Gehirns erreichen. Diese Aussagen sind wesentlich für die Bestimmung der Grenzleistung unserer visuellen Wahrnehmung und letztlich auch für ein Verständnis der Funktion des ganzen Systems.

Die Bedeutung einer systemtheoretischen Beschreibung des visuellen Systems schon sehr frühzeitig erkannt zu haben, ist das Verdienst von Prof. Dr.-Ing. Dr.-Ing. E.h. H. Marko, dem emeritierten Inhaber des Lehrstuhls für Nachrichtentechnik an der Technischen Universität München. Seiner maßgeblichen Initiative ist es auch zu verdanken, daß die Kybernetik und in ihrem Gefolge die Beschäftigung mit dem visuellen System als Lehr- und Forschungsgebiet an der Technischen Universität München eingerichtet wurde. Auf seine Initiative geht auch die Gründung des Sonderforschungsbereiches "Kybernetik" zurück, durch dessen Förderung ein beträchtlicher Teil der wissenschaftlichen Arbeiten im Rahmen der Forschungsgruppe "Kybernetik" am Lehrstuhl für Nachrichtentechnik entstand. Eine große Anzahl von Beiträgen zur systemtheoretischen Beschreibung des visuellen Systems stammen von Mitgliedern dieser Forschungsgruppe, aufgeführt in historischer Reihung: Dr.-Ing. U. Lupp, Dr.-Ing. W. Wolf, Dr.-Ing. R. D. Tilgner, Dr.-Ing. H. Deubel, Dr.-Ing. Th. Elsner, Dipl.-Ing. Chr. Zetzsche, Dipl.-Ing. G. Kürzinger, Dr.-Ing. B. Wegmann und W. Xu, M.S. Nicht namentlich erwähnt, aber angeführt seien zahlreiche Diplomanden (samt den geduldigen Versuchspersonen, meist jungen Damen, die wegen erstgenannter Eigenschaft ausgewählt wurden), die Themen aus diesem faszinierenden Gebiet bearbeiteten. Allen hier genannten möchte ich an dieser Stelle meinen Dank abstatten.

Mein Dank gilt weiterhin den Mitgliedern der Forschungsgruppe "Bildverarbeitung und Mustererkennung" : vor allem dem Leiter der Gruppe Dipl.-Ing. H. Platzer und Dr.-Ing. J. Hofer, Dr.-Ing. R. Bamler, Dr.-Ing. H. Glünder, Dr.-Ing. J. Steurer, Dr.-Ing. habil. R. Lenz und Dipl.-Ing. B. Molocher, die durch unzählige Anregungen und Denkanstöße im Bereich der Systemtheorie und der Mustererkennung wesentliche Einblicke in dieses Gebiet ermöglicht haben. In meinen Dank möchte ich ferner die Kollegen des Lehrstuhls für Nachrichtentechnik und dabei besonders Herrn Dr.-Ing. habil. G. Söder einschließen, die mich im Umgang mit dem Textverarbeitungssystem beraten haben, und die Herren E. Amelunxen und M. Graben sowie Frau Y. Sun, die mit großem Geschick die zahlreichen Abbildungen anfertigten. Herrn Dr.-Ing. B. Petschik vom Lehrstuhl für Feingerätebau und Getriebelehre danke ich für Diskussionen über die Rasterung von Halbtonbildern. Schließlich möchte ich auch Herrn Dr. J. Schlembach vom Teubner-Verlag für die liebenswürdige und kompetente Betreuung Dank sagen.

Vorwort

Mein Dank gilt nicht zuletzt auch den Studenten meiner Vorlesung, die diese mit kreativen und gelegentlich auch kritischen Beiträgen bereichert haben (trotz der die Kreativität nicht notwendigerweise beflügelnden Aussicht, in diesem Fach auch eine Prüfung ablegen zu müssen). Bei der Abfassung dieses Manuskriptes war mir die Vorstellung einer studentischen Zuhörer- bzw. Leserschaft eine stete Hilfe und Ansporn. Ich wünsche mir, daß dieses Buch Anregung und Leitfaden für die Beschäftigung mit der faszinierenden Maschinerie unseres visuellen Systems sein möge.

München, im März 1994   G. Hauske

Inhaltsverzeichnis

Kapitel 1: Einleitung   1

1.1 Die Rolle der Systemtheorie in der visuellen Wahrnehmung 1
1.2 Ziel und Inhalt des Buches 7

Kapitel 2: Grundlagen aus der Optik   11

2.1 Bildentstehung, Abbildungsgüte 11
    2.1.1 Geometrische Optik 11
    2.1.2 Beugungsoptik 14
    2.1.3 Beispiele zur Beugungsoptik 17
2.2 Systemtheorie der optischen Abbildung 21
    2.2.1 Einführung in die eindimensionale Systemtheorie 21
    2.2.2 Mehrdimensionale Systemtheorie 25
    2.2.3 Beispiele zur Systemtheorie abbildender Systeme 28
2.3 Lichttechnische Größen und Einheiten 36

Kapitel 3: Das Auge und seine Mechanismen   45

3.1 Anatomie 45
3.2 Abbildungseigenschaften 50
3.3 Akkommodation 55
3.4 Pupille 58
3.5 Adaptation 62

Kapitel 4: Der Gesichtssinn als Übertragungskanal   67

4.1 Klassisch-historische Daten 67
    4.1.1 Überblick 67
    4.1.2 Wahrnehmung von Leuchtdichteunterschieden 68
        4.1.2.1 Form und Helligkeit 68
        4.1.2.2 Zeiteffekte und einige Experimente 70
    4.1.3 Absolute Wahrnehmungsschwelle 76
    4.1.4 Sehschärfe 79
4.2 Zeitfrequenzabhängigkeit 86
    4.2.1 Empirische Daten 86
    4.2.2 Praktische Anwendungen 91
4.3 Zeitverhalten 93
    4.3.1 Wechsellichtsprung 93
    4.3.2 Reaktionszeitmethodik 95
    4.3.3 Schwellenmessungen 100
4.4 Ortsfrequenzabhängigkeit 103
    4.4.1 Empirische Daten 103
    4.4.2 DeVries-Rose Gesetz 109
    4.4.3 Zweidimensionale Muster 112
    4.4.4 Überschwellige Muster 114
4.5 Ortsverhalten 116
    4.5.1 Machbänder, Hermanngitter 116
    4.5.2 Craik-O'Brien Effekt 121
4.6 Zeitfrequenz- und Ortsfrequenzverhalten 125
    4.6.1 Empirische Daten 125
    4.6.2 Flimmerphänomene beim Fernsehen 129
    4.6.3 Kurzzeitdarbietung unterschiedlicher Ortsfrequenzen .. 138
    4.6.4 Augenbewegungen 139
4.7 Biologische Mehrkanalkonzepte 153
    4.7.1 Unterscheidung zwischen Rechteck- und Sinusgitter ... 155
    4.7.2 Ortsfrequenzadaptation 156
    4.7.3 Maskierung 161

4.7.4 Wahrnehmbarkeit zusammengesetzter Muster 166
4.7.5 Mehrdimensionale Mehrkanalkonzepte 170
4.8 Technische Mehrkanalkonzepte 173
    4.8.1 Codierung, Datenkompression 173
    4.8.2 Multiraten-, Multiskalenverarbeitung 177
    4.8.3 Analytisches Signal 178
    4.8.4 Texturunterscheidung 181
    4.8.5 Bildqualitätsmodell 182
    4.8.6 Bildvorverarbeitung, Lokalisierung 185
    4.8.7 Krümmungsdetektion 188
4.9 Farbe 191
    4.9.1 Farbmischung und -metrik 191
    4.9.2 Farbe und Form 198
4.10 Müller-Lyer Täuschung 202
    4.10.1 Systemtheoretische Interpretation 203
    4.10.2 Kognitive Interpretation 205
4.11 Tiefensehen 207
    4.11.1 Binokulares Tiefensehen. 207
    4.11.2 Monokulares Tiefensehen 212

Kapitel 5: Anhang   215

5.1 Das analytische Signal 215
5.2 Wichtige Fourierkorrespondenzen 220
5.3 Cosinusgitter 222
5.4 Kenngrößen von Mehrkanalmodellen 224

Kapitel 6: Schrifttum   231

6.1 Einführende Bücher 231
6.2 Weiterführende Literatur 236

Sachverzeichnis   263

Kapitel 1
Einleitung

1.1 Die Rolle der Systemtheorie in der visuellen Wahrnehmung

Selbst im Vergleich mit hochintegrierten mikroelektronischen Schaltungen ist unser Nervensystem von unglaublicher Komplexität. So mag der Versuch, die zunächst für technische Systeme entwickelte (lineare) Systemtheorie auf das visuelle System mit all seinen erstaunlichen Leistungen anzuwenden, gut gemeint, aber letztlich doch untauglich sein. Überdies wurden in jüngster Zeit im Bereich der Künstlichen Intelligenz und der Neuronalen Netze nichtlineare Modellstrukturen mit erstaunlich komplexen Leistungen entwickelt, was die berechtigte Frage aufwirft, warum es dennoch sinnvoll ist, sich mit einer eher traditionellen Betrachtungsweise zu beschäftigen.

Ein wesentlicher Grund ist, daß das Funktionieren der (nichtlinearen) zentralen Verarbeitung geeignet vorverarbeitete Signale voraussetzt. Signale müssen, ehe sie einer zentralen Instanz zur Verfügung stehen können, in einen dem Nervensystem angemessenen Code umgewandelt, transportiert und in einer für die Weiterverarbeitung geeigneten Weise vorverarbeitet werden. Diese Aufgabe wird vom peripheren visuellen System geleistet. Daraus folgt umgekehrt, daß die Funktion des Gesamtsystems nur im Zusammenwirken von peripherer und zentraler Verarbeitung verstanden werden kann.

Die Anwendbarkeit der linearen Systemtheorie auf das periphere visuelle System wird durch eine Anzahl struktureller und funktioneller Eigenschaften begünstigt. Ein wichtiges Charakteristikum dieses Systems ist dabei eine bei aller Komplexität deutliche, anatomisch und neurophysiologisch nachweisbare struktuelle Ordnung. Diese Ordnung besagt funktionell etwas vereinfacht ausgedrückt, daß ein Bild eines Objektes schrittweise über eine Anzahl von Zwischenschichten in immer zentraler liegende Bereiche des Gehirns transportiert wird, um dort eingehend analysiert zu werden. Bereits Leonardo da Vinci hat die Vorstellung eines schrittweise erfolgenden Informationstransportes vom Auge ins Gehirn in einer seiner anatomischen Skizzen angedeutet (Abb. 1.1). Heutige anatomische Befunde zeigen uns natürlich sehr viel genauer, wie das visuelle System aus einzelnen neuronalen Elementen aufgebaut ist. Ein wichtiger Aspekt dieser Struktur ist die klare retinotope Ordnung (Abb. 1.2), die es erst erlaubt, von einem im Nervensystem vorliegenden internen Bild zu sprechen. Benachbarte Bildpunkte der Retina bleiben danach über mehrere Verarbeitungsstufen hinweg benachbart, weshalb dieser Teil der neuronalen Informationsübertragung als Bildübertragung charakterisiert und näherungsweise systemtheoretisch analysiert werden kann. Zur Beschreibung ist dabei eine mehrdimensionale Systemtheorie mit zwei Ortsdimensionen und einer Zeitdimension Voraussetzung.

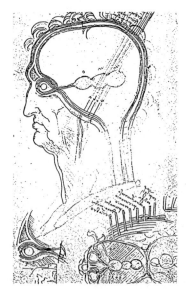

Abb. 1.1 Leonardo da Vinci's Vorstellung von der schritt- bzw. besser blasenweisen Informationsverarbeitung im visuellen System des Menschen. ❑

1.1 Die Rolle der Systemtheorie in der visuellen Wahrnehmung 3

Wir wollen uns zunächst fragen, welche Leistung ein lineares System prinzipiell erbringen kann und welche Bedeutung diese Leistung im Zusammenspiel der verschiedenartigen Komponenten unserer visuellen Wahrnehmung besitzt. Dazu vergegenwärtigen wir uns, daß bei einer Übertragung in linearen Systemen die Sinusform erhalten bleibt, Amplitude und Phase jedoch variieren können. In einem linearen System erfolgt damit eine Signalformung durch die in der Übertragungsfunktion definierte Bewertung einzelner (sinusförmiger) Frequenzkomponenten nach Amplitude und Phase. Die Kenntnis der Übertragungsfunktion erlaubt damit Aussagen darüber, welche Frequenzkomponenten wie stark am Ausgang eines Systems vorhanden sind.

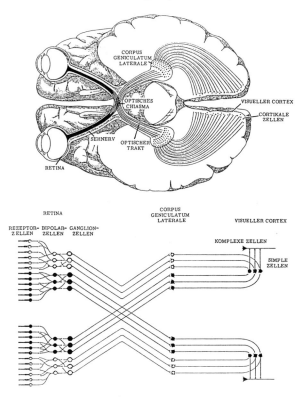

Abb. 1.2 Oben: Anatomische Darstellung der Struktur des visuellen Systems (Schnitt von unten betrachtet) mit den Komponenten Augenoptik, Retina, Sehnerv, Corpus Geniculatum Laterale, optischer Trakt und visueller Cortex. Binokulare Summation wird in getrennten Cortexhälften für je eine Gesichtshälfte ausgeführt (nach Pettigrew, 1972). Unten: Schema der neuronalen Verschaltung. Funktionell wichtige Verarbeitungsstufen mit retinotoper Ordnung sind (Schiller, 1986): Abbildung in der Augenoptik, Wandlung in elektrische Potentiale/Nervenimpulse in der Retina, periphere Vorverarbeitung in der Retina und im Corpus Geniculatum Laterale, Transport im Sehnerven und im optischen Trakt, sowie zentrale Repräsentation und Verarbeitung im visuellen Cortex. ❑

Daraus lassen sich wichtige Schlüsse über die Grenzleistung eines Systems ziehen. Frequenzen, die im peripheren visuellen System nicht oder nur sehr schwach übertragen werden, sind auch für die weitere zentrale Verarbeitung nicht verfügbar und somit nicht relevant. Eine obere Grenzfrequenz, also eine Frequenz, oberhalb der nichts oder nur wenig übertragen wird, existiert im Zeitfrequenzbereich als Dämpfung hoher Zeitfrequenzen, hervorgerufen durch die Trägheit insbesondere der Rezeptoren. Beleuchtung, Film und Fernsehen nutzen dieses Phänomen. Im Ortsbereich werden hohe Frequenzen durch die Beugungsgrenze der optischen Abbildung und zusätzlich durch Aberrationen der Optik eliminiert. Diese Zusammenhänge sind für die Dimensionierung von Bildübertragungs- und Bildverarbeitungssystemen von großer Bedeutung. Doch auch niedere Frequenzen können einer Dämpfung unterworfen sein. Dies drückt sich in bandpaßartigen Übertragungseigenschaften aus, die an vielen Stellen unseres Nervensystems nachweisbar sind. Das Ausbleiben des Seheindrucks beim sog. stabilisierten Netzhautbild ist eine der Folgen dieser Bandpaßcharakteristik, womit umgekehrt die wichtige Rolle der Augenbewegungen am Sehvorgang offensichtlich wird. Derartige Filter bewirken eine Betonung von Veränderungen, die örtlich und/oder zeitlich vorliegen können, relativ zu gleichmäßigen Musterbereichen. Örtliche Inhomogenitäten, wie z.B. Linien und Kanten sind wichtige Elemente unserer Wahrnehmung und fallen uns besonders auf. Entsprechendes läßt sich von zeitlichen Veränderungen behaupten.

Als weitere wichtige, systemtheoretisch zu erfassende Eigenschaft gilt die Aufspaltung in zahlreiche Teilbilder mit bandpaßartiger Charakteristik. Diese Art der Signaldarstellung findet ihre Rechtfertigung in einer Optimierung der zur Codierung benötigten Anzahl von Bits und stellt damit eine wesentliche Voraussetzung für einen günstigen Code dar. Entsprechende technische Verfahren (Subbandcoder und mit diesen verwandte Transformationscoder) nutzen diese Art der Signalrepräsentation sowohl im optischen als auch im akustischen Bereich. Die für eine Subbandcodierung notwendige Vorverarbeitung durch geeignete Tief- bzw. Bandpässe ist eine wichtige von der Systemtheorie zu lösende Aufgabe. In diesem Zusammenhang spielt eine für eine weitere Verarbeitung geeignete Signaldarstellung eine wichtige Rolle. Eine solche ist z.B. durch das analytische Signal gegeben, dessen Amplitude und Phase Signaleigenschaften in der Weise darstellen, daß Detektion, Lokalisation und Identifikation von Bildkomponenten und Texturen ermöglicht werden.

Aus dem bisher Gesagten wird deutlich, daß die systemtheoretisch erfaßbaren Eigenschaften des peripheren visuellen Kanals wichtige Randbedingungen und Voraussetzungen für die Funktion der gesamten visuellen Wahrneh-

1.1 Die Rolle der Systemtheorie in der visuellen Wahrnehmung 5

mung bilden. Die Gesamtfunktion setzt jedoch entsprechend komplexe Modellkonzepte voraus, die die Möglichkeiten linearer Systeme weit übersteigen. Unser Sehsystem ist kein technischer Sensor, der präzise (aber etwas stur) die Helligkeit einzelner Bildpunkte in technische Signale umwandelt, sondern ein System, in dem Bildpunkte zueinander in Beziehung gebracht werden müssen, um Objekterkennung ganz allgemein zu ermöglichen. Die Erscheinung des simultanen Helligkeitskontrasts (Abb. 4.36) ist ein markantes Beispiel einer solchen relationalen Nachbarschaftsbeziehung zwischen den Leuchtdichten im Zentrum und im Umfeld. Er ist Ausdruck einer notwendigen Unabhängigkeit der Wahrnehmung von der Beleuchtungsstärke und -farbe. Ein auf Größenrelationen beruhender Kontrasteffekt ist in Abb. 1.3 (links unten) gezeigt. Dieser Effekt darf als Hinweis auf Mechanismen zur Wahrnehmung unabhängig von der Größenskala gewertet werden.

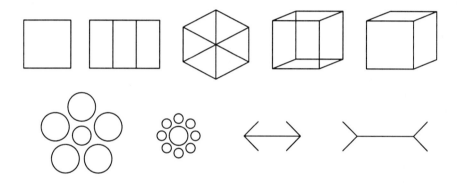

Abb. 1.3 Oben: Drahtmodell eines Würfels in vier möglichen Ansichten (links) und Würfel aus Vollmaterial (ganz rechts). Die Dreidimensionalität des Eindrucks steigt von links nach rechts. Unten links: Größenkontrastphänomen. Unten rechts: Müller-Lyer Täuschung. ❑

Die Wahrnehmung von Objekten und Gestalten ist eine der typischen Leistungen unserer visuellen Wahrnehmung. Hierfür lassen sich einige einfache, aber sehr typische Beispiele angeben. Abb. 1.3 zeigt oben eine Reihe ähnlicher zweidimensionaler Strichzeichnungen, die jedoch als ganz unterschiedliche Gestalten interpretiert werden. Die beiden rechten Darstellungen besitzen ganz eindeutig die Gestalt eines dreidimensionalen Würfels, während die restlichen als zweidimensionale Figuren und erst in zweiter Linie als Würfel in sehr speziellen (und damit eher unwahrscheinlichen) Ansichten erscheinen. Die Interpretation zweidimensionaler Figuren als dreidimensionale Objekte ist eine der möglichen Erklärungen (siehe Kap. 4.10) für die Müller-Lyer-Täuschung (Abb. 1.3 unten rechts). Die vorspringende "Hauskante" erscheint bei gleicher retinaler Größe kleiner als die weiter entfernte "Zimmerkante". In diesem Zusammenhang sind Mehrdeutigkeiten denkbar. Bild 1.3 oben zeigt in der zweiten Darstellung von rechts als Besonderheit den bekannten Umklappeffekt des Neckerwürfels, der bei längerem Betrachten zu zwei unterschiedlichen, aber aufgrund der Darstellung gleichmöglichen räumlichen Gestalten im Abstand von einigen Sekunden führt.

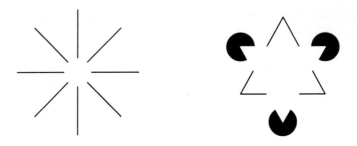

Abb. 1.4 Scheinkanten nach Ehrenstein (links) und Kanizsa (rechts). ❑

Unser Wunsch, Gestalten zu erkennen, ist schließlich so stark ausgeprägt, daß wir gelegentlich Täuschungen unterliegen und Konturen an Stellen erkennen, an denen (physikalisch gesehen) gar keine vorhanden sind. Abb. 1.4 ist ein gutes Beispiel dafür, daß helle, scharf begrenzte und den Hintergrund abdeckende Figuren gesehen werden, obwohl von diesen nur Teile dargestellt sind.

Es ist evident, daß die genannten Gestaltphänomene nicht auf der Grundlage eines linearen systemtheoretischen Modells erklärt werden können, sondern eine komplexe andersartige Modellstruktur voraussetzen. Solche Modellkonzepte, die im Rahmen der theoretischen Biologie, der Synergetik, der künstlichen Intelligenz und der Neuroinformatik entwickelt wurden, sind nur zum Teil Gegenstand unserer Überlegungen (vgl. die Kap. 4.10 und 4.11, sowie die Literatur in Kap. 6.1 und 6.2).

1.2 Ziel und Inhalt des Buches

Zielsetzung dieses Buches ist es, die Rolle der linear beschreibbaren, peripheren Kanäle am Sehvorgang deutlich zu machen. Damit ist dieses Buch zunächst an den Grundlagen orientiert. Die Beschreibung der Systemfunktion mit systemtheoretisch/technischen Methoden bringt jedoch einen Bezug zu technischen Fragestellungen mit sich. Da die Übertragungseigenschaften der biologischen Systemkomponenten in Analogie zu technischen Kanälen systemtheoretisch behandelt werden, ist die Möglichkeit gegeben, den sensorischen Kanal in die Übertragungskette der technischen Kanäle einzubinden. Damit kann die von den Ingenieurwissenschaften zu leistende Anpassung des technischen Geräts an das sensorische Organ optimiert werden. Zum anderen liefert der Einblick in die Funktionsweise des biologischen Systems Hinweise zur Konstruktion entsprechender technischer Systeme. Die besondere Bedeutung des biologischen Vorbilds wird in Büchern über digitale Bildverarbeitung betont (Abmayr, 1994).

In unseren Ausführungen werden wir von außen nach innen bzw. von der Physik zur Biologie fortschreiten. Das verbindende Element ist dabei die systemtheoretische Betrachtungsweise, deren Nomenklatur und wichtigste Definitionen kurz vorgestellt werden. Grundlagenkenntnisse der linearen Systemtheorie werden jedoch vorausgesetzt, wobei auf die zitierte Literatur verwiesen wird. Eine Anzahl von eingefügten Beispielen und Anleitungen zu eigenen Experimenten sollen den systemtheoretischen Aspekt veranschaulichen und vertiefen. Soweit möglich werden psychophysische Originaldaten (in zum Teil geglätteter Form) dargestellt. Die Angabe der zugrundeliegenden Literaturstellen (Kap. 6.1 und 6.2) ermöglicht dem Leser, die genannten Quellen für weitergehende Informationen zu konsultieren.

Zunächst werden einige elementare Grundlagen der geometrisch- und beugungsoptischen Bildentstehung in Erinnerung gebracht (Kap. 2.1). Auf der Basis dieser Gesetzmäßigkeiten wird dann die für die systemtheoretische Betrachtungsweise wesentliche Übertragungsfunktion abbildender optischer Systeme hergeleitet (Kap. 2.2). Eine kurze Darstellung lichttechnischer Kenngrößen und ihrer Dimensionen ist in Kap. 2.3 enthalten. Einen Überblick über den anatomischen Bau des Auges, die Übertragungsfunktion der Augenoptik, die Einstellmechanismen Pupille und Linse sowie die Adaptation gibt Kap. 3.

Im Hauptteil (Kap. 4) wird sodann das gesamte visuelle System als ein letztlich mehrdimensionaler, Orts- und Zeitfrequenzen umfassender Kanal betrachtet. Klassisch-historische Daten werden einleitend dargestellt und soweit möglich systemtheoretisch gedeutet (Kap. 4.1). Ein Vorteil der konsequent systemtheoretischen Betrachtungsweise (Kap. 4.2 und folgende) ist, daß die Charakteristiken der einzelnen anatomisch aufweisbaren Komponenten in einer einzigen Übertragungsfunktion zusammengefaßt werden können, was allerdings Linearität des Systems voraussetzt. Die einzelnen Kapitel betreffen die Zeitfrequenzabhängigkeit (Kap.4.2), das Zeitverhalten (Kap. 4.3), die Ortsfrequenzabhängigkeit (Kap. 4.4), das Ortsverhalten (Kap. 4.5) und das gemeinsame Ortsfrequenz- Zeitfrequenzverhalten (Kap. 4.6). Markante Anwendungsbeispiele der mehrdimensionalen, Zeitfrequenz- und Ortsfrequenz umfassenden Systembetrachtung sind die Wahrnehmung von Flimmerphänomenen beim Fernsehen insbesondere hervorgerufen durch das Zeilensprungverfahren (Kap. 4.6.2) und die ganz wesentliche Rolle der Augenbewegungen am Sehvorgang (Kap. 4.6.4).

Weitergehende Überlegungen zeigen, daß die Beschreibung des visuellen Systems durch eine einzige Übertragungsfunktion eine für viele Fälle zu einfache Näherung darstellt. Daher wird ein umfassenderes und letztlich den biologischen Daten besser entsprechendes Modell unseres visuellen Systems angegeben, das aus einer Parallelstruktur vieler relativ schmalbandiger Kanäle mit bevorzugten Orts- und Zeitfrequenzen besteht (Kap. 4.7). Ein derartiges Modellkonzept kann, wie gezeigt wird, eine Vielzahl von grundsätzlich interessanten Wahrnehmungsleistungen wie z.B. Ortsfrequenzadaptation (Kap. 4.7.2) und Maskierungsphänomene (Kap. 4.7.3) beschreiben. Technische Anwendungen dieses Konzepts (Kap. 4.8) sind Vorverarbeitung für Codierung und Datenkompression (Kap. 4.8.1), Multiraten- und Multiskalenverarbeitung (Kap. 4.8.2), eine Vorverarbeitung auf der Basis des analytischen Signals (Kap. 4.8.3), ein Analysesystem für Texturunterscheidung (Kap. 4.8.4), ein Bildqualitätsmodell (Kap. 4.8.5), ein Bildvorverarbeitung und Lokalisation umfassendes Modellschema (Kap. 4.8.6) sowie ein Krümmungen detektierenden System (Kap. 4.8.7). In den zuletzt genannten Fällen wird der Sinn einer geeigneten linearen (und damit systemtheoretisch beschreibbaren) Vorverarbeitung im Zusammenspiel mit einer nichtlinearen Weiterverarbeitung besonders deutlich.

In Kap. 4.9 werden wichtige Befunde aus der Farbwahrnehmung dargestellt. Hier ist die Farbmetrik (Kap. 4.9.1), die Gesetzmäßigkeiten der Farbmischung beschreibt, und der Zusammenhang zwischen Farb- und Formwahrnehmung (Kap. 4.9.2) wichtig. Am Beispiel der Codierung von Farbe im Farbfernsehen werden diese Beziehungen erläutert. Einige Anmerkungen zu optischen Täuschungen und Modellerklärungen für ihr Zustandekommen werden in Kap. 4.10 am Beispiel der Müller-Lyer Täuschung gegeben. Die The-

1.2 Ziel und Inhalt des Buchs

matik Tiefensehen schließt das Buch mit Kap. 4.11 ab. Hier wird zwischen binokularem und monokularem Tiefensehen unterschieden und auf entsprechende Modellvorstellungen eingegangen.

Im Anhang (Kap. 5) ist außer einer Einführung in das analytische Signal (Kap. 5.1) eine Zusammenstellung wichtiger Fourierkorrespondenzen (Kap. 5.2) enthalten. Ferner findet sich dort ein Cosinusgitter zum Experimentieren (Kap. 5.3) und eine Darstellung der Parameter von Mehrkanalmodellen (Kap. 5.4).

Literatur mehr einführender Art ist in Kap. 6.1 zusammengestellt. Um dem Leser die Orientierung zu erleichtern, wurden die einzelnen Werke mit Hinweisen bezüglich ihrer Disziplin und ihres thematischen Schwerpunktes versehen. Die im Text eingefügten einschlägigen Literaturzitate sind in Kap. 6.2 aufgelistet. Diese Auswahl wurde sehr subjektiv getroffen und deckt nur einen Teil eines sehr breiten Angebotes der mit dem visuellen System befaßten technisch/physikalischen und biowissenschaftlichen Arbeiten ab.

Kapitel 2
Grundlagen aus der Optik

2.1 Bildentstehung, Abbildungsgüte

2.1.1 Geometrische Optik

Idealisierend wird in der geometrischen Optik vorausgesetzt, daß sich das Licht auf gedachten, im homogenen Medium geradlinigen Strahlen ausbreitet. Dies ist gegeben, falls strahlbegrenzende Hindernisse bzw. Blenden groß im Verhältnis zur Wellenlänge sind. Gesetze zur Beschreibung des Strahlengangs lassen sich aus dem Prinzip von Fermat ableiten, gemäß dem das Licht den Weg der kürzesten Lichtzeit wählt. Daraus folgen drei Gesetze (Abb. 2.1):

a) Geradlinige Ausbreitung im homogenen Medium,

b) Reflexionsgesetz: Einfallswinkel ϕ_1 = Ausfallswinkel ϕ_2,

c) Brechungsgesetz: $\sin \phi_1 / \sin \phi_2 = n_2 / n_1$, mit n_1, n_2 den Brechzahlen der Medien.

Ein einfaches optisches System ist unter den bekannten optischen Systemen eine Besonderheit, da es nur eine einzige optische Grenzfläche besitzt, das

Bild also (wie beim Auge gegeben) im Medium II entsteht (Abb. 2.2). Die Bilddentstehung kann gemäß den Gesetzen der geometrischen Optik beschrieben werden. Dabei werden die Voraussetzungen der gaußschen Abbildung angenommen, die eine Nährung für kleine Winkel (<10 deg) darstellt.

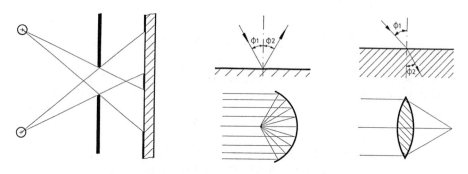

Abb. 2.1 Geometrisch-optische Strahlausbreitung. Links: homogenes Medium mit strahlbegrenzender Blende (Schattenwurf). Mitte: reflektierendes Medium (ebener Spiegel, Parabolspiegel). Rechts: inhomogenes und damit lichtbrechendes Medium (ebene Platte, Linse). ❑

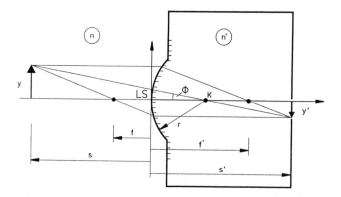

Abb. 2.2 Einfaches optisches System mit sphärischer Grenzfläche (Kreismittelpunkt K). Medium I besitzt den Brechungsindex n, Medium II den Brechungsindex n'. Man beachte, daß das Bild im Medium II entsteht. Vom Linsenscheitel LS aus werden die geometrischen Größen nach oben und nach rechts positiv gezählt. ❑

Mit y, y' Gegenstandsgröße, Bildgröße,
     s, s' Gegenstandsweite, Bildweite,
     f, f' Brennweite gegenstandsseitig, bildseitig,
     n, n' Brechungsindizes der Medien,
       r Radius der (sphärischen) Grenzfläche und
       φ Sehwinkel

2.1 Bildentstehung, Abbildungsgüte

ergeben sich folgende Beziehungen der Newtonschen Abbildungsgleichungen:

$$\frac{y'}{y} = \frac{f}{(f-s)}, \quad \frac{f}{s} + \frac{f}{s'} = 1, \quad f = \frac{r}{(1-\frac{n'}{n})}, \quad f' = \frac{r}{(1-\frac{n}{n'})},$$

$$\phi = \arctan\frac{y}{(-s+r)} = \arctan\frac{y'}{(-s'+r)}. \quad \text{(Gl. 2.1)}$$

Damit lassen sich Ort und Größe eines Bildes bei gegebenem Gegenstand bestimmen. Man beachte, daß die Parameter y, y', s, s', f, f' vorzeichenbehaftet sind.

Die Brechkraft ist folgendermaßen definiert: 1 Dioptrie (dpt) bezeichnet die reziproke Brennweite in m. Der Vorteil dieser Definition liegt darin, daß sich beim Hintereinanderschalten dünner Linsen wie z.B. bei Brillengläsern die Brechkräfte addieren.

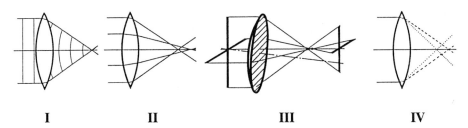

I II III IV

Abb. 2.3 Ideal abbildende Linse (I), die einen im Unendlichen liegenden Punkt in den Brennpunkt abbildet und typische, für sphärische Linsen definierte Abbildungsfehler: sphärische Aberration (II), Astigmatismus (III, Linsenachse strichpunktiert) und chromatische Aberration (IV, punktiert: blau, gestrichelt: rot). ❑

Abbildungsfehler sind Abweichungen von der idealen Punkt-zu-Punkt-Abbildung. Mathematisch werden sie beschrieben durch die Abweichung der real vorliegenden Wellenfront von der zur Punktabbildung notwendigen Kugelwellenform (Born und Wolf, 1965; Klein, 1970). Die Systematik der Abbildungsfehler wird für den Fall idealer sphärischer Grenzflächen definiert (Abb. 2.3) und sinngemäß auf die (nur näherungsweise sphärische) Augenoptik übertragen. Man unterscheidet folgende systematische Linsenfehler;

a) Sphärische Aberration (Öffnungsfehler): Randstrahlen werden stärker gebrochen als Mittelpunktstrahlen; Korrektur erreicht man durch Blenden bzw. Kombinationen aus Sammel- und Zerstreuungslinsen.

b) Astigmatismus: Senkrechte und waagerechte Strahlenbündel haben unterschiedliche Brennweiten, deren Differenz Astigmatismus genannt wird. Dieser Fehler tritt bei sphärischen Linsen für schräg zur optischen Achse laufende Strahlen auf. Daher wird auch die Bezeichnung Astigmatismus schiefer Bündel gebraucht. In diesem Zusammenhang tritt eine zusätzliche Wölbung der Bildfläche auf.

c) Chromatische Aberration: Blaues Licht wird stärker gebrochen als rotes; dieser Fehler wird durch die Wellenlängenabhängigkeit des Brechungsindex in Medien wie Glas und Wasser hervorgerufen (Dispersion). Für Wasser gilt z. B. n(800 nm)=1,325 und n(400 nm)=1,35. Aus Gl. 2.1 errechnet sich damit ein relativer Brechkraftunterschied zwischen rot und blau von 5,7%.

2.1.2 Beugungsoptik

Abb. 2.4 Das Fraunhofer-Denkmal in der Maximilianstraße in München samt Autor. ❑

Die Beugungsoptik beschreibt Phänomene, die von der geometrischen Optik abweichen und auf der Wellennatur des Lichts beruhen. Grundlegende Darstellungen dieser Thematik finden sich bei Born und Wolf (1965), Klein (1970) und insbesondere bei Sommerfeld (1978). Eine Einführung in die auf den Beugungsphänomenen basierende Fourier-optische Bildverarbeitungstechnik gibt Goodman (1968), eine kurze und elegante Darstellung der (optischen) Fouriertransformation zweidimensionaler Signale findet sich bei Platzer und Etschberger (1972).

Veranschaulichend lassen sich Beugungsphänomene durch das Prinzip von Huygens-Fresnel erklären, gemäß dem von Punkten einer lichtbegrenzenden Öffnung Kugelwellen ausgehen, die in der Beugungsebene interferieren. Eine Beziehung zwischen Abbildung und Beugung entsteht dadurch, daß das Beugungsbild letztlich das Bild eines im unendlichen liegenden, monochromatischen Objektpunktes (ebene Welle in der Blendenöffnung!) ist.

Auf Fraunhofer (Abb. 2.4) geht eine mathematisch elegant handhabbare Näherungslösung der Beugungsphänomene zurück. Die Bedingungen der Fraunhoferschen Näherung sind (Abb. 2.5): (1) Ebene Welle ankommend, (2) Beugungsbild in großer Entfernung relativ zur Blendenöffnung betrachtet (es muß für den Abstand der Beugungsebene $z \gg \pi \xi^2/\lambda$ gelten, wobei ξ der maximale Radius der Blendenöffnung ist; für $\lambda = 0{,}5\,\mu$ und $\xi = 10$ mm wird $z \gg 628$ m); durch Einfügung einer Sammellinse erreicht man, daß eine im Unendlichen befindliche Beugungsebene in die Brennebene der Linse verlagert wird); (3) kleiner Winkelbereich in der Beugungsebene vorausgesetzt.

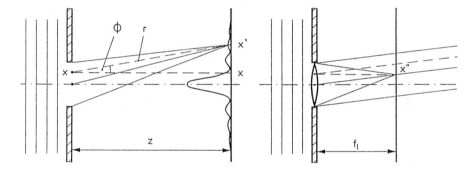

Abb. 2.5 Beugungsanordnung ohne Linse (links) und Beugungsanordnung mit Linse (rechts). Die Linse transformiert das im unendlichen entstehende Beugungsbild in ihre Brennebene. Man beachte, daß die Beugungsanordnung mit Linse (geometrisch optisch betrachtet) ein abbildendes System darstellt. Das Beugungsbild entspricht in diesem Sinn dem Bild eines unendlich entfernten monochromatischen Punktes. ❏

Die von der Blendenöffnung ausgehenden, mit der Transparenzfunktion T(x) der Blende gewichteten Kugelwellen werden in der Beugungsebene vektoriell zum Amplitudenbild U(x') aufsummiert, was auf das Beugungsintegral (hier nur in einer Dimension dargestellt) führt:

$$U(x') = \int_{-\infty}^{+\infty} \frac{T(x)}{j\lambda r} e^{j\frac{2\pi r}{\lambda}} \cos\phi \, dx \, . \qquad \text{(Gl. 2.2)}$$

Der Faktor 1/j beschreibt die Phasenverschiebung des (hier betrachteten) Fernfeldes gegenüber dem Nahfeld. Die Berücksichtigung entsprechender Näherungen liefert schließlich das Fraunhofersche Beugungsbild. Diese Näherungen betreffen den Winkel φ mit cos φ ≈ 1 und den Abstand r, wobei sich zunächst schreiben läßt:

$$\frac{1}{j\lambda r} \approx \frac{1}{j\lambda z} = K, \quad \text{gemäß Voraussetzung (2) und (3).}$$

Für den im Exponenten der exp-Funktion stehenden Ausdruck j2πr/λ muß wegen seiner Bedeutung als Phase eine andere Näherung eingeführt werden:

$$\frac{2\pi r}{\lambda} = \frac{2\pi}{\lambda}\sqrt{z^2 + (x-x')^2}$$

$$= \frac{2\pi z}{\lambda}\sqrt{1 + \frac{(x-x')^2}{z^2}}$$

$$\approx \frac{2\pi z}{\lambda}\left[1 + \frac{(x-x')^2}{2z^2}\right] \quad \text{gemäß Voraussetzung (2) und (3).}$$

Der letzte Ausdruck kann aufgrund der Fraunhoferschen Voraussetzung (2), nach der der Term $(2\pi z/\lambda)(x^2/2z^2) = \pi x^2/\lambda z$ sehr viel kleiner als 1 ist und damit der quadratische Phasenfaktor gleich 1 ist, weiter vereinfacht werden. Es folgt nach Ausquadrieren und Einsetzen der Näherung

$$\frac{2\pi z}{\lambda}\left[1 + \frac{(x'^2 + x^2 - 2xx')}{2z^2}\right] \approx \frac{2\pi z}{\lambda}\left(1 + \frac{x'^2}{2z^2}\right) - \frac{2\pi xx'}{\lambda z}$$

$$= \Psi - \frac{2\pi xx'}{\lambda z}.$$

Der erste Term ist unabhängig von der Integrationsvariablen x, so daß sich das Beugungsintegral darstellen läßt als:

$$U(x') = K\, e^{j\psi} \int_{-\infty}^{+\infty} T(x)\, e^{-j\frac{2\pi x'x}{\lambda z}}\, dx \,. \qquad \text{(Gl. 2.3)}$$

Dieser Ausdruck entspricht dem Fourierintegral, falls man den Term x'/λz statt der bei der Fouriertransformation entstehenden Frequenz f setzt (Fouriertransformation siehe Kap. 2.2.1 und 2.2.2). Das Beugungsbild ergibt sich damit zu:

$$U(x') = K\, e^{j\Psi} F[T(x)] \quad \text{mit f ersetzt durch } x'/\lambda z\,. \qquad \text{(Gl. 2.4)}$$

Diese Beziehung ist Voraussetzung für die Anwendung systemtheoretischer Methoden in der Optik, der sog. Fourier-Optik (Goodman, 1986). Das Beugungsbild U(x'), das formal der Fouriertransformierten der Transparenz-

2.1 Bildentstehung, Abbildungsgüte

funktion T(x) entspricht, kann komplexe Amplituden annehmen. Da technische und biologische Empfänger üblicherweise Leistung messen, (d.h. letztlich Quanten pro Zeitintervall zählen), ist das Betragsquadrat des (Amplituden-)Beugungsbildes zu bilden, wobei der Phasenanteil entfällt. Das Intensitätsbeugungsbild wird damit :

$$I(x') = |U(x')|^2 = K^2 |F[T(x)]|^2 = K^2 F[T(x)] F^*[T(x)]$$

mit f ersetzt durch x'/λz. (Gl. 2.5)

F * stellt darin die konjugiert komplexe Fouriertransformierte dar.

Das Beugungsbild in der Linsenebene erhält man dadurch, daß man in Gl. 2.3 statt des Terms x'/λz den Term x"/λf_1 setzt, wobei f_1 die Brennweite der Linse angibt.

Für die Abbildung durch optische Systeme liegt die Bedeutung des Intensitätsbeugungsbildes darin, daß es der Impuls- oder besser Punktantwort des Systems entspricht. Die Punktantwort ist einem Diracpunkt umso ähnlicher, je größer die Pupille ist, d.h. je mehr Wellenanteile an der Erzeugung des Punktbildes beteiligt sind. Abbildung ist systemtheoretisch gemäß dem Faltungssatz eine Überlagerung der von den einzelnen (nichtkohärenten) Bildpunkten des Objekts stammenden Punktantworten. Die Übertragungsfunktion eines beugungsbegrenzten Systems wird durch Fouriertransformation der Punktantwort erhalten. Eine allgemeiner gefaßte Herleitung dieser Übertragungsfunktion gibt Kap. 2.2.2.

2.1.3 Beispiele zur Beugungsoptik

Ziel ist die Berechnung der Fraunhoferschen Beugungsbilder für unterschiedliche Transparenzfunktionen (zweidimensionale Darstellung). In Abb. 2.6 ist die Form der Blenden mit den sich jeweils ergebenden Beugungsfiguren dargestellt.

Rechteckige Transparenzfunktion. Die Transparenzfunktion ergibt sich zu

$$T(x,y) = 1 \; \textit{für} \; |x| \leq \frac{D_x}{2} \; \textit{und} \; |y| \leq \frac{D_y}{2},$$
$$T(x,y) = 0 \; \textit{sonst}.$$
(Gl. 2.6)

Wenn eine Produktzerlegung der Transparenzfunktion gemäß

$$T(x,y) = T_x(x) T_y(y)$$

möglich ist, läßt sich die Fouriertransformierte in der gleichen Form

$$F[T(x,y)] = F[T_x(x)]\ F[T_y(y)]$$

schreiben. Amplituden- und Intensitätsbeugungsbild in der x', y'-Ebene ergeben sich damit zu

$$U(x',y') \sim D_x\ si(\frac{\pi D_x x'}{\lambda z})\ D_y\ si(\frac{\pi D_y y'}{\lambda z}),$$

$$I(x',y') \sim D_x^2\ si^2(\frac{\pi D_x x'}{\lambda z})\ D_y^2\ si^2(\frac{\pi D_y y'}{\lambda z}).$$
(Gl. 2.7)

Man erhält ein zweidimensionales si^2-Muster mit einem Maximum im Ursprung und Nullstellen bei Vielfachen von $\pm \lambda z/D_x$ bzw. $\pm \lambda z/D_y$. Bei gescherten Achsen erhält man ein entsprechend geschertes Spektrum (Abb. 2.6, I). Das Beugungsbild in der Linsenebene (x", y") erhält man, indem man x'/λz durch x"/λf$_l$ bzw. y'/λz durch y"/λf$_l$ ersetzt.

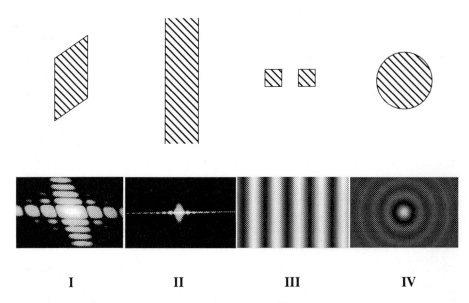

I   II   III   IV

Abb. 2.6 Oben: Transparenzfunktion der Blende (durchlässiger Bereich schraffiert) für gescherten Rechteckspalt (I), unendlich ausgedehnten Spalt (II), Doppellochblende (III) und Kreisblende (IV). Unten: Zugehörige Fraunhofersche Beugungsbilder in entsprechend starker Vergrößerung (nicht maßstabsgetreu). ❏

Bei einem realistischen Öffnung/Brennweitenverhältnis $D_x/f_l = 1/5,6$ (Blende 5,6), einer Brennweite von 50 mm und einer Lichtwellenlänge von $\lambda = 0,5\ \mu$ befindet sich die erste Nullstelle in der Linsenebene bei $\lambda f_l/D_x = 2,8\ \mu$ bzw. $\lambda/D_x = 5,6 \times 10^{-5}$ rad oder $180\lambda/\pi D_x = 0,00321$ Grad = 11,55 Bogensekunden.

2.1 Bildentstehung, Abbildungsgüte

Der zentrale Teil des Beugungsbildes ist also verhältnismäßig klein, was als Punktantwort interpretiert durchaus vorteilhaft ist, da ein scharfes Bild erhalten wird. Vergrößert man die vertikale Ausdehnung D_y der Blendenfunktion fiktiv auf unendlich bei gleicher horizontaler Breite D_x, so folgt aus dem Reziprozitätsgesetz der Fouriertransformation (Gl. 2.15), daß das Beugungsbild in der Vertikalen sehr schmal wird (Abb. 2.6, II).

Doppellochblende. Die Transparenzfunktion werde als zweidimensionale Deltafunktion beschrieben:

$$T(x,y) \sim [\delta(x - x_1) + \delta(x + x_1)] \, \delta(y) . \quad \text{(Gl. 2.8)}$$

Amplituden- und Intensitätsbeugungsbild ergeben sich damit zu

$$U(x',y') \sim \cos(\frac{2\pi x_1 x'}{\lambda z}) \quad \text{und}$$
$$I(x',y') \sim \cos^2(\frac{2\pi x_1 x'}{\lambda z}) = \frac{1}{2} [1 + \cos(\frac{4\pi x_1 x'}{\lambda z})] . \quad \text{(Gl. 2.9)}$$

Das Beugungsbild der Doppellochblende ist ein Cosinusgitter samt Gleichanteil (Abb. 2.6, III), dessen Wellenlänge in der Linsenebene $\lambda f_l / 2 x_1$ beträgt.

Sinusgitter. Wegen der geraden Symmetrie läßt sich die vorstehende Beziehung umkehren. Eine unendlich ausgedehnte Transparenzfunktion der Form $T(x,y) = 1 + \cos(2\pi f_l x)$ ist ein sogenanntes Beugungsgitter und liefert ein Beugungsbild bestehend aus drei Deltafunktionen an den Orten $-f_l \lambda z$, 0 und $+f_l \lambda z$, entsprechend den in der Transparenzfunktion enthaltenen Frequenzen von Cosinus und Gleichanteil. (Ist die Transparenzfunktion des Cosinusgitters rechteckförmig begrenzt, so werden aus den Deltafunktionen si-Funktionen.) Die Cosinusanteile stellen die Beugungsfigur 1. Ordnung dar. Ein Rechteckgitter (Beugungsgitter) liefert entsprechend den in ihm enthaltenen höheren Harmonischen zusätzlich noch Beugungsfiguren höherer Ordnung. Die Fourierkorrespondenz zwischen Blendenfunktion und Beugungsbild ist in diesen Fällen besonders deutlich.

Die Abbesche Theorie der Bildentstehung benutzt diesen Zusammenhang, um die Frequenzauflösung von Mikroskopen als Funktion von Öffnung und Lichtwellenlänge zu ermitteln (vgl. Klein, 1970). Danach kann ein Objekt (z.B. ein Cosinusgitter) nur aufgelöst werden, wenn auch abgebeugte Wellenteile vom abbildenden Objektiv erfaßt werden. Man findet dementsprechend, daß eine Linse vom Durchmesser D ein im Abstand s befindliches Objekt der Ortsfrequenz $f_{gr} = D/2\lambda s$ eben auflösen kann. Dies stellt die beugungsbedingte Grenze der optischen Abbildung dar (vgl. Abb. 2.11).

Kreisförmige Blende. Die Transparenzfunktion wird als Funktion des Radius r dargestellt gemäß

$$T(r) = 1 \quad \text{für} \quad r \leq r_0 \quad \text{und} \quad T(r) = 0 \quad \text{für} \quad r > r_0 \ . \qquad \text{(Gl. 2.10)}$$

Amplituden- und Intensitätsbeugungsbild ergeben in diesem Fall Besselfunktionen erster Ordnung J_1 mit dem Radius r' als Argument:

$$U(r') \sim \left(\frac{r_0 \lambda z}{r'}\right) J_1\left(\frac{2\pi r_0 r'}{\lambda z}\right) \text{ bzw.}$$

$$I(r') \sim \left(\frac{r_0 \lambda z}{r'}\right)^2 J_1^{\ 2}\left(\frac{2\pi r_0 r'}{\lambda z}\right) . \qquad \text{(Gl. 2.11)}$$

Man erhält in der Linsenebene ein radialsymmetrisches Beugungsbild mit einem hellen Zentrum und einer ersten Nullstelle bei r'=3,8 $\lambda f_l/2\pi r_0$ =1.2 $\lambda f_l/2r_0$ (Abb. 2.6, IV). Dieses Beugungsbild ist etwas breiter als das einer Rechteckblende von gleicher Weite.

Bedeutung der Fraunhoferschen Beugung. Die Fraunhofersche Beugung liefert entsprechend ihrem Formalismus die Möglichkeit, auf parallel-optischem Wege die Fouriertransformierte von Transparenzvorlagen zu erzeugen. Die Fraunhofersche Beugungsanordnung stellt einen "Fouriertransformator" dar. Durch Eingriffe in das (physikalisch real existierende) Fourierspektrum mittels entsprechend transparenten Filterfunktionen und nachfolgender Rücktransformation lassen sich Filterungen realisieren. Dies ist die Grundlage der kohärent-optischen Datenverarbeitung. Ein in diesem Zusammenhang wichtiger Aspekt betrifft die optische Beugungsmeßtechnik, die sich die Reziprozität zwischen der Größe des Objektes und der des Beugungsbildes zunutze macht. Die Idee dahinter ist, daß die Dimensionen kleiner Objekte (Haare, Drähte, Partikel) über eine Analyse der in ihrem Beugungsbild befindlichen, örtlich entsprechend gestreckten Information (z.B. durch Abzählen der Nullstellen in einem bestimmten Bereich) erhalten werden kann.

2.2 Systemtheorie der optischen Abbildung

2.2.1 Einführung in die eindimensionale Systemtheorie

In diesem Kapitel ist die klassische (eindimensionale) Systemtheorie zeitlicher Signale kurz skizziert. Gute Gesamtdarstellungen finden sich in den Büchern von Papoulis (1962), Marko (1977) und Fliege (1992).

Wesentlicher Gesichtspunkt des mathematischen Formalismus der klassischen Systemtheorie ist die Abstraktion von der Realisierung des Systems unter Berücksichtigung lediglich der Eingangs-/Ausgangsbeziehungen. Voraussetzung für die Funktion der linearen Systemtheorie ist die Gültigkeit des Superpositionsgesetzes, das besagt, daß die Antwort auf eine Summe von Signalen der Summe der Antworten auf die einzelnen Signale ist. Dieses Gesetz erlaubt, Signale aus Elementarsignalen (z.B. Abtastwerten oder Spektralkomponenten) aufzubauen. Systemeigenschaften können als Funktion der Zeit durch Angabe der Impulsantwort h(t) oder als Funktion der Frequenz durch Angabe der Übertragungsfunktion H(f) dargestellt werden. Die Fouriertransformation verbindet die beiden genannten Bereiche.

Die Impulsantwort h(t) ist die Antwort des Systems auf einen Deltaimpuls δ(t). Für zeitliche Vorgänge ist eine wichtige Voraussetzung die der Kausalität, gemäß der eine Antwort nicht vor ihrer Ursache auftreten kann. Diese Eigenschaft gilt insbesondere auch für die Impulsantwort h(t). Für die Impulsantwort h(t) wird ferner Zeitinvarianz vorausgesetzt, d.h. die Systemeigenschaften sollen sich nicht mit der Zeit ändern. Die Übertragungsfunktion H(f) gibt die Relation zwischen Ausgang und Eingang bei sinusförmiger Anregung der Frequenz f nach Betrag |H(f)| und Phase b(f) an. Dabei entspricht in der Übertragungsfunktion der Form

$$H(f) = |H(f)|e^{-jb(f)} \qquad \text{(Gl. 2.12)}$$

der Betrag |H(f)| dem Verhältnis der Signalamplituden von Ausgang und Eingang und der Phasenwinkel b(f) der entsprechenden Phasenverschiebung. Die unabhängigen Variablen Zeit bzw. Frequenz werden in Sekunden (sec) bzw. Sekunden^{-1} (d.h. Schwingungen pro sec) gemessen.

Die Ausgangsgröße $u_2(t)$ eines linearen Systems erhält man als Funktion der Eingangsgröße $u_1(t)$ im Zeitbereich durch Faltung (*) mit der Impulsantwort h(t). Dies ist gleichbedeutend mit einer zum Zeitpunkt t erfolgenden Aufsummierung von Impulsantworten, die zu Zeitpunkten u von Impulsen mit der Impulsfläche $u_1(u)$ angeregt wurden und damit t-u vom Anregungszeitpunkt entfernt sind. Im Frequenzbereich wird das Spektrum der Ausgangsgröße $U_2(f)$ durch Multiplikation des Spektrums der Eingangsgröße $U_1(f)$ mit der Übertragungsfunktion H(f) erhalten. Es ergibt sich

$$u_2(t) = u_1(t) * h(t) = \int_{-\infty}^{t} u_1(u) \, h(t-u) \, du \quad \text{bzw.}$$

$$U_2(f) = U_1(f) \, H(f).$$

(Gl. 2.13)

$U_1(f)$ ●—○ $u_1(t)$, $U_2(f)$ ●—○ $u_2(t)$ und H(f) ●—○ h(t) sind dabei Fourierpaare. (Kleiner Hinweis zur Notation: Das ausge"**f**"üllte Symbol zeigt auf die "**F**"requenzdarstellung). Mit Hilfe dieser Formeln läßt sich die Ausgangsgröße für jede beliebige Eingangsgröße berechnen.

Fourier- und Fourierrücktransformation sind durch

$$U(f) = F[u(t)] = \int_{-\infty}^{+\infty} u(t) \, e^{-j2\pi ft} \, dt \quad \text{und}$$

$$u(t) = F^{-1}[U(f)] = \int_{-\infty}^{+\infty} U(f) \, e^{j2\pi ft} \, df$$

(Gl. 2.14)

gegeben.

Anmerkung. In der hier gewählten Darstellung der Fouriertransformation wird die Frequenz f als Argument verwendet (Marko, 1977). Andere Notationen benutzen die Kreisfrequenz ω=2πf (Papoulis, 1962) bzw. die mit j multiplizierte Kreisfrequenz jω=j2πf (Fliege, 1991) als Argument. Durch die zuletzt genannten Darstellungsweisen wird der Übergang zur Laplacetransformation mit p=jω erleichtert. Fourier- und Fourierrücktransformation lauten in diesen Fällen:

$$U(\omega) = \int_{-\infty}^{+\infty} u(t) \, e^{-j\omega t} \, dt$$

$$u(t) = \frac{1}{2\pi} \int_{-\infty}^{+\infty} U(\omega) \, e^{j\omega t} \, d\omega$$

(Gl. 2.14 a)

bzw.

2.2 Systemtheorie der optischen Abbildung

$$U(j\omega) = \int_{-\infty}^{+\infty} u(t)\, e^{-j\omega t}\, dt$$

$$u(t) = \frac{1}{2\pi}\int_{-\infty}^{+\infty} U(j\omega)\, e^{j\omega t}\, d\omega \ .$$

(Gl. 2.14 b)

Häufig verwendete Gesetzmäßigkeiten der Fouriertransformation sind der Reziprozitäts- oder Ähnlichkeitssatz (Gl. 2.15), der Verschiebungssatz (Gl. 2.16) und der Differentationssatz (Gl. 2.17):

$$\frac{1}{|a|}\, U(\frac{f}{a}) \quad \bullet\!\!-\!\!\circ \quad u(at)$$

(Gl. 2.15)

$$U(f)\, e^{-j2\pi f t_0} \quad \bullet\!\!-\!\!\circ \quad u(t - t_0)$$

(Gl. 2.16)

$$j2\pi f\, U(f) \quad \bullet\!\!-\!\!\circ \quad \frac{du(t)}{dt}$$

(Gl. 2.17)

Eine Übersicht über einige wichtige Fourierpaare gibt die im Anhang (Kap. 5.2) enthaltene Tabelle. Man erkennt daraus u. a., daß reell/gerade-symmetrische Zeitfunktionen zu reell/gerade-symmetrischen Spektren führen, während reell/ungerade-symmetrische Zeitfunktionen imaginär/ungerade-symmetrische Spektren besitzen (Zuordnungssatz). Am Ende der Tabelle sind einige Korespondenzen für rotationsymmetrische Signale mit dem Radius r als unabhängiger Variabler angeführt. Die sich ergebenden Spektren sind ebenfalls rotationsymmetrisch. Die Fouriertransformation wird in diesem Fall als Hankeltransformation bezeichnet. Es gilt für diese

$$U(f_r) = \int_0^{+\infty} U(r)\, r\, J_0(f_r\, r)\, dr$$

$$u(r) = \int_0^{+\infty} U(f_r)\, f_r\, J_0(r\, f_r)\, df_r$$

(Gl. 2.18)

mit J_0 als Besselfunktion nullter Ordnung.

> **Experiment zur Besselfunktion**: *Ein interessanter Zusammenhang zwischen Bessel- und Sinusfunktion ist von Bessel selbst angegeben worden. Danach ist die Besselfunktion n-ter Ordnung darstellbar als*

$$J_n(x) = \frac{1}{\pi} \int_0^\pi \cos(x\sin\phi - n\phi)\, d\phi \quad \text{mit } n = 0, \pm 1, \pm 2, \ldots , \text{(Gl. 2.19)}$$

wobei für die Besselfunktion nullter Ordnung speziell

$$J_0(x) = \frac{1}{\pi} \int_0^\pi \cos(x\sin\phi)\, d\phi$$

gilt, d.h. in ihr sind Anteile eines cos-Gitters auf einem halben Kreisbogen vom Radius x aufsummiert enthalten. Durch hinreichend schnelle Rotation (>20 U/sec) eines Cosinusgitters (Anhang 5.3) wird eine Summation vermöge der Integrationsfähigkeit des visuellen Systems erhalten und man sieht eine radiale J_0-Struktur.

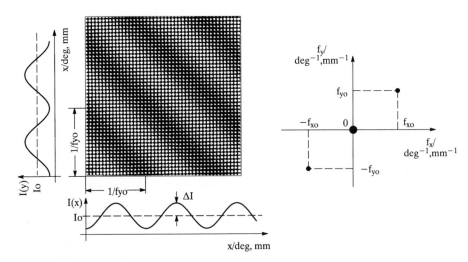

Abb. 2.7 Links: Ausschnitt aus einem unendlich ausgedehnten zweidimensionalen Sinusgitter der Funktion $I(x,y) = I_0 + \Delta I \cos[2\pi(f_{xo}x + f_{yo}y)]$. Rechts: Zugehöriges Ortsfrequenzspektrum mit dem (bei Licht notwendigen) Gleichanteil $I_0 \delta(f_x, f_y)$ und paariger Deltafunktion $(\Delta I/2)[\delta(f_x + f_{xo}, f_y + f_{yo}) + \delta(f_x - f_{xo}, f_y - f_{yo})]$. Bei endlicher Ausdehnung des Sinusgitters entstehen an der Stelle der Deltafunktionen die Fouriertransformierten der jeweiligen Fensterfunktion. Der Modulationsgrad m ist $\Delta I / I_0$. Ortskoordinaten werden in cm, deg oder Radian, Ortsfrequenzen entsprechend in cm^{-1}, deg^{-1} oder $Radian^{-1}$ gleich Sinuslinien pro Ortseinheit gemessen. Umrechnung mit d als Sehentfernung: $x_0[cm] = x_0/d[Radian] = x_0 \, 180/\pi d[deg]$ bzw. $f_{xo}[cm^{-1}] = df_{xo}[Radian^{-1}] = \pi df/180 [deg^{-1}]$; 1 Radian entspricht $180/\pi = 57{,}296$ deg. □

Weitere wichtige Aufbauelemente der Systemtheorie sind die Sprungantwort σ(t) als Antwort auf einen zum Zeitpunkt 0 stattfindenden Sprung von 0 auf 1 und die Rampenantwort r(t) als Antwort auf eine zum Zeitpunkt 0 beginnende und proportional mit t ansteigende Rampe. Es gilt

$$\sigma(t) = \int_0^t h(\tau)\, d\tau \quad \text{und} \quad r(t) = \int_0^t \sigma(\tau)\, d\tau$$

bzw. umgekehrt (Gl. 2.20)

$$h(t) = \frac{d\sigma}{dt} \quad \text{und} \quad \sigma(t) = \frac{dr}{dt}.$$

2.2.2 Mehrdimensionale Systemtheorie

Mit der zweidimensionalen Systemtheorie örtlicher Signale können die Übertragungseigenschaften abbildender (optischer) Systeme beschrieben werden. Darstellungen hierzu finden sich bei Marko (1969), Bracewell (1978), Gaskill (1978), Papoulis (1978) und Marko (1982). Diese Arbeiten belegen, daß die Anwendung nachrichtentechnischer Methoden in der Optik, die auf Duffieux (1947) zurückgeht, den Beginn einer sehr fruchtbaren Epoche dieser Disziplin markiert. Zur Beschreibung der abbildenden Eigenschaften neuronaler Systeme muß die Zeit als dritte Dimension einbezogen werden.

Die Systemtheorie abbildender (d.h. örtlicher) Systeme charakterisiert das Systemverhalten ebenfalls mit Hilfe der Impulsantwort und der Übertragungsfunktion. Diese Funktionen sind jedoch jetzt von zwei Ortskoordinaten gemäß h(x,y) bzw. zwei Ortsfrequenzkoordinaten gemäß $H(f_x,f_y)$ abhängig. Die Dimension der Ortskoordinaten ist z.B. mm oder deg, wobei die zuletzt genannte Einheit den Vorteil besitzt, von der Sehentfernung unabhängig zu sein. Die Dimension der Ortsfrequenzkoordinaten ist entsprechend 1/mm oder 1/deg, was der Anzahl der Sinuslinien pro mm oder deg entspricht. Die Kausalitätsforderung kann für rein örtliche Systeme aufgegeben werden.

Die Impulsantwort h(x,y) ist die Antwort des Systems auf einen zweidimensionalen Deltaimpuls $\delta(x,y)$ oder besser Deltapunkt. Bei örtlichen Systemen wird daher die Impulsantwort zutreffender als Punktantwort bezeichnet. Die Ortsinvarianz der Punktantwort wird üblicherweise vorausgesetzt. Die Übertragungsfunktion $H(f_x,f_y)$ charakterisiert das Übertragungsverhalten des Systems (nach Betrag und Phase) für eine örtlich zweidimensionale Sinusfunktion (Beispiel in Abb. 2.7). Das Spektrum dieser Funktion wird in der zweidimensionalen Frequenzebene durch zwei Deltafunktionen entsprechend den Ortsfrequenzen f_{xo} und f_{yo} repräsentiert. Der Betrag der Übertragungsfunktion entspricht wie im eindimensionalen Fall dem Verhältnis der Signalamplituden, während der Phasenwinkel eine örtliche Verschiebung darstellt.

In vielen praktischen Fällen charakterisiert man abbildende Systeme lediglich durch den Betrag der Übertragungsfunktion. Dies ist insbesondere dann gegeben, wenn die experimentelle Situation keine Aussage über Phasenbeziehungen zuläßt, wie etwa bei psychophysischen Detektionsexperimenten. Zur Vervollständigung der systemtheoretischen Beschreibung muß dann die Phase auf anderem Wege, etwa heuristisch gewonnen werden. Auf den Modulationsgrad m, definiert als Quotient aus Signalamplitude ΔI und Mittelwert I_0 gemäß

$$m = \frac{\Delta I}{I_0}, \qquad \text{(Gl. 2.21)}$$

bezieht sich die in der optischen und psychophysischen Literatur zur Systembeschreibung häufig verwendete Modulationsübertragungsfunktion $M(f_x, f_y)$, abgekürzt MÜF. Diese stellt das Verhältnis der Modulation m am Ausgang bezogen auf die Modulation m am Eingang dar:

$$M(f_x, f_y) = \frac{m_2}{m_1} = \frac{\frac{\Delta I_2}{I_{20}}}{\frac{\Delta I_1}{I_{10}}}. \qquad \text{(Gl. 2.22)}$$

Unter der (häufig implizit getroffenen) Voraussetzung, daß die Mittelwerte am Ausgang und am Eingang gleich sind, gilt

$M(f_x, f_y) = |H(f_x, f_y)|$.

Die Ortsdarstellung des Ausgangssignals $u_2(x,y)$ bzw. seine Ortsfrequenzdarstellung $U_2(f_x,f_y)$ werden analog dem eindimensionalen Fall gebildet. Der einzige Unterschied ist, daß Faltung (* *) und Fouriertransformation jetzt in zwei Dimensionen auszuführen sind und bei der Faltung wegen des Fehlens der Kausalitätsbedingung von $-\infty$ bis $+\infty$ integriert wird. Man erhält:

$$u_2(x,y) = u_1(x,y) * * h(x,y) = \int_{-\infty}^{+\infty} \int_{-\infty}^{+\infty} u_1(u,v) \, h(x-u, y-v) \, du \, dv$$

bzw. (Gl. 2.23)

$U_2(f_x, f_y) = U_1(f_x, f_y) \, S_1(f_x, f_y)$.

$U_{1,2}(f_x, f_y)$ ●—○ $u_{1,2}(x, y)$ und $H(f_x, f_y)$ ●—○ $h(x, y)$ sind wieder Fourierpaare gemäß

2.2 Systemtheorie der optischen Abbildung

	Originalbereich	Frequenzbereich
ruhendes cos–Gitter	$b(x) = 1 + \cos 2\pi f_{xo} x$	$B(f_x, f_t) = [\delta(f_x) + (1/2)\delta(f_x \pm f_{xo})]\delta(f_t)$
Ganzfeldflimmern	$b(t) = 1 + \cos 2\pi f_{to} t$	$B(f_x, f_t) = [\delta(f_t) + (1/2)\delta(f_t \pm f_{to})]\delta(f_x)$
Alternierend flimmerndes cos–Gitter	$b(x,t) = 1 + \cos 2\pi f_{xo} x \cdot \cos 2\pi f_{to} t$	$B(f_x, f_t) = \delta(f_x, f_t) + (1/4)\delta(f_x \pm f_{xo}, f_t \pm f_{to})$
gleichmäßig mit v_x bewegtes cos–Gitter	$b(x,t) = 1 + \cos 2\pi f_{xo}(x + v_x t)$	$B(f_x, f_t) = \delta(f_x, f_t) + (1/2)\delta(f_x - f_{xo}) \cdot \delta(f_t - v_x f_{xo})$ $+ (1/2)\delta(f_x + f_{xo})\delta(f_t + v_x f_{xo})$ $f_{to} = v_x f_{xo}$
Geschaltetes und gleichmäßig mit v_x bewegtes cos–Gitter	$b(x,t) = 1 + \gamma(t) \cdot \cos 2\pi f_{xo}(x + v_x t)$	$B(f_x, f_t) = \delta(f_x, f_t) +$ $(1/2)\delta(f_x + f_{xo}) \cdot [(1/2)\delta(f_t - f_{to}) + 1/(2\pi j(f_t + f_{to}))] +$ $(1/2)\delta(f_x - f_{xo}) \cdot [(1/2)\delta(f_t - f_{to}) + 1/(2\pi j(f_t - f_{to}))]$

Abb. 2.8 (Siehe vorherige Seite) Übersicht über einige wichtige örtlich/zeitliche Muster und ihre Spektren. Zur Vereinfachung der Darstellung werden die Muster nur in der Ortsdimension x variiert, während der Verlauf in y-Richtung konstant ist. Da das f_x, f_y, f_t - Spektrum somit nur in der Ebene $f_y=0$ existiert, ist ausschließlich die Abhängigkeit von f_x und f_t gezeigt. Die f_x, f_y, f_t - Spektren enthalten demnach einen zusätzlichen (hier nicht gezeigten) Faktor $\delta(f_y)$. Ausgefüllte Kreise im Spektrum markieren zweidimensionale Diracstöße mit entsprechendem Impulsvolumen. Bei der Herleitung der ersten 4 Spektren geht man davon aus, daß die Funktionen im Original- und im Frequenzbereich separierbar sind. Zur Herleitung des letzten Spektrums muß das δ-Impulspaar der gleichmäßigen Bewegung mit dem Spektrum $(1/2)\delta(f_t)+1/(2\pi j f_t)$ des Einheitssprungs $\gamma(t)$ von 0 auf 1 gefaltet werden. Man erhält eine vertikale Verbreiterung der Spektren um das δ-Impulspaar herum, die bei aperiodischer zeitlicher Variation von Mustern (Schalten, Bewegung) auftritt. □

$$U(f_x,f_y) = F[u(x,y)] = \int_{-\infty}^{+\infty}\int_{-\infty}^{+\infty} u(x,y)\, e^{-j\,2\pi\,(f_x x + f_y y)}\, dx\, dy,$$

$$u(x,y) = F^{-1}[U(f_x, f_y)] = \int_{-\infty}^{+\infty}\int_{-\infty}^{+\infty} U(f_x, f_y)\, e^{j\,2\pi\,(f_x x + f_y y)}\, df_x\, df_y.$$

(Gl. 2.24)

Zeitlich/örtliche Signale. Die (für biologische Systeme ganz wesentliche) Einbeziehung der Zeit als der dritten Dimension erfolgt analog zur Erweiterung auf zwei Ortsdimensionen. Die Kenngrößen werden damit im Originalbereich Funktionen u(x,y,t) und im Frequenzbereich entsprechend Funktionen $U(f_x,f_y,f_t)$ jeweils von drei Variablen. Zur besseren Unterscheidung wird jetzt die Zeitfrequenz mit f_t bezeichnet. Faltungsintegral und Fouriertransformation sind entsprechend über drei Dimensionen auszuführen. Zur Vereinfachung wird oftmals eine Orts- bzw. Ortsfrequenzdimension weggelassen, was auf eine reduzierte zweidimensionale Darstellung gemäß u(x,t), u(y,t) bzw. $U(f_x,f_t)$, $U(f_y,f_t)$ führt. Einige typische, bei systemtheoretischen Experimenten am visuellen System gebräuchliche Muster (vgl. Kap. 4) sind in Abb. 2.8 gemeinsam mit ihren Spektren gezeigt.

2.2.3 Beispiele zur Systemtheorie abbildender Systeme

Abbildung durch eine Lochkamera. Die Bildentstehung in einer Lochkamera wird zunächst rein geometrisch optisch ermittelt (vgl. Abb. 2.9 und Experiment). Vom Objekt wird dabei ein im Maßstab b/a verändertes Bild erzeugt. Die Punktantwort des Systems ist (in einer Dimension betrachtet) ein Recht-

2.2 Systemtheorie der optischen Abbildung

eck der Breite x_O unabhängig vom Ort des Punktes. Damit wird die Übertragungsfunktion eine si-Funktion. Diese Funktion enthält drei charakteristische Bereiche: (I) ein Bereich, in dem die Übertragungsfunktion vom Maximum bei $f_x=0$ zu höheren Frequenzen abfällt, (II) eine Nullstelle bei $f_x=1/x_O=a/D(a+b)$, die besagt, daß diese Frequenz nicht übertragen wird (d.h. an dieser Stelle entsteht ein Grauwert gemäß dem Gleichanteil) und (III) ein Bereich mit negativer Übertragungsfunktion, entsprechend einem Phasensprung um 180 deg zwischen Ausgang und Eingang. Die Nullstellen entstehen durch Faltung der sinusförmigen Eingangsgröße mit einem Rechteck der Breite x_O, wobei sich positive und negative Anteile aufheben.

> **Experiment zur Systemtheorie geometrisch abbildender Systeme:** *Als Beispiel dient die Lochkamera, wie in Abb. 2.9 illustriert. Ein Dia wird in geeigneter Weise beleuchtet (z.B. durch den Kondensor K einer Lichtquelle L und Streuscheibe S) und über eine bildgebende Öffnung auf dem Bildschirm B abgebildet (oben). Eindimensional dargestellt ist die Impulsantwort h(x) eine Rechteckfunktion der Breite $x_O = D(a+b)/a$ (mitte rechts). Die Übertragungsfunktion $H(f_x)$ ist damit eine si-Funktion mit Nullstellen bei n/x_O (n=1,2,3...) (mitte rechts). Das dargestellte Bild des Autors (mitte links) ist eine Photographie mit einer ihrer beiden (Plastik-)Linsen beraubten und zur Lochkamera umfunktionierten Polaroid-Land-Kamera (Typ 320). Der Lochdurchmesser (1 mm) wurde zur Erzielung vertretbarer Belichtungszeiten größer als der optimale Wert (vgl. Gl. 2.25) gewählt. Zur Einstellung der geforderten langen Belichtungszeiten (Polaroid-Film 667, 36 DIN/3000 ASA) wurde der Lichtsensor der Belichtungsautomatik teilweise abgedeckt.*
>
> *Wird ein Siemensstern (unten rechts) mit einer Lochkamera aufgenommen, so erhält man ein unscharfes Abbild mit eigentümlicher Ringstruktur (unten links). Man erkennt die Unschärfe der Kanten (bewirkt durch die Dämpfung der höheren Harmonischen) und die Nullstellen samt Phasenumkehr. Das gleiche Bild erhält man näherungsweise auch für einen mit einer defokussierten Optik abgebildeten Siemensstern. Dieser Fall läßt sich auch mit der Optik des eigenen Auges beobachten, wenn man den Siemensstern so nahe vor das Auge hält, daß eine Fokussierung nicht mehr möglich ist.*

Die Bedeutung der Lochkamera liegt einmal in ihrer Leistung als verzerrungsfrei abbildendes System. Um hohe Ortsfrequenzen zur Erzielung einer hohen Schärfe zu übertragen, wäre eine kleine Öffnung günstig, andererseits werden in diesem Fall Beugungsphänomene relevant. Eine kleine Öffnung besitzt auch eine relativ niedrige Lichtstärke. Wie der Lochdurchmesser optimiert werden kann, ist weiter unten gezeigt. Man erhält einen optimalen Wert von 0,24 mm, entsprechend einer Blendenzahl von 500 bei b=12 cm. In praxi muß man bei akzeptablen Belichtungszeiten mit etwas größeren Blenden arbeiten, kommt aber zu durchaus befriedigenden Resultaten (vgl. Abb. 2.9).

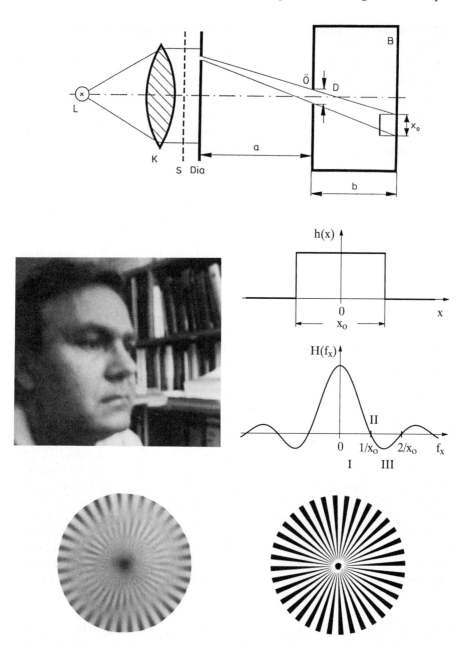

Abb. 2.9 Abbildung durch eine Lochkamera in geometrisch-optischer Betrachtung. Oben: Versuchsanordnung. Mitte rechts: Impulsantwort h(x) und Übertragungsfunktion H(f$_x$). Mitte links: Autor photographiert mit einer Lochkamera. Unten: Siemensstern original (rechts) und photographiert mit einer Lochkamera (links). ❑

2.2 Systemtheorie der optischen Abbildung 31

Außer zum Zweck der Abbildung läßt sich die Lochkamera auch für die inkohärent optische Bildverarbeitung einsetzen. Durch Variation der Weite der Öffnung lassen sich Tiefpässe mit definierter Grenzfrequenz erzeugen, durch entsprechende Transparenzfunktionen der Öffnung aber auch Kreuz- bzw. Autokorrelationsfunktionen realisieren.

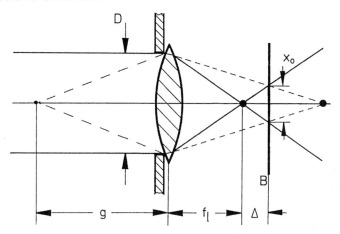

Abb. 2.10 Systemtheoretische Näherung für die Abbildung mit (wenig) defokussierten Linsen. Es werde angenommen, daß in der nicht fokussierten Bildebene B für einen Punkt im Unendlichen (durchgezogener Strahl) und für einen Punkt der Gegenstandsweite g (gestrichelter Strahl) ein gleich großes Unschärfescheibchen existiert, dessen Breite geometrisch-optisch zu $x_o = D\Delta/f_1$ bestimmt werden kann. Bei tolerabler Unschärfe, ausgedrückt durch eine zulässige Breite x_{tol} des Unschärfescheibchens, ergibt sich eine akzeptable Schärfe zwischen ∞ und einer Gegenstandsweite von näherungsweise $g = Df_1/x_{tol}$. Für $f_1 = 35$ mm, Blende 16 (d.h. $D = f_1/16$) und einer empirisch festgelegten tolerablen Unschärfe von z.B. $x_{tol} = 32$ µ entsprechend 3,1 min = 0,052 deg (ein eher strenger Wert, der durchaus motivabhängig und z.B. bei Portraits größer als bei Landschaften sein kann) ist der Schärfentiefebereich damit ∞ bis 2.4 m. Man vergleiche die aus der o.a. tolerablen Unschärfe resultierende si-förmige Übertragungsfunktion samt ihrer relativ niedrig liegenden Nullstelle bei 19 c/deg (vgl. Abb. 2.9) mit den sehr viel breiteren Übertragungsfunktionen von Objektiv und Film (Abb. 2.12). Daher der Rat, die Schärfentiefe nur falls unbedingt nötig anzuwenden. Im übrigen sei daraufhingewiesen, daß die exakten Zusammenhänge insbesondere bei stärkerer Defokussierung komplizierter als hier angegeben sind.
❏

Es wurde bereits festgestellt, daß ein kleines Loch geometrisch-optisch günstig ist, in diesem Fall aber verstärkt Beugungsphänomene zu erwarten sind. Als eine erste Abschätzung dieses Zusammenhangs werde die Fraunhofersche Näherung für das Beugungsbild mit der geometrisch-optischen Punktantwort verglichen. Danach darf die Blendenöffnung solange verkleinert werden, bis die Breite der Beugungsfigur gleich der Breite x_o der geometrisch-optischen Impulsantwort wird. Schätzt man die Breite der Fraunhoferschen Beugungsfigur durch die Lage ihrer ersten Nullstelle gemäß Gl. 2.7 ab, so gilt

$$\frac{\lambda b}{D} = \frac{D(a+b)}{a} \quad \text{bzw.} \quad D = \sqrt{\frac{\lambda b a}{(a+b)}} \approx \sqrt{\lambda b} \; , \qquad \text{(Gl. 2.25)}$$

falls $a \gg b$ ist. Die gleiche Abschätzung wird erhalten, wenn die erste Nullstelle $1/x_0$ der geometrisch-optischen Übertragungsfunktion gem. Abb. 2.9 gleich der Beugungsgrenze $D/\lambda f_1$ gem. Abb. 2.11 gesetzt wird. Für b=12 cm und λ =0,5 µ ergibt sich D=0,24 mm, also eine recht kleine Öffnung. Man kann zeigen, daß für diesen Fall die Fraunhofersche Bedingung (2) erfüllt ist.

Defokussierung. In diesem Zusammenhang sei erwähnt, daß sich für (nicht zu große) Defokussierungen eine näherungsweise geometrisch-optische und damit auch systemtheoretische Beschreibung in exakter Analogie zur Lochkamera herleiten läßt. Die Punktantwort des wenig defokussierten Systems (Abb. 2.10) ist identisch mit der der Lochkamera. Ein defokussierter Siemensstern würde dann wie in Abb. 2.8 links unten dargestellt aussehen. Da die Breite der Punktantwort proportional zum Durchmesser der Blende ist, liefert das Abblenden eines defokussierten Systems ein schärferes Bild und damit auch einen größeren Schärfentiefebereich.

Übertragungsfunktion bei reiner Beugung. Nach Gl. 2.5 ist die Punktantwort eines rein beugungsbegrenzten Systems als Betragsquadrat der Fouriertransformierten der Transparenzfunktion der Blendenöffnung gegeben, wobei die Frequenz f durch den Ausdruck $x / \lambda z$ zu ersetzen ist. Da die Übertragungsfunktion des Systems ihrerseits die Fouriertransformierte der Impulsantwort ist, gilt

$$H(f_x) = F[I(x)] \sim F\{|F[T(x)]|^2\} \quad \textit{mit f ersetzt durch } \frac{x}{\lambda z}$$
$$\sim F\{F[T(x)] \; F^*[T(x)]\} \quad \textit{mit f ersetzt durch } \frac{x}{\lambda z} \; . \qquad \text{(Gl. 2.26)}$$

Mit dem Autokorrelationssatz der Fouriertransformation, der die Eigenschaft berücksichtigt, daß eine Korrelation einer Faltung mit negativem Argument entspricht, erhält man mit $G(f_x)=F[g(x)]$

$$F^{-1}[G(f_x) \; G^*(f_x)] = F[G(f_x) \; G^*(f_x)] = F\{F[g(x)] \; F^*[g(x)]\}$$
$$= g(x) * g(-x) = \int_{-\infty}^{+\infty} g(u) \; g(u-x) \; du \; , \qquad \text{(Gl. 2.27)}$$

was letztlich die Autokorrelationsfunktion von g(u) darstellt. Man beachte dabei, daß bei den gerade-symmetrischen Funktionen von Gl. 2.27 Fourier-

2.2 Systemtheorie der optischen Abbildung

und Fourierrücktransformation identisch sind. Da bei der Herleitung des Beugungsbildes die Fourierfrequenz f durch x/λz ersetzt wird, läßt sich die Übertragungsfunktion ausdrücken als

$$H(f_x = \frac{x}{\lambda z}) \sim \int_{-\infty}^{+\infty} T(\frac{u}{\lambda z}) \, T(\frac{u}{\lambda z} - \frac{x}{\lambda z}) \, \frac{du}{\lambda z} \, ,$$

bzw. normiert auf den Wert der Übertragungsfunktion bei $f_x=0$ als

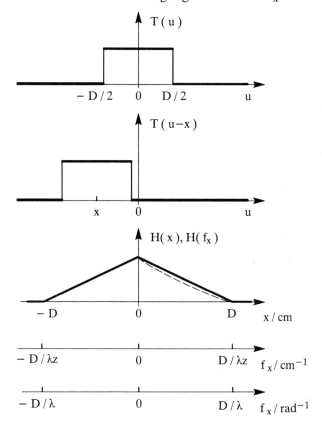

Abb. 2.11 Ermittlung der Übertragungsfunktion $H(f_x)$ rein beugungsbegrenzter Abbildungssysteme als Autokorrelationsfunktion der Transparenzfunktion T(x). Oben: Transparenzfunktion T(u). Mitte: Verschobene Transparenzfunktion T(u-x). Unten: Übertragungsfunktion als Integral über das Produkt beider Funktionen abhängig von x in cm und $f_x=x/\lambda z$ in cm^{-1} bzw. $f_x=x/\lambda$ in rad^{-1}. Beim Vorhandensein einer Linse der Brennweite f_1 ist $f_x=x/\lambda f_1$ zu setzen. Für kreisförmige Blenden gilt der gestrichelt dargestellte Verlauf als Funktion der Radialfrequenz f_r. Die Grenzleistung optischer Systeme wird damit in letzter Konsequenz durch Form und Größe der Pupille bestimmt, was bei astronomischen Geräten von entscheidender Bedeutung ist. ❑

$$H(f_x = \frac{x}{\lambda z}) = \frac{\int T(\frac{u}{\lambda z})\, T(\frac{u}{\lambda z} - \frac{x}{\lambda z})\, du}{\int T^2(\frac{u}{\lambda z})\, du} \ . \qquad \text{(Gl. 2.28)}$$

Entsprechend den Eigenschaften der Autokorrelationsfunktion ist dies eine gerade-symmetrische Funktion mit einem Maximum im Ursprung. Die gemäß Gl. 2.28 im Zähler auszuführenden Operationen sind in Abb. 2.11 für eine Rechteckblende erläutert. Die Autokorrelationsprozedur führt auf eine dreieckförmige, bis zu einer Grenzfrequenz $f_{gr}=D/\lambda z$ abfallende Übertragungsfunktion. Der dreieckförmige Verlauf entspricht dabei der Fouriertransformierten der si^2-förmigen Punktantwort von Gl. 2.7. Für eine Blendenöffnung, deren Transparenz nur die Werte 0 und 1 annehmen kann, entspricht die Übertragungsfunktion der überlappenden Fläche der Transparenzfunktionen. Für zweidimensionale Blendenanordnungen hat man in ganz analoger Weise zu verfahren, wobei die überlappende Fläche für eine Verschiebung in entsprechend zwei Dimensionen zu bestimmen ist. Die durch Beugungsphänomene begrenzte Übertragungsfunktion stellt die Grenzleistung abbildender Systeme als Funktion ihrer geometrischen Abmessungen und der Lichtwellenlänge dar. Eine große Öffnung führt dabei zu einer höheren Grenzfrequenz und entsprechend zu einer besseren Darstellung feinerer Details, was die riesigen Durchmesser astronomischer Teleskope erklärt.

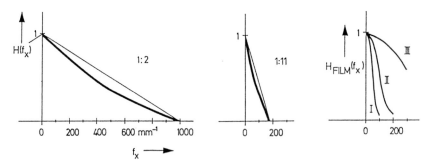

Abb. 2.12 Links und mitte: Übertragungsfunktion eines handelsüblichen Objektivs für Blende 2 und Blende 11 entsprechend einem Verhältnis Öffnung: Brennweite von 1:2 bzw. 1:11 (schematisiert nach Klein, 1970). Das technische System weicht praktisch nicht von der Beugungsgrenze (dünne Linie, für $f_{gr}=1000$ lin/mm bei $\lambda=0{,}5$ bestimmt) ab. Rechts: Im Vergleich dazu die deutlich stärker abfallenden Übertragungsfunktionen von Filmen hoher (I: AGFAPAN Kleinbildfilm 27 DIN/ASA 400, Entwicklung mit Refinal bei 20 Grad) und niedriger (II: 15 DIN/ASA 25) Empfindlichkeit (schematisiert nach AGFA-Unterlagen). Zum Vergleich ist die Übertragungsfunktion einer Holographieplatte (III: extrem hohe Auflösung bei niedriger Empfindlichkeit) gezeigt. ❑

2.2 Systemtheorie der optischen Abbildung

Die in praxi stets vorhandenen Linsenfehler verursachen eine zusätzliche Verschlechterung. Die Qualität technischer Linsensysteme wird daher durch die Abweichung des Systems von der theoretisch möglichen Beugungsgrenze angegeben. Sehr gute Objektive zeigen nur sehr kleine Abweichungen von diesem Idealverlauf, was in Abb. 2.12 für ein Kleinbildobjektiv schematisch dargestellt ist. Man beachte, daß die Beugungsphänomene die Übertragungsfunktion bei kleiner Blende stark begrenzen. Eine Regel für die Praxis besagt daher, daß Objektive nicht weiter als bis Blende 25 abgeblendet werden sollen. Zum Vergleich mit den Übertragungsfunktionen der Objektive sind die wesentlich schlechter auflösenden Übertragungsfunktionen von gängigen Filmmaterialien angegeben. Die Begrenzung der Auflösung einer "Hintereinanderschaltung" von Optik und Film wird in diesen Fälle wesentlich durch das Filmmaterial bestimmt.

2.3 Lichttechnische Größen und Einheiten

Licht ist seiner Natur nach Strahlung, deren Leistung in Watt (auch auf Raumwinkel oder Fläche bezogen) gemessen wird. Andererseits müssen lichttechnische Größen berücksichtigen, in welcher Weise Strahlung in unserem Sehsystem zur Wirkung gelangt. Die Abhängigkeit der Helligkeitsempfindung von der Wellenlänge der ausgesandten Strahlung ist dabei ein entscheidender Faktor. Dieser Faktor muß bei der Definition lichttechnischer Größen einbezogen werden. In der folgenden Darstellung werden physikalische und lichttechnische (d.h. physiologische) Größen für Sender (Abb. 2.13) und für Empfänger (Abb. 2.14) gegenübergestellt:

Sender	Physikalische Größen	Physiologische Größen
	Strahlungsstrom Φ in Watt [W] bzw. [Quanten/sec]:	Lichtstrom Φ_λ in Lumen [lm] mit Lichtstärke I_λ in cd:
	$\Phi = \int I \, d\Omega$	$\Phi_\lambda = \int I_\lambda \, d\Omega$.
	mit Strahlungsstärke I in W/Raumwinkel. Stellt die Gesamtleistung eines Strahlers dar.	Homogen leuchtende Punktquelle der Lichtstärke 1 cd liefert 4π lm (Raumwinkel=4π). Flächenstrahler mit 1 cd maximaler Lichtstärke liefert π lm (Lambertsches Gesetz).
	Strahlungsstärke $I(\varepsilon)$ in Watt/Raumwinkel:	Lichtstärke $I_\lambda(\varepsilon)$ in Candela [cd]:
	$I(\varepsilon) = d\Phi(\varepsilon)/d\Omega$.	$I_\lambda(\varepsilon) = d\Phi_\lambda/d\Omega$.
	Stellt die richtungsabhängige Leistung pro	Richtungsabhängige Größe.

2.3 Lichttechnische Größe und Einheiten

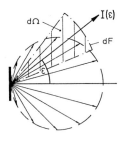

Raumwinkel dar.

Der Raumwinkel ist gleich der auf der Einheitskugel ausgeschnittenen Fläche:

$d\Omega = dF/R^2$.

Gezeigt ist das Lambertsche Gesetz ebener Flächenstrahler:

$I(\varepsilon) \sim \cos \varepsilon$.

Basisgröße nach alter Norm: Gasflamme bestimmter Zusammensetzung und Größe gleich 1 Hefnerkerze [Hk]

Neuere Norm: Schwarze Fläche von $1/60 \text{ cm}^2$ beim Schmelz- bzw. Erstarrungspunkt (2045° K) von Platin. (Die moderne Norm wird durch eine Strahlungsäqivalenz gebildet).

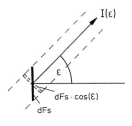

Strahlungsdichte $B(\varepsilon)$ in Watt/Raumwinkel Fläche.

$B(\varepsilon) = dI(\varepsilon)/dF_s \cos \varepsilon$.

Stellt die Strahlungsstärke pro scheinbarer Senderfläche dar, entsprechend der Leistung pro Raumwinkel und scheinbarer Senderfläche.

Leuchtdichte $L_\lambda(\varepsilon)$ in Candela/Fläche.

$L_\lambda(\varepsilon) = dI_\lambda(\varepsilon)/dF_s \cos \varepsilon$.

Korreliert mit der Helligkeitsempfindung.

Normgröße nach neuer Norm: Leuchtdichte eines schwarzen Strahlers beim Schmelz- bzw. Erstarrungspunkt von Platin gleich $60 \text{ cd/cm}^2 = 6 \cdot 10^5 \text{ cd/m}^2$.

Abb. 2.13 Strahlungs- und lichttechnische Größen für Sender. ☐

Empfänger	Physikalische Größen	Physiologische Größen
	Bestrahlungsstärke E in Watt/Fläche.	Beleuchtungsstärke E_λ in Lumen/Fläche.
		$1\ \mathrm{lm/m^2} = 1$ Lux [lx] .
	$E = d\Phi/dF_e = I/R^2$.	$E = d\Phi_\lambda/dF_e$.
	Stellt den pro Empfängerfläche einfallenden Strahlungsstrom dar.	Ein Flächenstrahler, der 1 lm auf 1 m² (entsprechend 1 lx) erhält, liefert eine maximale Lichtstärke (orthogonal zur Fläche) von $1/\pi$ cd.

Abb. 2.14 Strahlungs- und lichttechnische Größen für Empfänger. ❑

Eine wichtige lichttechnische Frage betrifft die Beleuchtungsstärke eines abgebildeten Objektes von bekannter Leuchtdichte. Generell ist hier zu bemerken, daß die Leuchtdichte auch bei Verkleinerung des Abbildungsmaßstabes nicht erhöht werden kann, da in diesem Fall ein größerer Raumwinkel ausgefüllt wird. Bei der Berechnung der Beleuchtungstärke E_λ des Bildes geht man allgemein von der Formel

$$E_\lambda = \pi\, L_\lambda \sin^2 u' \qquad (\text{Gl. 2.29})$$

aus (Abb. 2.15). Für den maximal möglichen Wert u'=90 Grad folgt daraus eine maximale Beleuchtungsstärke von πL_λ lux. In diesem Fall gelangt der gesamte vom Objekt ausgehende Lichtstrom in die Bildebene (vgl. Beziehungen von Abb. 2.15). Setzt man in diese Gleichung die für die Abbildung mit einer Linse geltenden geometrisch-optischen Beziehungen ein, so gilt näherungsweise (für große Gegenstandsweite g und damit einem in der Brennebene entstehenden Bild, sowie für kleines Öffnungs/Brennweitenverhältnis D/f_1)

$$E_\lambda = \left(\frac{\pi}{4}\right) L_\lambda \left(\frac{D}{f_l}\right)^2. \qquad (\text{Gl. 2.30})$$

Die Beleuchtungsstärke des Bildes ist also zum Quadrat des Öffnungs/Brennweitenverhältnisses und damit insbesondere auch zur Öffnungsfläche proportional. Diese Beziehung gilt selbstverständlich auch für das Bild auf unserer

2.3 Lichttechnische Größe und Einheiten

Retina. Da die menschliche Pupille jedoch mit der Leuchtdichte variiert (vgl. Kap. 3.4), wird bei psychophysischen Experimenten häufig eine die Pupillenweite berücksichtigende Größe verwendet. Man bezeichnet als retinale Leuchtdichte von

1 Troland [td],

wenn eine Objektleuchtdichte von 1 cd/m² bei einer Pupillenfläche von 1 mm² wirksam wird. Sind die tatsächlichen Werte der Leuchtdichte und der Pupillenfläche davon verschieden, so ergeben sich entsprechend dem Produkt aus den beiden Parametern andere Trolandwerte.

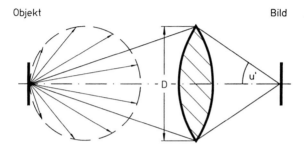

Abb. 2.15 Bestimmung der Beleuchtungsstärke E_λ der Bildebene als Funktion der Leuchtdichte L_λ des Objektes. Der vom Objekt gemäß dem Lambertschen Gesetz in die verschiedenen Richtungen ausgehende Lichtstrom muß die Linsenöffnung passieren, um in der Bildebene verfügbar zu sein. ☐

Obwohl für die Leuchtdichte die Einheit cd/m² genormt wurde, sind eine Vielzahl von weiteren Größen (besonders in der älteren Literatur) verbreitet:

$$1 \text{ cd/m}^2 = 10^{-4} \text{ cd/cm}^2 = 10^{-4} \text{ Stilb} = \pi \text{ Apostilb}$$

$$= \pi \, 10^{-4} \text{ Lambert} = 0{,}2919 \text{ footlambert}.$$

Pohl (1940) hat die (z.T. historisch bedingte) Vielfalt dieser Meßgrößen charakterisiert, indem er bemerkt: "Man gibt allen abgeleiteten Einheiten besondere Namen, und durch sie bekommt diese harmlose Meßkunst das Aussehen einer wahrhaft esoterischen Lehre".

Um einen Eindruck über praktisch vorkommende Leuchtdichten zu geben, sind in Abb. 2.16 einige Beispiele mit drei für das Sehsystem wichtigen Bereichen angeführt. Die vom Sehsystem verarbeitete Spanne zwischen absoluter Schwelle und Blendgrenze beträgt 12 Zehnerpotenzen. Dieser enorm große Umfang wird von zwei unterschiedlichen Rezeptormechanismen, den Stäbchen für das Nachtsehen und den Zapfen (nicht Zäpfchen, diese gehören in den Bereich der Medizin!) für das Tagsehen bewältigt. Abb. 2.17 zeigt die Abbildung eines elektronisch geregelten Leuchtdichtenormals.

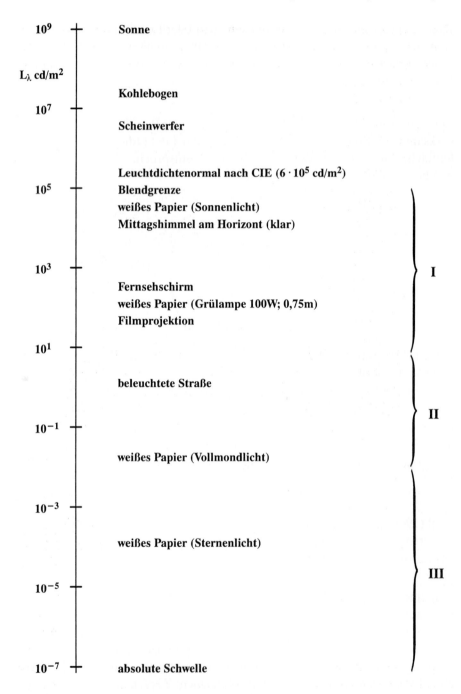

Abb. 2.16 Beispiele für praktisch vorkommende Leuchtdichten. I: Tagsehen(nur Zapfen). II: Übergangsbereich (Dämmerungssehen). III: Nachtsehen(nur Stäbchen). ❏

2.3 Lichttechnische Größe und Einheiten

Ein wesentlicher Aspekt der menschlichen Helligkeitsempfindung ist die schon erwähnte Tatsache, daß einzelne spektrale Anteile unterschiedlich hell wahrgenommen werden. Dieser Befund wird durch die spektrale Empfindlichkeitskurve ausgedrückt. Danach wird die gleiche (physikalische) Strahlungsleistung in den verschiedenen Bereichen des sichtbaren Spektrums unterschiedlich hell und außerhalb des sichtbaren Bereichs überhaupt nicht mehr wahrgenommen. Umgekehrt wird für den gleichen Helligkeitseindruck entsprechend der Lage des Lichtes im Spektrum (d.h. der Spektralfarbe) eine entsprechend unterschiedliche Strahlungsleistung verlangt.

Abb. 2.17 Technisches Leuchtdichtenormal für 100 footlambert. ☐

Die Messung der spektralen Empfindlichkeitskurve erfolgt in einem psychophysischen Test, bei dem die Versuchsperson die Helligkeit nebeneinanderliegender spektral unterschiedlicher Flächenbereiche in Übereinstimmung zu bringen hat. Diese Messung ist bei gleichfarbigen Lichtern mit einer Genauigkeit von etwa 1% möglich. Im sog. Kleinststufenverfahren wird dazu die Spektralfarbe um kleine Stufen verändert und durch Nachjustierung der (physikalischen) Strahlungsleistung auf gleiche Helligkeit abgeglichen. Man bezieht den sich bei bestimmter Lichtwellenlänge λ ergebenden Lichtstrom $d\Phi_\lambda(\lambda)$ auf den Strahlungsstrom $d\Phi(\lambda)$ und erhält

$$\frac{d\Phi_\lambda(\lambda)}{d\Phi(\lambda)} = K\, V_\lambda(\lambda).\qquad\text{(Gl. 2.31)}$$

V_λ stellt die spektrale Empfindlichkeit dar, die eine dimensionslose Größe ist, da der Proportionalitätsfaktor K die Dimension Lumen/Watt besitzt. Die V_λ-Kurve ist demnach eine Funktion mit einem normierten Maximalwert von 1, wie in Abb. 2.18 dargestellt. Die Werte, die als Durchschnitt über eine sehr große Anzahl von Beobachtern gewonnen wurden, sind Normwerte der CIE (commission international de l'éclairage). Der Faktor K wurde experimentell bestimmt und beträgt

K = 683 lm / W.

Dieser Wert besagt, daß im Maximum der V_λ-Kurve (λ=555 nm) bei 100% Wirkungsgrad eine Lichtausbeute von 683 lm erhalten wird. Übliche Leuchtmittel weisen sehr viel niedrigere Wirkungsgrade auf (15 lm/W bei Glühlampen und 80 lm/W bei Leuchtstofflampen).

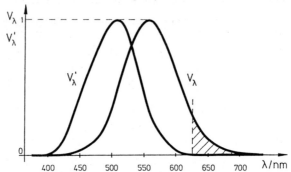

Abb. 2.18 Spektrale Empfindlichkeit V_λ für das Tagsehen und V_λ' für das Nachtsehen. Anschaulich ergeben sich diese Verläufe beim Betrachten eines (bezüglich der Strahlungsdichte spektral homogenen) Farbspektrums, bei dem "gelbgrün" am hellsten und die Randfarben "blau" und "rot" deutlich dunkler erscheinen. Ein Rotfilter läßt nur den schraffierten Bereich der Tagsehkurve durch und reizt damit ausschließlich die Zapfen. ❑

Der gesamte Lichtstrom Φ eines spektral beliebig zusammengesetzten Strahlers ergibt sich durch Integration der einzelnen entsprechend der V_λ-Kurve bewerteten Anteile:

$$\Phi = K \int V_\lambda \left(\frac{d\Phi}{d\lambda}\right) d\lambda = K \int V_\lambda\, S(\lambda)\, d\lambda\,. \qquad \text{(Gl. 2.32)}$$

$S(\lambda)$ ist dabei die spektrale Strahlungsstromdichte gemessen in W/nm. Die Gültigkeit der in Gl. 2.32 ausgedrückten Additvitätsbeziehung (auch als Abneysches Gesetz bekannt, vgl. Graham, 1966), wird im allgemeinen vorausgesetzt, kann aber letztlich nur als Näherung der tatsächlich gegebenen Zusammenhänge angesehen werden. Eine wesentliche Voraussetzung für die Gültigkeit dieser Beziehung ist die Konstanz des Adaptationszustandes während des Versuchs (vgl. Kap. 3.5).

Interessanterweise findet man für das Nachtsehen (Leuchtdichte kleiner als 10^{-2} cd/m^2) eine andere spektrale Empfindlichkeit als für das Tagsehen (Leuchtdichte größer als 10 cd/m^2). Die spektrale Empfindlichkeitskurve V_λ'

2.3 Lichttechnische Größe und Einheiten

für das Nachtsehen ist, wie in Abb. 2.18 dargestellt, in den kurzwelligen Teil des Spektrums verschoben. Dieser Effekt wurde von Purkinje 1825 (angeregt durch Goethe und seine Farbenlehre) als Veränderung der Farben im Verlauf der Dämmerung gefunden und erhielt den Namen Purkinje-Verschiebung. Nach Adaptation auf sehr niedrige Leuchtdichten werden Farben allerdings nurmehr als Grauwerte entsprechend der V_λ'-Kurve gesehen. Das Maximum der spektralen Empfindlichkeit V_λ' für das Nachtsehen bei 507 nm ist ebenfalls auf 1 normiert worden. In absoluten Einheiten gemessen ist die Empfindlichkeit des Nachtsehens allerdings etwa 200-fach höher als die des Tagsehens. Die Existenz zweier unterschiedlicher spektraler Empfindlichkeitskurven ist ein Hinweis auf zwei unterschiedliche Rezeptormechanismen im Sinne der sog. Duplizitätstheorie. In der Tat lassen sich die beiden spektralen Empfindlichkeitsverläufe als Absorptionskurven der in den Rezeptoren enthaltenen lichtempfindlichen Substanzen deuten (siehe dazu Kap. 3.1 Anatomie).

Die Tatsache, daß das Nachtsehen für Wellenlängen oberhalb 650 nm völlig unempfindlich ist, führt zu einer Reihe von Anwendungen, bei denen die Dunkeladaptation für die Stäbchen während eines Aufenthaltes in heller langwelliger Beleuchtung aufrecht erhalten werden soll (vgl. Kap. 3.5). Dazu gehört die rote Adaptationsbrille des Röntgenarztes und die rote Raumbeleuchtung z.B. für Nachtflieger und U-Bootfahrer (vgl. den Film "Das Boot"). Im Rotlicht befindet sich der Nachtsehmechanismus in Dunkelheit und bleibt empfindlich, so daß ein Übergang in eine dunkle Arbeitsumgebung problemlos (d. h. ohne langerdauernden Adaptationsvorgang) erfolgen kann. Der Tagsehmechanismus arbeitet dagegen mit dem im roten Licht verbleibenden Anteil der spektralen Empfindlichkeit.

Kapitel 3
Das Auge und seine Mechanismen

3.1 Anatomie

In der nachfolgenden Tabelle sind die in Abb. 3.1 (links) dargestellten mechanischen, optischen und neuronalen Bauelemente des Auges kurz in ihrer Funktion erklärt. Auf die Akkommodation und die Pupillenveränderung wird in Kap. 3.3 und 3.4 noch eingehend Bezug genommen.

LH	Lederhaut (Sclera)	– äußere undurchsichtige Hülle;
H	Hornhaut (Cornea)	– durchsichtiger Vorderteil, nahezu kugelig mit 7,8 mm Radius;
T	Tränenflüssigkeit	– gleicht Unebenheiten der Hornhaut aus;
HS	Hornhautscheitel	– Bezugspunkt;
V	Vorderkammer	– durchsichtiges Medium;
R	Regenbogenhaut (Iris)	– mit Muskeln versehene kreisringförmige Membran, deren Öffnung die Pupille (P) darstellt;

P	Pupille – strahlbegrenzende Öffnung; Durchmesser abhängig vom Lichteinfall zwischen 2 mm und 8 mm variierend;
S	Strahlenkörper (Corpus ciliare) – enthält Muskeln zur Formänderung der Linse (L), die an den Zonulafasern (Z) aufgehängt ist;
Z	Zonulafasern – umfassen den Linsenrand;
L	Linse (Lens cristallina) – bewirkt Akkommodation durch Formänderung;
HP	Hauptpunkt – Vorderkante des auf ein einfaches optisches System reduzierten Auges (Krümmungsradius 5,7 mm; objektseitige Brennweite 17,06 mm; bildseitige Brennweite 22,79 mm);
KP	Knotenpunkt – Krümmungsmittelpunkt des einfachen optischen Systems;
G	Glaskörper (Corpus vitreum) – durchsichtige, gallertartige Substanz, deren Überdruck der Formerhaltung dient;
DP	Drehpunkt – durch kardanische Lagerung des Augapfels im Schädel gegeben;
AM	Augenmuskelpaar – eines von drei zügelartig angreifenden und räumlich nahezu orthogonalen Muskelpaaren;
N	Netzhaut (Retina, Abb. 3.1 rechts oben) – enthält die Rezeptoren (10^7 Zapfen und 10^8 Stäbchen mit typisch unterschiedlicher Dichte) und ein mehrschichtiges nervöses System, in dem zunächst (Bipolar-, Horizontalzellen) elektrische Potentiale verarbeitet werden; Ganglien- und Amacrinezellen liefern dagegen Nervenimpulse, die über den optischen Nerv (O) in das Zentralnervensystem geleitet werden;
	Zapfen ermöglichen Farbensehen vermöge dreier spektral unterschiedlich empfindlicher Sehfarbstoffe; Stäbchen besitzen nur einen einzigen Typ von Sehfarbstoff und sind 200 mal empfindlicher;
O	Optischer Nerv – ein Bündel von 10^6 Nerven, in dem auch Blutgefäße verlaufen;
NG	Netzhautgrube (Fovea) – Einbuchtung (und damit Dünnerwerden) der Netzhaut von 4 Grad Durchmesser; der

3.1 Anatomie

zentrale Teil (Fovea centralis) von 1,5 Grad Durchmesser enthält ausschließlich Zapfen in sehr dichter Packung, jedoch keine Blau–Zapfen (Zapfendurchmesser in der Fovea 2 μ = 0,4 min, zur Peripherie zunehmend); die Zapfendichte nimmt außerhalb der Fovea stark ab; die Stäbchendichte steigt außerhalb der Fovea bis etwa 20 Grad an, um dann ebenfalls abzufallen (Abb. 3.1 rechts unten);

B Blinder Fleck (Papilla) – Austrittsstelle für den optischen Nerv; rezeptorfreier Bereich von 6 Grad Durchmesser entsprechend 12 Vollmonddurchmessern oder der Breite einer Hand bei ausgestrecktem Arm;

OA Optische Achse – Senkrechte durch den Hornhautscheitel (HS);

VA Visuelle Achse – Verbindung zwischen Netzhautgrube (NG) und Knotenpunkt (KP).

Experiment zum blinden Fleck: *Bewegt man das linke Auge in 17 cm Entfernung vom + "Kreuz" zum nächsten Fixpunkt •, so verschwindet das "Kreuz". Ein über das Kreuz gelegter längerer Bleistift erscheint nicht unterbrochen, da zentralnervöse Interpolationsmechanismen existieren, die das blinde Areal analog zur Umgebung nach Textur und Farbe ausfüllen (Ramachandran, 1992; Ramachandran und Gregory, 1991). Der blinde Fleck ist binokular nicht wahrnehmbar, da die entsprechenden Areale beider Augen nicht übereinanderliegen.*

In Abb. 3.1 ist rechts oben in einer vergrößerten Abbildung der Retina der Signalfluß von den Rezeptoren zum optischen Nerv dargestellt. Es ergibt sich für die Eingangsstufe unseres visuellen Systems ein erstaunlich komplexes Gebilde, dessen Funktion keineswegs vollständig aufgeklärt ist. Die Duplizität der retinalen Sinneszellen wurde durch vergleichende anatomische Studien bereits Mitte des 19. Jahrhunderts entdeckt. Man erkennt zunächst die vertikale Struktur, die von den Stäbchen (ST) und Zapfen (ZA) über die Bipolarzellen (BI) und Ganglienzellen (GA) zum optischen Nerv (O) führt. Ferner ist die für die Stäbchen typische Konvergenz mehrerer Einheiten (bis zu 1000) auf eine Bipolarzelle verdeutlicht, während die Zapfen (insbesondere in der Fovea) 1:1 auf die Bipolarzellen und Ganglienzellen verschaltet sind. Die 1:1 Verschaltung der Zapfen auf die Ganglienzellen ermöglicht zusammen mit der hohen Zapfendichte in der Fovea die hohe Sehschärfe in diesem Bereich. Umgekehrt ist der Abfall der Sehschärfe zur Peripherie mit der Abnahme der Zapfen- und Stäbchendichte, aber auch mit der starken Konvergenz der Stäbchen zu erklären. Eine Folge der starken Konvergenz der Stäbchen (und ihrer insgesamt höheren Empfindlichkeit) ist umgekehrt die entsprechend hohe Absolutempfindlichkeit der Peripherie.

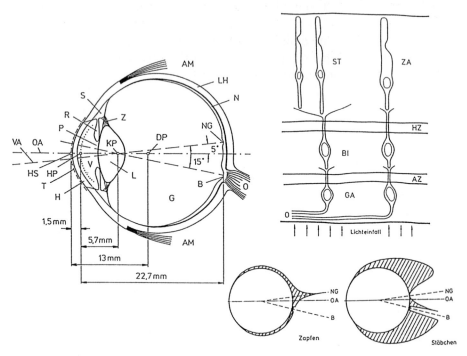

Abb. 3.1 Links oben: Schematisierter Horizontalschnitt durch ein rechtes Auge von oben. Die Dicke der einzelnen Gewebeschichten ist zur besseren Darstellung stark übertrieben. Rechts oben: Informationsverarbeitung in den einzelnen Schichten der Retina. Man beachte, daß das Licht auf der den Rezeptoren abgewandten Seite einfällt. Unten: Zapfen- und Stäbchendichte in Polarkoordinaten. ◻

Zusätzlich zur Vertikalstruktur existiert noch die Horizontalstruktur der Horizontalzellen (HZ) am Ausgang der Rezeptoren und der Amacrinezellen (AZ) am Ausgang der Bipolarzellen, die beide die Übertragungseigenschaften der Retina maßgeblich bestimmen. Die Horizontalzellen bewirken eine Adaptation durch eine sich örtlich ausbreitende Hemmung auf die Rezeptoren (laterale Inhibition), was einer optimalen Arbeitspunkteinstellung für die Bipolarzellen mit ihrer steilen (hart abbildenden) Kennlinie durch Normierung auf die Umfeldaktivität entspricht (Siminoff, 1985). Andererseits ist diese Hemmung die nicht ausschließliche, jedoch retinale Ursache für eine Reihe von Kontrastphänomenen (siehe Kap. 4.5). Die Rolle der Amacrinezellen, die erst in jüngster Zeit genauer untersucht worden sind, besteht in einer Betonung bewegter und zeitlich veränderlicher Signale für bestimmte Ganglienzellen (Werblin, 1973). Andere Typen von Amacrinezellen (bisher wurden etwa 50 verschiedene Typen gefunden) haben mit der Verschaltung zwischen Stäbchen- und Zapfenbipolarzellen zu tun (Masland, 1986). Eine in integrierter Technik ausgeführte Nachbildung einer 50 * 50 Zellen großen Retina samt nervöser Verschaltung wurde von Mahowald und Mead (1992) vorgestellt. Diese "silicon retina" soll zur Bildvorverarbeitung eingesetzt werden und ist in der Lage, eine Reihe von Wahrnehmungsphänomenen (Nachbilder, Mach-Bänder, Simultankontrast) wiederzugeben.

3.2 Abbildungseigenschaften

In guter Näherung kann das Auge als ein einfaches optisches System beschrieben werden. Dies wird durch die relativ geringen Brechkraftunterschiede innerhalb der Augenmedien (Hornhaut: 1,376; Glaskörper: 1,336; Linse: 1,4085; nach Trendelenburg, 1961) im Vergleich zur Brechkraft von Luft möglich. Umgekehrt ist die höhere Brechkraft der Linse erst die Voraussetzung für die durch ihre Formänderung bewirkte Akkommodation (vgl. Kap. 3.3). Die geometrisch-optischen Parameter des Auges als einfaches optisches System sind in Abb. 3.2 dargestellt (vgl. auch Abb. 2.2).

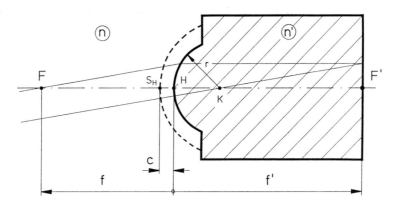

Abb. 3.2 Das Auge als einfaches optisches System in maßstäblicher Darstellung (erstmals vorgeschlagen von Helmholtz/Gullstrand Ende des 19. Jahrhunderts; zitiert nach Trendelenburg, 1961). Die eingetragenen Punkte sind der Hauptpunkt (H), der Knotenpunkt (K), der vordere Brennpunkt (F), der hintere Brennpunkt (F') und der Hornhautscheitel (SH). Die Brechungsindizes betragen n=1 (Luft) und n'=1,3356 (Wasser). Die geometrischen Kenngrößen sind f=17,06 mm, f'=22,785 mm, r=5,725 mm und c=1,5 mm. Gestrichelt ist die Hornhautvorderfläche des realen Auges eingezeichnet (Radius 7,8 mm). ❑

Die Ursache für Fehlsichtigkeit kann prinzipiell in den beiden Parametern Brechkraft und Bildweite liegen. Genauere echographische Messungen am lebenden Auge (Gernet und Ostholt, 1973) haben jedoch gezeigt, daß nicht so sehr die Brechkräfte, sondern die geometrischen Parameter im Mittel mit der Fehlsichtigkeit korreliert und damit Ursache für diese sind. So ist bei Kurzsichtigkeit (Myopie) der Augapfel zu lang, bei Weitsichtigkeit (Hypermetropie) entsprechend zu kurz. Zur Korrektur wird bei Kurzsichtigen die Brechkraft durch eine Zerstreuungslinse erniedrigt und bei Weitsichtigen durch eine Sammellinse erhöht. In diesem Zusammenhang wurde auch gezeigt, daß beim Wachstum im Kindesalter mit der Vergrößerung des Augapfels eine Reduzierung der Linsenbrechkraft verbunden ist, so daß Kinder in der Wachstumsphase normalsichtig bleiben.

Die Beschreibug der Augenoptik durch ein einfaches optisches System ist nicht nur eine Abstraktion von den unterschiedlichen Brechkräften der einzelnen anatomischen Komponenten, sondern auch eine Idealisierung von orts- und wellenlängenabhängigen Effekten. Genaue Messungen zum örtlichen Brechkraftverlauf (Schober et al., 1969) belegen, daß der Sollwert der Brechkraft nur approximativ gegeben ist und mehr oder weniger systematische lokale Abweichungen vorhanden sind. Abb. 3.3 zeigt, daß der Sollwert von 1 Dioptrie (entsprechend der hier vorausgesetzten Sehentfernung von 1 m) nur in einem bestimmten mittleren Radius der Pupille vorliegt und zentrale Bereiche der Pupille eine niedrigere (0,6 dpt), mehr periphere Bereiche eine höhere (1,5 dpt) Brechkraft aufweisen. Die zur Peripherie hin höhere Brechkraft läßt sich in Analogie zu sphärischen Linsen als sphärische Aberration deuten. Diese ist Ursache für die sog. Nachtkurzsichtigkeit, die bei entsprechend geweiteter Pupille (vgl. Kap. 3.4) Werte bis zu 2 Dioptrien annehmen kann und u.U. eine eigens angepaßte Korrekturbrille notwendig macht. Der Brechkraftverlauf ist dabei keineswegs kreisförmig wie bei einem ideal sphärischen System, sondern ellipsenförmig auseinandergezogen. Die elliptische Form des Brechkraftverlaufs ist als Astigmatismus entsprechender Winkellage zu interpretieren.

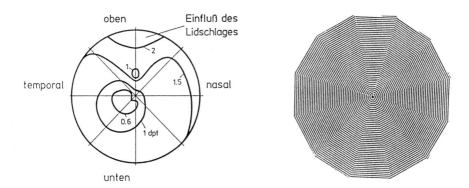

Abb. 3.3 Links: Brechkraftverlauf über der Pupillenfläche für einen Sollwert von 1 dpt. Die im oberen Teil sichtbare Einbuchtung stammt vom Druck des Lidschlages. Nach Schober et al. (1969), leicht schematisiert. Rechts: Astigmatismus-Testmuster (modifiziert nach Helmholtz), bei dem je nach Ausprägung der Fehlsichtigkeit bestimmte Sektoren scharf und die restlichen unscharf gesehen werden. (Monokulare Betrachtung notwendig, da die Astigmatismen der beiden Augen unterschiedlich sein können). ❑

Mißt man die Brechkraft der Augenoptik als Funktion der Wellenlänge, so erhält man als Folge der chromatischen Aberration einen systematischen Verlauf. Danach muß die die Brechkraft eines rechtsichtigen Auges um einen Wert von -1 dpt bei blauem Licht und $+0{,}5$ dpt bei rotem Licht korrigiert werden (Abb. 3.4). Dies entspricht einer Brennpunktverschiebung um 0,43 mm und einem Durchmesser des roten Unschärfescheibchens (bei scharfem Blaubild) von D/40 mit D als Durchmesser der Pupille. Die daraus resultierenden Farbfehler sind im Retinabild vorhanden, werden aber infolge eines postulierten nervösen Kompensationsmechanismus nicht wahrgenommen. Beim Tragen einer farbkorrigierten Brille werden entsprechend invertierte Farbsäume beobachtet, ein Effekt, der nach einiger Zeit der Gewöhnung verschwindet. Ein entsprechender Effekt ist auch bei Abdeckung einer Linsenhälfte vorhanden, wie im nachfolgendem Experiment beschrieben.

> **Experiment zur chromatischen Aberration:** *Man deckt die Hälfte der Pupille mit der vertikalen Kante einer Karteikarte ab und blickt auf eine vertikale Fensterkante. Deckt man von links ab, so erscheint die linke Kante gelblich und die rechte Kante bläulich. Dies ist das Ergebnis eines unsymmetrischen, nicht korrigierten Farbfehlers, wie in Abb. 3.4 erläutert. Eine an der optischen Achse anstoßende Leuchtdichtekante enthält danach im Übergangsbereich einen Überschuß an blau bzw. rot (gelb), je nach ihrer Lage relativ zur abdeckenden Blende.*

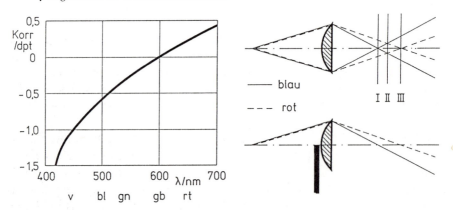

Abb. 3.4 Links: Brechkraftabweichungen der Augenoptik als Funktion der Lichtwellenlänge λ ausgedrückt durch die Stärke des zur Korrektur notwendigen Brillenglases (leicht geglätteter Verlauf der Messungen von Wald und Griffin, 1947, und Ivanoff, 1953, zitiert nach Le Grand, 1967) Wir sind demnach im Blaubereich kurz- und im Rotbereich weitsichtig. Rechts oben: Erklärung der bei chromatischer Aberration auftretenden Farbfehler. In den drei Bildebenen ist nur jeweils eine Farbe scharf (I, III) oder keine der Farben scharf (II), was zu entsprechenden Farbsäumen führt. Rechts unten: Bei Abdeckung einer Linsenhälfte treten Farbfehler an Hell- und Dunkelkanten auf, die im Selbstversuch gut sichtbar werden. ❑

3.2 Abbildungseigenschaften

Aus den Gesetzmäßigkeiten der chromatischen Aberration läßt sich auch ein relativ empfindlicher (im 0,5 dpt-Bereich liegender) Test zur Brillenanpassung herleiten, der sog. Rot-Grün-Test. Gemäß diesem ist eine Brille korrekt angepaßt, wenn rote und grüne Objekte gleich scharf (bzw. besser unscharf) erscheinen. Ist grün schärfer als rot, so muß die Brechkraft noch erhöht bzw. im umgekehrten Fall erniedrigt werden. Die Summation der Wirkungen von Blau- und Nachtkurzsichtigkeit wird als Erklärung für die überwältigende Athmosphäre von Kathedralen mit blauen Fenstern angegeben, wobei die notwendige Einstellung der Linse auf niedrigere Akkommodationswerte den Eindruck der räumlichen Weite verstärkt (nach Hartmann, 1970).

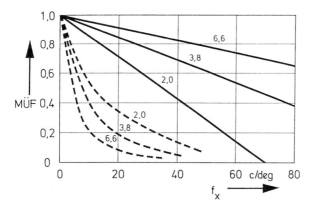

Abb. 3.5 Modulationsübertragungsfunktion der Augenoptik (gestrichelt) mit dem Pupillendurchmesser in mm als Parameter (leicht geglättete Werte der Versuchsperson G.L. von Campbell und Gubisch, 1966). Zum Vergleich sind die theoretischen Werte der Übertragungsfunktion für rein beugungsbegrenzte Systeme (durchgezogen) ebenfalls mit dem Pupillendurchmesser als Parameter angegeben ($\lambda = 500$ nm, eindimensionale Näherung). ◻

Die Modulationsübertragungsfunktion (MÜF) faßt die genannten, für die Abbildung wichtigen Phänomene in einer systemtheoretischen Darstellung zusammen. In zahlreichen Untersuchungen wurde die MÜF der Augenoptik bestimmt, wobei sich als ein wesentlicher Parameter die Pupillengröße erweist. Meßtechnisch wird dabei die Form der Punktantwort (bzw. Linienantwort) durch direkte Betrachtung des Retinabildes ermittelt und daraus durch Fouriertransformation die MÜF errechnet (Campbell und Gubisch, 1966). Direkte Messungen der MÜF mit Hilfe von Sinusgittern liefern die gleichen Ergebnisse (Campbell und Green, 1965). Bei diesen Messungen ist zu beachten, daß bei der Betrachtung des Retinabildes von außen die Augenoptik zweimal durchlaufen wird. Die Ergebnisse derartiger Messungen sind in Abb. 3.5 dargestellt. Man erkennt zunächst, daß die Augenoptik eine mit wachsendem Pupillendurchmesser immer schmaler und damit schlechter werdende Übertragungscharakteristik aufweist, was seine Ursache in den erwähnten Aberrationseffekten hat.

Besonders markant ist dieser Abfall, wenn man ihn mit der rein beugungsbegrenzten Übertragungfunktion vergleicht. Man kann daraus folgern, daß die Augenoptik bei kleiner Pupille (<2 mm) in recht guter Näherung als beugungsbegrenzt anzusehen ist, während bei großer Pupille Aberrationen dominieren. Die beste, d.h. breiteste MÜF erhält man bei einem Pupillendurchmesser von etwa 2 mm mit einer nahe bei dem theoretischen Wert von 70 deg^{-1} liegenden Auflösung. Dies gilt bei einer Abbildung nahe der Fovea, deren Zapfen eine auf diese Abbildungsleistung abgestimmte Größe besitzen. Bei peripherer Abbildung ist dagegen die optische Güte besser als das Rezeptorraster, was bei 10 deg einen Faktor 4 ausmacht.

3.3 Akkommodation

Unter Akkommodation versteht man die Anpassung der Augenoptik an wechselnde Sehentfernungen. Beim Menschen wird diese im wesentlichen durch eine Formänderung der Linse bewirkt, anders als z.B. beim Photoapparat, bei dem bekanntlich die Bildweite verändert wird. Die letztere Möglichkeit ist auch bei einigen Fischen und Amphibien gegeben, während bestimmte Vögel die Krümmung der Hornhaut verändern können. Schafe können praktisch nicht akkommodieren. Interessant ist, daß die Formänderung der Linse letztlich durch ihre Eigenelastizität bewirkt wird. In Abb. 3.6 ist der anatomische Aufbau ein wenig genauer skizziert. Naheinstellung wird danach erhalten, wenn die Ciliarmuskeln angespannt sind, als Folge davon der Durchmesser der Aufhängevorrichtung der Linse klein wird und die Linse eine mehr kugelige Form mit entsprechend hoher Brechkraft einnimmt. Bei Ferneinstellung erschlaffen die Ciliarmuskeln, die Aufhängevorrichtung vergrößert ihren Durchmesser und die Zonulafasern ziehen die Linse flach.

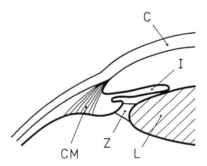

Abb. 3.6 Mechanismus der Akkommodationseinstellung in der Augenoptik. C-Cornea, I-Iris, L-Linse, Z-Zonulafasern, CM-Ciliarmuskelsystem. ❑

Die Fähigkeit, in einem möglichst großem Bereich zu akkommodieren, hängt von der Elastizität der Linse ab. Die mit fortschreitendem Lebensalter eintretende Verhärtung (leider nicht nur) der Linse führt zu einer Abnahme der sog. Akkommodationsbreite, die den in Dioptrien ausgedrückten Unterschied zwischen Nah- und Fernpunkt darstellt. Abb. 3.7 macht deutlich, daß vom Kindesalter an bis zum 55. Lebensjahr ein praktisch linearer Abfall der Akkommodationsbreite existiert. Dieser Zusammenhang ist gut reproduzierbar und kann umgekehrt zur Alterbestimmung herangezogen werden. Auf spezifische diesbezügliche Probleme weiblicher Patienten hat Keidel (1971) hingewiesen (S. 130/138). Dies führt im Alter zwischen 45 bis 50 Jahren dazu, daß

Nahakkommodation (Rechtsichtigkeit vorausgesetzt) nicht mehr den Bereich normaler Leseentfernung erreichen läßt und eine die Brechkraft erhöhende Lesebrille nötig wird.

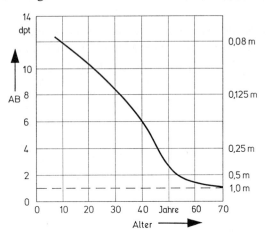

Abb. 3.7 Altersabhängigkeit der Akkommodationsbreite AB (leicht vereinfacht nach Graff, 1952). Die rechte Ordinate zeigt den Nahpunkt, d.h. den Punkt der stärksten Akkommodation bei Rechtsichtigkeit. ❑

Bei den Überlegungen zur Akkommodation ist als wichtiger Umstand noch zu berücksichtigen, daß der menschliche Beobachter (und damit das Akkommodationssystem) eine leichte Unschärfe durch Fehlfokussierung toleriert. In Dioptrien ausgedrückt wurde z.B. ein Wert von 0,42 bei 2 mm Pupille (entsprechend Blende 11) gefunden (Campbell, 1957). In diesem Bereich bewegt sich auch die spontane Aktivität der Akkommodationsschwankungen. Für einen angenommenen Wert von 0,3 dpt tolerabler Fehlfokussierung ergeben sich damit die folgenden Werte für die Schärfentiefe:

```
0 dpt .... 0,3 dpt  -----> ∞     .... 3,3 m,
0,7 dpt .... 1,0 dpt -----> 1,43 m .... 1,0 m,
3,0 dpt .... 3,3 dpt -----> 0,33 m .... 0,3 m.
```

Damit erscheinen Sehobjekte ab 3,3 m generell scharf, während der Bereich normaler Leseentfernung von 0,3 m nur noch einen Bereich von 3 cm umfaßt. Berechnet man die Breite des sich bei 0,3 dpt Toleranzbereich ergebenden Unschärfescheibchens, so erhält man einen Wert von fast 3 Winkelminuten, was angesichts der erreichbaren Grenzleistung der Optik (vgl. Abb. 3.5) ein relativ schlechter Wert ist. Technische Unschärfetabellen basieren auf einem Kriterium dieser Größenordnung (vgl. Abb. 2.10). Die Akkommodation legt demnach bei ihrer Einstellung ein einigermaßen laxes Kriterium zugrunde.

3.3 Akkommodation

Eine systemtheoretische Analyse des Akkommodationregelsystems zeigt weiterhin, daß dieses System auch relativ langsam ist. Die Analyse der Antworten auf periodische Akkommodationsreize zeigt ein Tiefpaßsystem mit einer Grenzfrequenz von etwa 1 Hz und einer Totzeit von 500 msec (Campbell und Westheimer, 1959; Krueger, 1971). Diese (und auch andere) Eigenschaften weisen auf die Beteiligung zentraler Verarbeitungseinheiten hin.

Untersucht man, welche Faktoren an der Einstellung der Akkommodation beteiligt sind, so findet man binokulare und monokulare Kriterien. Das binokulare Kriterium ist durch den Konvergenzwinkel der beiden Augen gegeben. Konvergenz und Akkommodation operieren jedoch nicht unabhängig voneinander, sondern jede der beiden Komponenten kann entsprechend der jeweiligen Situation die Führung übernehmen. Üblicherweise folgt einer Änderung der Konvergenz, d.h. der Verstellung der Augen beim binokularen Nahfixieren, unmittelbar eine Änderung der Akkommodation. Auf monokulare Kriterien weisen Versuche hin, in denen gezeigt werden konnte, daß bei monokularer Beobachtung (d.h. beim Fehlen von Konvergenzreizen) chromatische und achromatische Abbildungsfehler an der Korrektur der Scharfeinstellung nach Größe und Richtung mitwirken. Dies folgt aus dem Befund, daß die schrittweise Elimination der im Normalfall auftretenden Fehler eine genaue Akkommodationseinstellung erschwert oder sie schließlich unmöglich macht (Campbell und Westheimer, 1959; Troelstra et al., 1964). Eine Beteiligung von komplexeren, vom visuellen Signal abgeleiteten Kriterien wie z.B. Texturgradient, Verdeckung und Kenntnis über tatsächliche Größe ist, sofern sie den Nahbereich betreffen, im Zusammenhang mit Akkommodation denkbar (vgl. Abschnitt monokulares Tiefensehen, Kap. 4.11.2.).

3.4 Pupille

Als Pupille bezeichnet man die lichtdurchlässige Öffnung der Iris. In der Iris befindet sich ein glattes, antagonistisch arbeitendes Muskelsystem, bestehend aus Radial- und Ringmuskel, deren Aktivität die Weite der Pupille bestimmt. Im Normalfall kann der Pupillendurchmesser Werte zwischen 2 und 8 mm abhängig von der Leuchtdichte und einer Reihe weiterer (auch psychischer) Parameter annehmen. Die wesentliche Steuergröße ist die retinale Leuchtdichte, deren Ansteigen ein Kleinerwerden der Pupille bewirkt (Abb. 3.8).

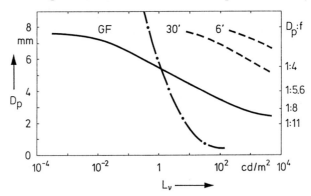

Abb. 3.8 Statische Pupillenweite D_p als Funktion der Leuchtdichte. Statisch besagt, daß der eingeschwungene Zustand (Adaptation eingeschlossen) untersucht wurde. Die rechts dargestellte Ordinatenachse zeigt die Lichtstärke D_p:f der Augenoptik (f = 22,79 mm). Durchgezogen/GF: Daten von Reeves (1920) gemessen bei Ganzfeldbeleuchtung, zitiert nach Stevens (1966). Gestrichelt: Daten für kleine, weit weniger wirksame Testobjekte (30 und 6 Winkelminuten) von Page (1941), ebenfalls zitiert nach Stevens (1966). Strichpunktiert dargestellt ist der Verlauf, der sich bei vollständiger Ausregelung der Lichtmenge ergäbe. Die retinale Empfindlichkeit der Pupillenantwort ist in der Fovea am größten und sinkt bei etwa 10 deg Entfernung von der Fovea auf etwa 1/10 dieses Wertes ab. ❑

Inwieweit tatsächlich eine Lichtregelung vorliegt, kann aus dem statischen Zusammenhang zwischen Pupillenweite und Leuchtdichte entnommen werden (Abb. 3.8). Die Pupillenweite wird für Umgebungsleuchtdichten zwischen 10^{-3} und 10^3 cd/m^2 insgesamt von 7,5 auf 2,5 mm reduziert. Für kleine Leuchtdichteänderungen ergibt sich im günstigsten Fall ein Regelfaktor von etwa 80%. Die Regelung reduziert damit die Wirkung der Störgröße auf 80% gegenüber dem ungeregelten Fall und regelt nur 20% aus. Ein Konstanthalten der retinalen Leuchtdichte ist also nur sehr unvollkommen gegeben und wegen des ohnehin großen Arbeitsbereiches der Retina letztlich nicht notwendig. Einen Regelfaktor der gleichen Größenordnung erhält man auch bei

3.4 Pupille

periodischer Reizung bis zu Frequenzen von etwa 1 Hz. Schnelleren Schwankungen kann die Pupille nicht mehr folgen.

Um das Übertragungsverhalten des Pupillenregelkreises bestimmen zu können, wurden die Pupillenantworten bei aufgetrenntem Regelkreis für sinus- und sprungförmige Leuchtdichteänderungen registriert und systemtheoretisch analysiert (Drischel, 1957, 1961; Stegemann, 1957; Stark, 1962; Varju, 1964; Thoss, 1968; zusammenfassende Darstellung bei Drischel, 1972, und Röhler, 1974). Die prinzipiellen Grenzen eines derartigen Ansatzes liegen in den Nichtlinearitäten des Systems, die bewirken, daß die Antworten insbesondere auf größere sinusförmige Leuchtdichteänderungen nicht mehr Sinusform besitzen, sondern sägezahnförmig verzerrt sind. Die Nichtlinearitäten sind eine Folge des notwendigen Aufbaus aus zwei Teilsystemen für jeweils eine Bewegungsrichtung, da Muskeln prinzipiell nur kontrahieren können. Ist man sich dieser Einschränkung bewußt, so ist ein linearer bzw. teillinearer Ansatz durchaus sinnvoll, da ein Einblick in die Funktion des Systems und seiner Komponenten gewonnen wird.

Besonders deutlich treten die Nichtlinearitäten in den je nach der Polarität des Sprungs unterschiedlichen Sprungantworten zutage. Die Antworten auf Hell- und Dunkelsprünge sind in Abb. 3.9 (links) dargestellt. Man erkennt, daß beide Antworten zunächst mit einer Totzeit von 200 msec erscheinen, dann aber einen unterschiedlichen Verlauf je nach der Polarität des Sprungs aufweisen. Die Hellsprungantwort ist steiler als die Dunkelsprungantwort und weist zudem einen deutlichen Unterschwinger auf. Diese Phänomene lassen sich sehr einfach an einer entoptischen, d.h. am eigenen Auge beobachteten Wahrnehmung demonstrieren (Abb. 3.10). Entsprechend besitzen die aus den Sprungantworten bestimmten Übertragungsfunktionen für den Hellsprung Bandpaß-, für den Dunkelsprung Tiefpaßcharakter. Die Form der experimentell mit sinusförmiger Anregung gewonnenen Übertragungsfunktion ist der aus der Hellantwort ermittelten ähnlich. Dies ist plausibel, da das Hellsystem bei nicht zu kleinen Frequenzen dominiert. Leider können wegen der spontanen Pupillenunruhe Frequenzen unter 0,1 Hz nicht genau genug gemessen werden, so daß das Zusammenwirken der beiden Teilsysteme nicht vollständig aufgeklärt ist.

Experiment zur Pupillendynamik (Abb. 3.10): *Eine kleine Lochblende L im Abstand der Brennweite f = 17,06 mm vor dem Auge liefert im Auge ein paralleles Strahlenbündel. Der Schatten der leicht unregelmäßig kreisförmigen Iris I ist beim Blick gegen eine helle Fläche gut sichtbar. Mit Hilfe des Binokulareffektes lassen sich Pupillenveränderungen einfach erreichen. Deckt man nämlich das jeweils andere Auge ab, so öffnet sich die Pupille, entfernt man die Abdeckung, so schließt sich die Pupille mit* *einem Unterschwinger entsprechend Abb. 3.9. Man beachte in diesem Versuch auch die schwebenden Scheibchen und Schnüre (sog. "mouches volantes").*

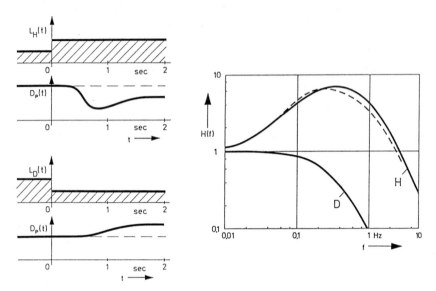

Abb. 3.9 Systemtheoretische Analyse der Pupillendynamik. Links: Veränderung des Pupillendurchmessers $D_p(t)$ bei Hellsprung $L_H(t)$ und Dunkelsprung $L_D(t)$. Rechts: Übertragungsfunktion des Pupillenregelkreises nach Thoss (1968) berechnet aus der Hellantwort (H) bzw. der Dunkelantwort (D) sowie experimentelle Werte bei sinusförmiger Reizung (gestrichelt). ❑

Die Rolle der Pupillenveränderung ist mit der oben erwähnten unvollkommen Lichtregelung nur teilweise beschrieben. Eine gewisse Schutzwirkung vor Blendung bis zum Einsetzen von Abwehrmaßnahmen (Lidschlag, Augenbewegung) ist durch den Pupillenreflex gegeben. In diesem Zusammenhang ist jedoch interessant, daß sich die Pupille eines Auges bei Abdeckung des anderen ziemlich genau um einen Faktor öffnet, der einer konstanten Lichtmenge für beide Augen entspricht. Der Binokulareffekt der Pupille sorgt damit für eine konstante, in das visuelle System eindringende Lichtmenge. Der eigentliche Sinn der Pupillendynamik wird jedoch erst verstanden, wenn diese im Gesamtzusammenhang der visuellen Wahrnehmung interpretiert wird. Ein psychophysischer Befund in diese Richtung ist die Tatsache, daß die Pupillenweite bei Nahakkommodation im Bereich zwischen 1 m und 0,1 m auf die Hälfte abnimmt. Eine damit verbundene Erhöhung der Schärfentiefe ist vermutlich der Grund für dieses Phänomen. Nur am Rande sei bemerkt, daß die Pupillenweite einen deutlichen Bezug zu emotionalen Aspekten der gesehenen Bilder mit vergrößerter Pupille bei starkem Interesse beinhaltet. Umgekehrt gelten große Pupillen als Indiz für sympathische Zuwendung, während

3.4 Pupille

kleine Pupillen kritische Distanz signalisieren. Einen Hinweis auf die Beteiligung zentralnervöser Instanzen, deren Aktivität sich mit Sicherheit nicht in einer reinen Lichtregelung erschöpft, geben anatomische Befunde, nach denen die Steuerung des Pupillenmechanismus von der Retina ausgehend über den visuellen Cortex und den Colliculus Superior erfolgt.

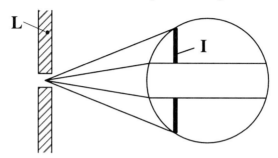

Abb. 3.10 Entoptische Wahrnehmung der Pupille und ihrer Dynamik. Dabei wird der Schatten der von einer Lochblende L beleuchteten Iris I auf die Retina geworfen und wahrgenommen. ❑

Interpretiert man die Pupillenveränderung unter dem Gesichtspunkt der Sehschärfe bei unterschiedlichen Beleuchtungsbedingungen, so erhält man ein überraschendes Ergebnis (Campbell und Gregory, 1960; Woodhouse, 1975). In den erstgenannten Versuchen wurden drei verschieden große Testobjekte (bestehend aus jeweils drei Dunkelstreifen der Breite 1,4/2,2/5,7 Winkelminuten) bei unterschiedlicher Leuchtdichte und verschiedenen Weiten künstlicher Pupillen dargeboten. Das Ergebnis ist einmal, daß kleinere Testzeichen generell erst bei entsprechend höherer Leuchtdichte erkannt werden, und zum anderen, daß für jede Testzeichengröße ein optimaler Wert der Pupillenweite existiert, der dadurch gekennzeichnet ist, daß eine minimale Leuchtdichte zum Erkennen ausreicht. Dieser optimale Wert vergrößert sich mit größer werdenden Objekten und stimmt gut mit dem Wert überein, den die natürliche Pupille unter gleichen Bedingungen eingenommen hätte. Die Erklärung für dieses Ergebnis ist, daß letztlich zwei Mechanismen gegeneinanderwirken, von denen der eine die Absicht hat, durch Vergrößerung der Pupille möglichst viel Licht auf die Retina zu bringen, während der andere durch Verkleinerung der Pupille ein möglichst scharfes Bild erzeugen möchte. Bei großen Objekten ist ein gewisser Schärfeverlust zulässig und es kann sich damit bei mangelndem Licht eine größere Pupille einstellen. Bei kleineren Objekten ist die Schärfe der Abbildung wichtig. Die daraus folgende kleinere Pupille macht eine Erhöhung der Leuchtdichte nötig.

3.5 Adaptation

Unter Adaptation versteht man allgemein die Anpassung eines Sinnesorgans mit begrenztem Arbeitsbereich (bei Zapfen und Stäbchen etwa 2 Zehnerpotenzen) an Reizstärken in einem sehr großen Bereich (beim Sehen fast 12 Zehnerpotenzen). Adaptationsphänomene gibt es bei vielen Sinnesmodalitäten, wie z.B. dem Geruchs-, dem Tast- und dem Temperatursinn, wenig ausgeprägt jedoch beim Gehör. Eine besonders gut entwickelte Adaptationsfähigkeit besitzt der Gesichtssinn, dessen zwei Rezeptortypen die wesentliche Basis hierfür sind. Beim Sehen ist dabei ein funktionell wichtiges Ziel, die relative Unterschiedsempfindlichkeit unabhängig von der mittleren Leuchtdichte einzustellen. Dies ist notwendig, um Wahrnehmung unabhängig von der in einem weiten Bereich variierenden Beleuchtung zu ermöglichen. Die Verwendung einer sich über den gesamten Bereich erstreckenden logarithmischen Kennlinie könnte dieses Problem lösen, jedoch leider zu Lasten des Kleinsignalverhaltens. Die Natur hat einen anderen Weg eingeschlagen, nämlich die Verlagerung einer relativ steilen (logarithmischen) Kennlinie in den durch die jeweilige mittlere Reizstärke definierten Bereich. Damit wird erreicht, daß Unterschiede jeweils auf den Adaptationswert bezogen werden und gleichzeitig die Empfindlichkeit groß ist.

Die genaue funktionale Abhängigkeit der Sehleistung vom mittleren Leuchtdichteniveau wird in Kap. 4.1 an zwei Beispielen, nämlich der Unterschiedsempfindlichkeit (Abb. 4.1) und der Sehschärfe (Abb. 4.10), sowie im Rahmen der in Kap. 4.2 bis 4.6 dargestellten systemtheoretischen Analyse des visuellen Kanals deutlich (Abb. 4.11, 4.21 und 4.37). Die genannten Fälle beinhalten als wesentlichen Faktor eine durch Adaptation bewirkte funktionale Veränderung des visuellen Systems, die etwas vereinfacht ausgedrückt eine Reduzierung der Sehleistung für niedrige Leuchtdichten beinhaltet. Die Empfindlichkeitsänderung ist damit einer der wichtigsten Indikatoren für die Änderung des Adaptationszustandes. Hierzu wurde wesentliche Pionierarbeit von Aubert (1865) geleistet. Eine breitere Darstellung jüngster Befunde zu Adaptionsmechanismen findet sich im Buch von Spillmann und Werner (1990).

Ein wichtiger Aspekt betrifft den zeitlichen Verlauf der Adaptation. Das Phänomen der allmählichen Dunkeladaptation wird uns bewußt, wenn wir vom Hellen ins Dunkel gehen, minutenlang blind sind und sich erst nach einiger Zeit eine entsprechend erhöhte Empfindlichkeit einstellt. Umgekehrt werden wir für kurze Zeit geblendet, wenn wir aus dem Dunklen ins Helle treten.

3.5 Adaptation

Der typische Verlauf für die Dunkeladaptation, der sich über die Empfindlichkeitsänderung experimentell leicht bestimmen läßt, ist in Abb. 3.11 gezeigt.

Im Verlauf der mit der Zeit anwachsenden Empfindlichkeit können mehrere Teilbereiche unterschieden werden. Diese Bereiche entsprechen einer relativ schnellen, innerhalb von 100 msec ablaufenden Sofortadaptation (I), einer langsamen, im Minutenbereich stattfindenden Zapfenadaptation (II) und einer ebenso langsamen, über 30 Minuten andauernden Stäbchenadaptation (III). Der Beweis für die Beteiligung unterschiedlicher Rezeptortypen ist der Verlauf II'/III, der bei einer total farbenblinden Versuchsperson erhalten wurde (Rushton, 1961), und der bei nachtblinden (d.h. nur mit Zapfen ausgestatteten) Versuchspersonen bzw. der bei Rotlicht und fovealer Darbietung (mit reiner Zapfenreizung) erhaltene Verlauf II/III'. Im Vergleich der Kurven II' und II sind die Stäbchen bei großer Helligkeit sehr viel unempfindlicher als die Zapfen. Für den Bereich der Sofortadaptation ist ein interessantes Phänomen ein Vorlaufeffekt (Crawford, 1947), d.h. eine Wirkung, die bereits vor dem Dunkelsprung einsetzt (negatives t in Abb. 3.11). Dieser Effekt ist eine Folge der unterschiedlichen Antworten des Systems (bezüglich Form und insbesondere Totzeit) auf das Testsignal einerseits und das Konditionierungssignal andererseits (Baker, 1963). Für die Helladaptation erhält man eine reziprok zur Dunkeladaptation verlaufende Kurve, die jedoch erheblich kürzere Zeitkonstanten (ca. 1 Minute) besitzt.

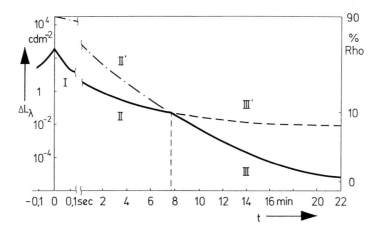

Abb. 3.11 Zeitlicher Verlauf der Dunkeladaptation anhand der eben wahrnehmbaren Leuchtdichteänderung ΔL_λ für einen Leuchtdichtesprung von 10^4 cd/m² auf 0 mit anfangs stark ausgebleichten Stäbchen (schematisiert nach den klassischen Daten von Hecht, 1937). Die rechte Ordinate Rho ist dergestalt skaliert, daß der Kurvenverlauf II'/III den Prozentsatz des ausgebleichten Rhodopsins angibt. ❑

Über die der Adaptation zugrundeliegenden Mechanismen ist jahrzehntelang geforscht und diskutiert worden. Eine erste wesentliche Erkenntnis war, daß besonders bei den Zapfen der Prozentsatz des nicht ausgebleichten Sehfarbstoffs Rhodopsin (für dessen Erzeugung Vitamin A eine wichtige Rolle spielt) die Empfindlichkeit entscheidend bestimmt. Bei starkem Lichteinfall wird viel Rhodopsin umgewandelt und damit die Empfindlichkeit entsprechend erniedrigt. Bei Dunkelheit regeneriert sich das Rhodopsin wieder, was zu einer Steigerung der Empfindlichkeit führt. Vergleicht man den Prozentsatz umgewandelten Rhodopsins nach Dunkeladaptation mit dem Empfinlichkeitsverlauf, so ergibt sich ein stark nichtlinearer Zusammenhang, der keineswegs aufgrund eines einfachen physikalischen Absorptionsmodells zu erklären ist. So ergibt sich bei einer Variation des noch vorhandenen Rhodopsins von 10% auf 90% eine um 5 Zehnerpotenzen erniedrigte Empfindlichkeit der Stäbchen. Zur Erklärung dieser Zusammenhänge müssen komplizierte biochemische Modelle herangezogen werden.

Die örtlichen Eigenschaften der Adaptation sind als annähernd lokal zu beschreiben. Dies läßt sich durch die Existenz von negativen Nachbildern, die dem Adaptationsmuster annähernd entsprechen, belegen. Es existiert jedoch auch eine wesentlich neuronale Komponente der Adaptation, die u.a. durch die örtliche Ausbreitung der Adaptationsphänomene über den Bereich der eigentlichen Reizung hinaus dokumentiert wird (Rushton und Westheimer, 1962). In diesem Zusammenhang spielen die über elektrische Potentiale vermittelten Interaktionen der Amacrine- und Horizontalzellen mit Bipolar- und Ganglienzellen der Retina eine wichtige Rolle (Werblin, 1973). Daß die Retina der Ort der Adaptation ist, wird u.a durch Versuche belegt, in denen retinale Signale (Elektroretinogramm, Nervenableitungen) direkt im Zusammenhang mit Adaptationsphänomenen untersucht wurden. Craik (1940) konnte in psychophysischen Versuchen nachweisen, daß Adaptation auch erhalten wird, wenn das Adaptationsmuster infolge einer momentanen (z.B. durch Druck auf das Auge erzeugten) Blindheit nicht wahrgenommen wird, womit die Beteiligung zentraler Verarbeitungsstufen ausgeschlossen werden kann. Daraus folgt, daß Adaptation in jedem Auge bereichsweise getrennt abläuft und im Grenzfall sogar ein Auge hell-, das andere Auge dunkeladaptiert sein kann.

> **Experiment zum negativen Nachbild:** *Fixiert man ein bestimmtes, einigermaßen kontrastreiches Muster (z.B. das Hermanngitter von Abb. 4.32) für eine Weile (mindestens 20 bis 30 sec) und blickt anschließend auf eine möglichst gleichmäßig beleuchtete Fläche, so erscheint ein länger (d.h. durchaus einige sec) andauerndes negatives Nachbild. Im Fall des Hermanngitters werden die hellen "Straßen" im negativen Nachbild dunkel. Bei farbigen Vorlagen führt ein negatives Nachbild zu entsprechend farblich*

3.5 Adaptation

komplementären Farberscheinungen. (Die scheinbare Bewegung des Nachbildes wird in Kap. 4.6.4 im Zusammenhang mit Augenbewegungen erklärt.) Ursache für diese Phänomene ist eine (weitgehend) lokale und farbspezifische Adaptation der Retina, die in helleren Bereichen eine Reduzierung der Empfindlichkeit hervorruft. Man bezeichnet die mit dem negativen Nachbild zusammenhängenden Phänomene wegen des Aufeinanderfolgens von Adaptation und Test auch als Sukzessivkontrast. Das beim Abschalten der Modulation einer niedrigen Ortsfrequenz wahrgenommene "negative Nachbild" entsteht nach unserer Auffassung nicht durch eine (eher längerfristige und durch relative hohe Kontraste hervorgerufene) lokale Adaptation, sondern ist eine Folge der zeitlichen Bandpaßeigenschaften des visuellen Systems bei diesen Ortsfrequenzen (vgl. Kap. 4.3.2).

Kapitel 4
Der Gesichtssinn als Übertragungskanal

4.1 Klassisch-historische Daten

4.1.1 Überblick

Bereits im 16. Jahrhundert besaß Leonardo da Vinci relativ klare Vorstellungen von Bau und Funktion des Auges (vgl. Abb. 1.1). Im 17. Jahrhundert wurden durch Kepler, Scheiner und Descartes wesentliche Beiträge zur optischen Abbildung im Auge geliefert. Systematisch wurde das visuelle System neben anderen Sinnesmodalitäten ab dem 19. Jahrhundert analysiert, wobei Young und Purkinje als erste Vertreter dieser Richtung zu nennen sind. Ohne Anspruch auf Vollständigkeit seien noch die Namen Helmholtz, Hering und Mach erwähnt. Diese frühen Untersuchungen haben eine Anzahl von sehr grundlegenden Gesetzmäßigkeiten zu Tage gefördert, die noch heute, wenn auch in etwas modifizierter Weise formuliert, Gültigkeit haben. Die folgenden Abschnitte geben einen knappen Überblick über die wichtigsten Phänomene, nämlich die Wahrnehmung von Leuchtdichteunterschieden, die (im

Grunde damit zusammenhängende) absolute Wahrnehmungsschwelle und spezifische zeitliche Phänomene der Wahrnehmung. Es ist interessant zu sehen, wie die wesentlichen Aussagen dieser frühen Untersuchungen in der modellmäßigen Darstellung eine zeitgemäße systemtheoretische Form erhalten. Wir wollen daher versuchen, bereits an dieser Stelle eine systemtheoretische Deutung einfließen zu lassen. Der an diesen früheren Untersuchungen eingehender interessierte Leser sei im übrigen auf die zitierte Literatur verwiesen. Gute Übersichten über die klassischen psychologischen Arbeiten finden sich bei Blackwell (1972), Baumgart (1972) und Breitmeyer (1984). Einen Überblick über diesbezügliche neurophysiologische Befunde geben die Bücher von Durbin et al. (1989) und Spillmann und Werner (1990).

4.1.2 Wahrnehmung von Leuchtdichteunterschieden

4.1.2.1 Form und Helligkeit

Experimentell wird der eben wahrnehmbare Leuchtdichteunterschied zwischen zwei im allgemeinen scharf abgegrenzten Flächen bestimmt. Üblich ist dabei eine Anordnung, bei der ein Testfeld bestimmter Größe von einem Umfeld umgeben ist (vgl. Abb. 4.1). Ein wesentlicher Parameter dieser Untersuchungen ist die Umfeldleuchtdichte, die entsprechend dem Arbeitsbereich des visuellen Systems über mehrere Dekaden variiert wird. Weitere wichtige Parameter sind die Größe des Testfeldes sowie die Art der zeitlichen Darbietung, aber auch die Lage des Testfeldes im Gesichtsfeld und die spektrale Zusammensetzung der Stimuli.

Einige grundlegende Eigenschaften der Wahrnehmung von Leuchtdichteunterschieden sind in Abb. 4.1 zusammengefaßt. Aufgetragen ist dabei die eben wahrnehmbare Größe der Leuchtdichteänderung ΔL des Testfeldes als Funktion der Leuchtdichte L_U des Umfeldes. Man erkennt, daß der eben wahrnehmbare Wert des Leuchtdichteunterschiedes ΔL monoton mit der Umfeldleuchtdichte L_U steigt. Die gestrichelten Linien geben konstanten relativen Leuchtdichteunterschied, d.h. den auf die Umfeldleuchtdichte bezogenen Wert des Leuchtdichteunterschieds, wieder. In einem nicht zu kleinen mittleren Bereich der Leuchtdichte ist also der eben erkennbare relative Leuchtdichteunterschied nahezu konstant und im günstigsten Fall etwas über 1%. Letzteres ist die Aussage des Weberschen Gesetzes, das für praktisch alle Sinnesmodalitäten nachgewiesen wurde. Der Physiologe E. H. Weber entdeckte dieses Gesetz zunächst für den Tastsinn und publizierte seine Ergebnisse 1864 in einer "Der Tastsinn und das Gemeingefühl" überschriebenen

Arbeit. Der Ausdruck Gemeingefühl hat dabei die Bedeutung einer allgemeinen diskriminatorischen Fähigkeit.

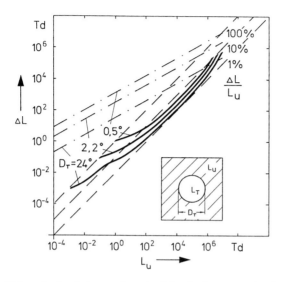

Abb. 4.1 Zur Wahrnehmbarkeit von Leuchtdichteänderungen (nach Steinhardt, 1936). Untersucht wurden kreisförmige Testmuster des Durchmessers D_T bei einer Darbietungszeit von 3 sec. Aufgetragen ist der zur Wahrnehmung minimal notwendige Leuchtdichtunterschied ΔL des Testfeldes als Funktion der Umfeldleuchtdichte L_U für 3 verschiedene Testfelddurchmesser. Gestrichelt dargestellt sind Kurven mit konstantem relativem Leuchtdichteunterschied $(L_T-L_U)/L_U = \Delta L/L_U$ von 100%, 10% und 1%. Strichpunktiert ist die Blendgrenze nach der Formel von Hopkinson (siehe Hartmann, 1970) für beginnende Blendung eingetragen. Bei hohen Umfeldleuchtdichten und großen Testfeldern engen die Blendphänomene den Arbeitsbereich stark ein. Für große Testfelder erhält man den typischen Knick bei niedrigen Leuchtdichten entsprechend dem Übergang vom Zapfen- zum Stäbchensehen. ❑

Das Webersche Gesetz gilt nun keineswegs universell, sondern stellt, wie schon Abb. 4.1 zeigt, nur in einem bestimmten Bereich der Umfeldleuchdichte eine gute Approximation an die empirischen Daten dar. Man findet, daß der eben erkennbare relative Leuchtdichteunterschied insbesondere bei extremer Leuchdichte von der Umfeldleuchtdichte abhängt. Für kleine Umfeldleuchtdichten ($<10^3$ td) nimmt der zum Erkennen notwendige relative Leuchtdichteunterschied mit steigender Umfeldleuchtdichte ab, ein Zusammenhang, der durch einen statistischen Ansatz beschrieben werden kann (vgl. Kap. 4.4.2). Für sehr hohe Umfeldleuchtdichten ($>10^3$ td) steigt der zur Wahrnehmung benötigte relative Leuchtdichteunterschied infolge des Auftretens von Blendphänomenen mit steigender Umfeldleuchtdichte an. In diesem Zusammenhang sei noch erwähnt, daß sich experimentelle Randbedingungen finden lassen, unter denen das Webersche Gesetz besser erfüllt ist, wie z.B. beim Vergleich zweier durch einen Dunkelbereich getrennter, 2 Grad entfernter Felder (Cornsweet und Pinsker, 1965).

Bezüglich des Einflusses der Testfeldgröße erkennt man aus dem Beispiel von Abb. 4.1, daß optimale Werte der Empfindlichkeit (d.h. niedrige Unterschiedsschwellen) bei großem Testfeld erhalten werden und daß die Empfindlichkeit bei kleineren Testfeldern deutlich sinkt. Die mit einer Vergrößerung der Testfeldgröße verbundene Zunahme der Empfindlichkeit hängt mit den örtlichen Summationseigenschaften des visuellen Systems zusammen. Die hier vorliegende Art der Summation mit relativ großen Feldern ist modellmäßig schwer in eine adäquate Beschreibung zu fassen, was letztlich mit der Tatsache zu tun hat, daß bei großen Testfeldern stark inhomogene Bereiche der Retina mit unterschiedlichen Systemeigenschaften einbezogen werden.

Bei sehr kleinen Testfeldern im Winkelminutenbereich findet hingegen eine vollständige (örtliche) Summation bzw. mathematisch ausgedrückt Integration statt, ein Zusammenhang der zuerst von dem Astronomen Ricco (1877) entdeckt wurde. So ist bei einer sehr kleinen Fläche mit konstanter örtlicher Leuchtdichte das Produkt aus Fläche und Leuchtdichte das die Wahrnehmung bestimmende Kriterium. Der Bereich, über den die Leuchtdichte integriert wird, beträgt 5 Winkelminuten in der Fovea. Dieser Wert entspricht systemtheoretisch der Breite des positiven Teils der Impulsantwort (vgl. Abb. 4.31). In der Peripherie beträgt die Integrationsbreite 20 bis 60 Winkelminuten (bei 8 Grad Abstand von der Fovea). Ursache für den wesentlich größeren Integrationsbereich in der Peripherie ist die Konvergenz entsprechend vieler Stäbchen auf Bipolar- und Ganglienzellen der Retina, aber auch die Konvergenz in weiter zentral gelegenen Bereichen des sensorischen Nervensystems. Es sei noch erwähnt, daß diese Werte von der Lichtwellenlänge abhängen.

4.1.2.2 Zeiteffekte und einige Experimente

Reduziert man die Darbietungsdauer, die im Beispiel von Abb. 4.1 relativ groß ist (3 sec), so bleibt die Wahrnehmungsleistung bis etwa 100 msec konstant. Verkürzt man jedoch die Darbietungsdauer auf Werte unter 100 msec (bei niedriger Umfeldleuchtdichte) bzw. unter 20 msec (bei hoher Umfeldleuchtdichte), so variiert der zur Wahrnehmung nötige relative Leuchtdichteunterschied umgekehrt reziprok mit der Darbietungszeit (Abb. 4.2). Diese zeitliche Summation, die von Bloch (1885) entdeckt und nach ihm benannt wurde, besagt, daß bei konstantem zeitlichem Leuchtdichteverlauf das Produkt aus Darbietungszeit und Leuchtdichte das entscheidende Kriterium ist.

4.1 Klassisch–historische Daten

Es findet sich also für kurze Darbietungszeiten im Prinzip die gleiche integrative Gesetzmäßigkeit wie für kleine Stimulusflächen. Eine systemtheoretische Erklärung dafür ist, daß die Ausgangsgröße des Systems bei kurzen Impulsen proportional zur Impusbreite ist und damit die zur Schwellenüberschreitung notwendige Amplitude nicht erreicht wird. Stellt man kurze Impulse als Folge zweier Sprünge mit unterschiedlichem Vorzeichen dar, so findet man, daß die Ausschaltflanke bei Anstiegsflanken der Sprungantwort (gleichbedeutend mit der Breite der Impulsantwort) von 100 bzw. 20 msec so dicht auf die Einschaltflanke folgt, daß das System keine Zeit hat einzuschwingen. Damit sind sehr kurze Signale unabhängig von ihrer Form nur ihrem zeitlichen Integral nach wirksam, stellen also praktisch δ-Impulse dar.

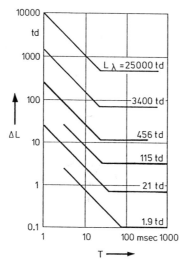

Abb. 4.2 Eben wahrnehmbarer Leuchtdichteunterschied ΔL als Funktion der Darbietungszeit T mit der Adaptationsleuchtdichte als Parameter. Das Muster ist eine Kreisscheibe von 1 deg Durchmesser (Daten nach Roufs, 1972, leicht geglättet). ❑

Die Integration eines Signals innerhalb eines bestimmten Zeitfensters entspricht der Faltung dieses Signals mit einer rechteckförmigen Impulsantwort der entsprechenden Breite. Die Impulsantwort ist die zeitlich gespiegelte Form des Integrationsfensters, das hier eine Rechteckfunktion der Breite 20 bis 100 msec je nach den Beleuchtungsverhältnissen darstellt. Dies folgt unmittelbar aus dem Faltungsintegral (Gl. 2.13), gemäß dem die zu faltende Funktion bei einer Fensterung mit einer rechteckigen Impulsantwort nur Signalanteile aus diesem Bereich liefert. Die interne Antwort des (näherungsweise als linear angenommenen) visuellen Systems auf einen kurzzeitigen (d.h. im Grenzfall deltaförmigen) Lichtimpuls überdauert damit das am Eingang angebotene Signal, ein Wahrnehmungsphänomen, das auch als visuelle Persistenz bezeichnet wird (siehe dazu Breitmeyer, 1984).

Das Äquivalent zur zeitlichen Persistenz ist eine Tiefpaßcharakteristik im Frequenzbereich. Reziprok zur Breite der internen Impulsantwort erhält man die Grenzfrequenz des Tiefpasses, die als sogenannte kritische Flimmerfrequenz diejenige Frequenz ist, für die eine zeitliche Modulation (im Grenzfall von 100%) eben noch wahrgenommen werden kann. Auf diese Zusammenhänge wird in Kap. 4.2 noch näher eingegangen.

Die Ursache für die visuelle Persistenz ist in verschiedenen Ebenen des visuellen Systems zu suchen. Hier sind vor allem die Rezeptoren zu nennen, die im Falle der Zapfen Impulsantworten der Breite 20 bis 60 msec besitzen, während bei Stäbchen der dreifache Wert erhalten wird (Whitten und Brown, 1973). Daß auch zentraler gelegene Komponenten einen Einfluß haben, wird dadurch belegt, daß die Integrationszeiten aufgaben- und versuchsspezifisch höhere Werte annehmen können, wie z.B. bei alternierender Reizung beider Augen (vgl. Breitmeyer, 1984).

Von der visuellen Persistenz, die der Breite der internen Impulsantwort entspricht, ist die sog. Empfindungslatenz, die eine Laufzeit darstellt, zu unterscheiden. Auch die Empfindungslatenz variiert mit der Leuchtdichte und steigt um etwa 120 msec beim Absinken der Leuchtdichte vom normalen Tagsehniveau auf einen um einen Faktor 100 niedrigeren Wert. Ein eindrucksvoller Versuch hierzu ist das Pulfrichsche Pendel (s.u.).

Experimente zur visuellen Persistenz und zur Empfindungslatenz: *Drei einfach durchzuführende Versuche sollen die visuelle Persistenz, d.h. das Andauern der internen Antwort auch nach Ende des dargebotenen Signals und die Abhängigkeit der Empfindungslatenz von der mittleren Leuchtdichte zeigen.*

Bewegter Lichtpunkt. *Der erste Versuch geht auf einen Vorschlag von Fröhlich aus den Zwanzigerjahren zurück (zitiert nach Trendelenburg, 1961). Hierbei beobachtet die Versuchsperson mit ruhendem Auge einen mit konstanter Geschwindigkeit bewegten Lichtpunkt oder -spalt und analysiert die Form der infolge der visuellen Persistenz kometenförmig auseinandergezogenen und bewegten Wahrnehmung. Bei bekannter Geschwindigkeit läßt sich damit die Form und insbesondere die Dauer der internen Antwort abschätzen. Monje (1925, zitiert nach Trendelenburg, 1961) hat umfangreiche Untersuchungen zu dieser Thematik angestellt und dabei die Verbreiterung der internen Antwort bei sinkender Helligkeit entsprechend den oben angegebenen Werten gefunden. Bewegt man das leuchtende Objekt auf einer geschlossenen Kurve (z.B. auf einem Kreis), so wird bei hoher Geschwindigkeit eine geschlossene leuchtende Form wahrgenommen. Die Umlaufzeit, bei der dies gerade der Fall ist, entspricht dann der visuellen Persistenz bzw. der Breite der internen Impulsantwort. Dieser Versuch ist bei Dunkelheit besonders eindrucksvoll und mit einer Taschenlampe, einem*

4.1 Klassisch–historische Daten 73

glühenden Aststück oder einem nur mit UV-beleuchteten Objekt sehr einfach durchzuführen. Auch ein Oszillograph ist für diesen Zweck gut geeignet. Man ermittelt in diesem Fall, wie hoch die Frequenz der x-Ablenkung sein muß, um ein ruhig stehendes Bild zu erreichen. Dies wird bei Werten zwischen 10 und 50 Hz erreicht, entsprechend der reziproken Breite der Impulsantwort unseres visuellen Systems.

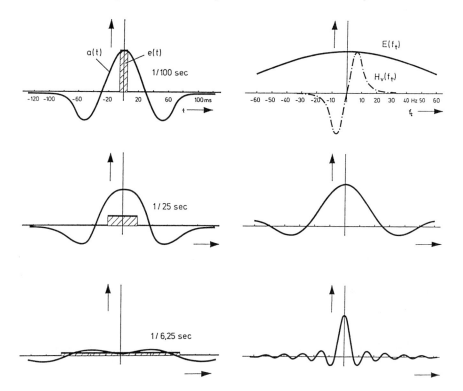

Abb. 4.3 Links: Lichtimpulse e(t) mit konstanter Impulsfläche und jeweils vierfacher Dauer am Eingang des visuellen Systems und die zugehörigen internen Antworten a(t). Man erkennt die von oben nach unten fortschreitende Verbreiterung der internen Antworten, bis für Ein- und Ausschalten praktisch getrennte Verläufe erhalten werden. Die ganz oben dargestellte interne Antwort entspricht der Impulsantwort, die unten dargestellte interne Antwort enthält die zeitversetzten Sprungantworten eines positiven und eines negativen Sprungs. Durch Hinzufügen einer Laufzeit von mindestens 100 msec können die hier dargestellten nichtkausalen Antworten kausal und damit physikalisch und physiologisch realisierbar gemacht werden. Rechts: Spektren $E(f_t)$ der links gezeigten Eingangssignale. Man erhält si-Funktionen, die gemäß dem Reziprozitätsgesetz der Fouriertransformation von oben nach unten immer schmaler werden. Die Übertragungsfunktion $H_v(f_t)$ des visuellen Systems (mittlere Kurve von Abb. 4.11 als imaginäre ungerade-symmetrische Übertragungsfunktion approximiert) ist zum Vergleich eingetragen. Relativ zu dieser sind die beiden oberen Spektren praktisch "weiß". Für das visuelle System ist damit der kürzeste Impuls als Diracimpuls anzusehen. ❑

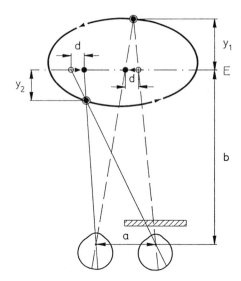

Abb. 4.4 Oben: Zur Erklärung des Pulfrichschen Pendelversuchs. Gezeigt sind die Positionen des in der Ebene E (strichpunktiert) schwingenden Pendels im unbewaffneten Auge (ausgefüllte Kreise) und die relativ zur jeweiligen Bewegungsrichtung erfolgenden Versetzung im abgedunkelten Auge (offene Kreise). Entsprechend der Disparität zwischen rechtem und linkem Auge stellt sich ein scheinbarer Tiefeneindruck ein (umrandet ausgefüllte Kreise). Aus der Geschwindigkeit des Pendels und der durch die Verdunkelung erhaltenen Verzögerung läßt sich die Versetzung d bestimmen. Die scheinbare Tiefe erhält man aus geometrischen Überlegungen zu $y_{1,2} = d\,b/(a \pm d)$, wobei b der Abstand der Augen vom Pendel und a der Augenabstand ist. Unten: Graukeil für Experiment "verbogener" Bleistift. ❑

4.1 Klassisch–historische Daten

Lichtblitzdarbietung. Im zweiten Versuch (Cornsweet, 1970) wird der Versuchsperson mittels einer Anordnung aus Diaprojektor und vorgesetztem Verschluß eine Serie von Lichtblitzen unterschiedlicher Dauer, aber mit konstantem Produkt aus Leuchtdichte mal Dauer angeboten. Man erreicht dies durch eine entsprechende Kopplung von Verschlußzeit und Blende. Die Ergebnisse dieses Versuches sind wie folgt. Für sehr kurze Darbietungszeiten (<1/50 sec) nimmt die Versuchsperson einen für alle Darbietungszeiten identischen Lichtblitz wahr. Für mittlere Darbietungszeiten um 1/30 sec herum erscheint der Lichtblitz sichtbar länger, um bei größeren Darbietungszeiten (>1/12,5 sec) mehr einem Ein- und Ausschalten als einem Blitz zu gleichen.

Systemtheoretisch lassen sich diese Befunde wie folgt deuten. Lichtblitze, die deutlich kürzer als die Integrationszeit des visuellen Systems sind, können als Deltaimpulse angesehen werden und die interne Antwort entspricht der Impulsantwort (Abb. 4.3 oben links). Es findet also Integration innerhalb einer Zeitspanne statt, in der die Impulsantwort des Systems als konstant angesehen werden kann. Lichtblitze dagegen mit einer Dauer größer als die Integrationszeit des visuellen Systems stellen Rechteckimpulse dar, deren Antwort als Differenz zweier versetzter und im Vorzeichen veränderter Sprungantworten bestimmt werden kann (Abb. 4.3 unten links). Im Grenzfall sehr großer Darbietungszeiten überlappen sich die erhaltenen Sprungantworten nicht mehr und es resultiert ein reines Ein- und Ausschalten. Diese Zusammenhänge sind in Abb. 4.3 auch im Frequenzbereich verdeutlicht. Die Breite der Spektren der Eingangssignale ist, einer grundsätzlichen Eigenschaft der Fouriertransformation entsprechend, reziprok zur Breite der Signale im Zeitbereich. Sehr kurze Lichtblitze besitzen danach ein Spektrum, das deutlich breiter als die Übertragungsfunktion des visuellen Systems ist (Abb. 4.3 oben rechts), und damit bestimmt dieses die Form der internen Antwort. Länger dauernde Lichtblitze dagegen weisen ein im Vergleich mit der Übertragungsfunktion des visuellen Systems schmales Spektrum auf (Abb. 4.3 unten rechts) und die interne Antwort wird durch das Eingangssignal bestimmt.

Pulfrichscher Pendelversuch (Pulfrich, 1922). *Hierzu läßt man ein Pendel exakt in einer Ebene vor den beiden Augen schwingen. Ein Auge wird mit einem Graufilter abgedeckt, was in diesem zu einer erhöhten Laufzeit führt. Das Zentralnervensystem faßt die von den beiden Augen kommenden Bilder zusammen und interpretiert die sich einstellende Disparität als scheinbare Tiefe. Das Pendel scheint danach in einer tiefenmäßig elliptischen Bahn zu schwingen (Abb. 4.4 oben). Besonders eindrucksvoll ist der Versuch, wenn man das Pendel auf einem planen Bildschirm durch einen hin- und herbewegten Lichtfleck darstellt. Der Pulfrichsche Pendelversuch ist mehrfach bis in jüngste Zeit wiederholt worden (Lit, 1949; Trincker, 1953; Rogers et al., 1974), wobei u.a. die alleinige Beteiligung der Laufzeitveränderung zur Erklärung dieses Phänomens in Frage gestellt und die Rolle von mitbewegten Augen untersucht wurde. Ein Verfahren, das Pulfrichsche Pendelphänomen zur 3D-Wiedergabe im Fernsehen (nur für entsprechend bewegte Objekte) einzusetzen, wurde kürzlich zum Patent angemeldet (US Patent 4 705 371, 1987) und mit allerdings nur mäßigem Erfolg eingesetzt.*

"Verbogener" Bleistift. *Der Graukeil in Abb. 4.4 unten wird mit einem Projektor in der Weise beleuchtet, daß das helle Zentrum hell und der dunkle Rand graduell dunkler* *wird. Man erreicht dies durch die stark unscharfe Abbildung einer Spaltöffnung von etwa 3 mm. Die gesamte Unschärfefigur der Öffnung soll den Graukeil umfassen. Bewegt man nun einen horizontal gehaltenen Bleistift o.ä. vertikal hin und her, so erkennt man, wie der Schatten des Bleistifts in den dunklen Partien des Graukeils deutlich gegenüber den hellen Partien zurückbleibt. Zeichnet man Vogelschwingen auf ein transparentes Blatt, so erhält man eine besonders beeindruckende Darbietung dieses Phänomens, das seine Ursache in der Helligkeitsabhängigkeit der Laufzeit hat. Aus der Bewegungsgeschwindigkeit und der Größe der scheinbaren Durchbiegung des Bleistiftes läßt sich die maximale Laufzeitdifferenz zu etwa 100 msec ermitteln.*

4.1.3 Absolute Wahrnehmungsschwelle

Unter der absoluten Wahrnehmungsschwelle wird derjenige Wert der Leuchtdichte verstanden, der unter optimalen Bedingungen gerade noch einen Helligkeitseindruck hervorruft. Es ist klar, daß derartige Experimente ein völlig dunkeladaptiertes Auge und periphere Darbietung des Signals voraussetzen, damit die im Vergleich zu den Zapfen wesentlich empfindlicheren Stäbchen angesprochen werden. Die absolute Wahrnehmungsschwelle, die der Unterschiedsschwelle bei völlig dunklem Umfeld entspricht, kann durch Extrapolation der in Abb. 4.1 gezeigte Daten abgeschätzt werden. In ähnlichen Versuchen fand man für ein 47 Grad großes Testfeld bei einer Darbietungszeit von 15 sec eine eben wahrnehmbare Leuchtdichte in der Größenordnung von 10^{-6} cd/m^2. Dies entspricht bei der verwendeten Wellenlänge von 507 nm etwa 80 in das Auge eintretenden Lichtquanten. Von dieser Anzahl werden jedoch nur etwa 10% in den Stäbchen absorbiert, der Rest geht in den optischen Medien des Auges und zum größten Teil in den Stäbchen selbst verloren. Die verbleibenden 8 Lichtquanten rufen zunächst photochemische und sehr kurze Zeit (Mikrosekunden) danach elektrische Vorgänge im Rezeptor hervor, die als Nervenimpulse in das Zentralnervensystem geleitet schließlich zu einer Wahrnehmung führen. Damit beruht die Wahrnehmung sehr niedriger Leuchtdichten auf einer Wechselwirkung einzelner Lichtquanten mit lichtempfindlicher Materie. Da diese Wechselwirkung jedoch wesentlich statistischer Natur ist, stellt sich die entscheidende Frage, ob und inwieweit sich diese in den Eigenschaften unserer visuellen Wahrnehmung ausdrückt.

Wir wollen im folgenden versuchen, die statistische Natur der Lichtquanten und ihrer Absorption als wichtigsten Aspekt in die Beschreibung der visuellen Wahrnehmung einzubeziehen. Dabei sei angemerkt, daß statistische Fuktuationen nicht nur im Signal enthalten sind, sondern auf Rezeptorebene und in allen Bereichen des Nervensystems, wenn auch im allgemeinen weniger stark, existieren. Der entscheidende Schritt für einen statistischen Ansatz besteht

4.1 Klassisch–historische Daten

darin, eine geeignete statistische Modellgröße an Stelle der zunächst als deterministisch angenommenen Schwelle zu verwenden. Im Rahmen eines derartigen Ansatzes ist eine wichtige Kenngröße die Wahrscheinlichkeit für die Erkennung eines Signals als Funktion seiner Stärke, die sog. psychometrische Funktion. Diese ist idealerweise eine mit der Signalstärke monoton ansteigende Größe.

Abb. 4.5 unten zeigt strichpunktiert ein berühmtes Beispiel einer experimentell ermittelten psychometrischen Funktion (Hecht et al., 1942), wobei die Detektionswahrscheinlichkeit P_d über der (zur Signalstärke proportionalen) mittleren Anzahl der im Rezeptor absorbierten Lichtquanten aufgetragen wurde. Ein Schwellenwert für die mittlere Zahl absorbierter Lichtquanten läßt sich dadurch definieren, daß man als die zu erreichende Detektionswahrscheinlichkeit z.B. den Wert 0,5 vereinbart, was im angegebenen Fall auf 9 Lichtquanten im Mittel führt. Dieser Wert kann aufgrund der Variabilität der experimentellen Daten zufällig schwanken, so daß für die Quantenempfindlichkeit bei gegebenem Konfidenzniveau nur ein wahrscheinlicher Bereich definiert werden kann. Eine Zwei-Quanten-Hypothese (Bouman und van der Velden, 1948) ist damit durchaus wahrscheinlich, umso mehr, wenn man berücksichtigt, daß die Form der psychometrischen Kurve auch noch von der (kritischen oder weniger kritischen) Einstellung der Versuchsperson abhängt. Diese kann durch Messung der Wahrscheinlichkeit für Fehldetektionen (Signal als erkannt gemeldet, obwohl garnicht vorhanden) ermittelt werden, womit im Grunde eine entscheidungstheoretische Analyse vorgenommen wird (vgl. dazu Green und Swets, 1966; Nachmias, 1972). Die Wahrscheinlichkeit für die fälschliche Entdeckung zufällig eingestreuter Blindsignale ist im allgemeinen kleiner als 1%.

Die Deutung der psychometrischen Funktion soll modellmäßig im Rahmen des idealen Detektors erfolgen, der die absorbierten Lichtquanten zählt, mit einer Schwelle vergleicht und bei deren Erreichen die Detektion des Signals meldet (vgl. hierzu Cornsweet, 1970; von Campenhausen, 1981; Barlow und Mollon, 1982). Die gesamte statistische Variabilität sei bei diesem Modell im Signal enthalten, was bei niedriger angebotener Quantenzahl durchaus realistisch ist. Die Signalstärke repräsentiert dabei einen Mittelwert im Sinne der mittleren Anzahl von absorbierten Lichtquanten. Die tatsächliche Anzahl schwankt statistisch, was in diesem Fall seltener Ereignisse durch die Poisson-Verteilung beschrieben werden kann. Abb. 4.5 zeigt oben die Wahrscheinlichkeit für eine bestimmte Anzahl k absorbierter Lichtquanten mit dem Mittelwert $\overline{N}$ als Parameter Im Wahrnehmungsmodell geht man davon aus, daß eine bestimmte Mindestanzahl $\hat{N}$ von absorbierten Lichtquanten für eine

Erkennung notwendig ist. Die Wahrscheinlichkeit für $N \geq \hat{N}$ ist als Funktion von $\overline{N}$ für verschiedene Schwellenwerte $\hat{N}$ als Parameter in Abb. 4.5 unten aufgetragen. Es ist naheliegend, diese Kurven als psychometrische Funktionen zu deuten, wobei ein Schwellenwert $\hat{N}$ von etwa 9 gut mit dem experimentellen Beispiel übereinstimmt. Damit ist nachgewiesen, daß die in der psychometrischen Funktion ausgedrückten statistischen Fluktuationen in guter Näherung durch die Statistik der Lichtquanten beschrieben werden können. Ohne auf Einzelheiten einzugehen, sei jedoch erwähnt, daß zahlreiche Verfeinerungen dieses Konzepts angegeben wurden (siehe dazu Baumgart, 1972; van Doorn et al., 1984). Diese betreffen insbesondere die Gültigkeit der genannten Modellvorstellungen unter erweiterten Randbedingungen, wie z.B. bei Variation von Stimulusgröße und -dauer.

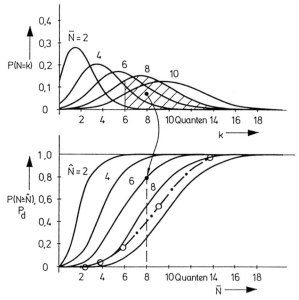

Abb. 4.5 Poisson-Statistik der Lichtquantenabsorption. Oben: Die Wahrscheinlichkeit, daß $N=k$ Lichtquanten absorbiert werden mit der mittleren Anzahl $\overline{N}$ als Parameter. Es gilt $P(N=k) = (\overline{N}^k/k!) \exp(-\overline{N})$. Erwähnt sei an dieser Stelle, daß sich die Abhängigkeit des eben erkennbaren Leuchtdichteunterschiedes von der mittleren Leuchtdichte ebenfalls anhand eines statistischen Modells herleiten läßt (Kap. 4.4.2). Unten: Die Wahrscheinlichkeit, daß bei einer mittleren Anzahl von $\overline{N}$ Lichtquanten $N \geq \hat{N}$ absorbiert werden mit $\hat{N}$ als Parameter. Dies sind die jeweiligen kumulativen Wahrscheinlichkeiten, die hier als Funktion von $\overline{N}$ aufgetragen werden. Das Konstruktionsprinzip ist am Beispiel $\overline{N}=8$ und $\hat{N}=6$ verdeutlicht. Die offenen Kreise stellen die gemessenen Detektionswahrscheinlichkeiten der klassischen Untersuchungen von Hecht et al. (1942) als Funktion der mittleren Quantenzahl $\overline{N}$, die sog. psychometrische Funktion dar (Testfeld 10 min, 20 Grad exzentrische Darbietung von 1 msec Dauer, Beobachter S.S.). ❑

Nachdem geklärt ist, daß im Mittel bereits 9 Lichtquanten (bzw. 2 bis 20 gemäß zahlreichen weiteren Untersuchungen mit unterschiedlich kritischen Versuchspersonen) einen Lichteindruck hervorrufen können, stellt sich die Frage, welcher Prozeß im einzelnen Stäbchen abläuft und insbesondere, ob ein einzelnes Lichtquant bereits ein Ausgangssignal hervorrufen kann. Ein Hinweis für diese Annahme folgt einmal aus Messungen an einzelnen isolierten Stäbchen, deren elektrische Ausgangsimpulse zahlenmäßig den absorbierten Lichtquanten entsprechen, und aus Verhaltensuntersuchungen an Fliegen (Reichardt, 1968). Eine genaue statistische Abschätzung zeigt, daß in einem einzelnen Stäbchen in der Tat hochwahrscheinlich nur 1 (oder kein Quant) absorbiert wird. Dazu überlegt man, daß die 9 angebotenen Lichtquanten auf eine Fläche mit etwa 1000 Stäbchen treffen. Die mittlere Anzahl der in einem einzelnen Stäbchen absorbierten Lichtquanten ist damit relativ klein (9/1000) und entsprechend die Wahrscheinlichkeit, daß einzelne Stäbchen mehr als ein Lichtquant absorbieren. Die Wahrscheinlichkeit P(k), daß in einem Stäbchen genau k Lichtquanten absorbiert werden, ist gemäß der Poisson-Verteilung gleich $(\overline{N}^k/k!)\exp(-\overline{N})$. Die uns interessierende Wahrscheinlichkeit, daß bei 1000 Stäbchen in keinem mehr als ein Quant absorbiert wird, ist dann mit $[P(0)+P(1)]^{1000}=0{,}96$ ein sehr nahe bei 1 liegender Wert. Es ist demnach hochwahrscheinlich, daß in einem Stäbchen, wenn überhaupt, nur 1 Lichtquant absorbiert wird. Um eine Wahrnehmung hervorzurufen, ist jedoch im vorgestellten Beispiel eine Summe von mindestens 9 solcher Einquantenprozesse nötig.

4.1.4 Sehschärfe

Zusammenfassende Darstellungen zum Thema Sehschärfe finden sich bei Trendelenburg (1961), Riggs (1965), Westheimer (1972), sowie Barlow und Mollon (1982). Der Begriff Sehschärfe beinhaltet die Fähigkeit, feine Strukturelemente an Objekten auflösen und erkennen zu können. Davon zu unterscheiden ist die Fähigkeit, kleine, völlig isolierte Objekte, wie z.B. Fixsterne, eine Drachenschnur oder die Schleppleine eines Segelflugzeuges wahrzunehmen. Diese Objekte sind nur Bruchteile von Winkelsekunden groß, aber die Erfahrung zeigt, daß sie wahrgenommen werden, wenn ihr Kontrast hinreichend groß ist. Dieses Ergebnis ist systemtheoretisch einleuchtend, da bei einem praktisch als Deltapunkt bzw. Deltalinie anzusehendem Objekt lediglich die Impulsfläche relevant ist. (Bei länglich ausgedehnten Objekten kommt als ein die Wahrnehmung begünstigender Effekt noch die Fähigkeit der örtlichen Integration hinzu.) Die Sehschärfe ist im Gegensatz dazu als die Auflösung von Details an Objekten definiert und im einfachsten Fall die Auflösung zweier nebeneinanderliegender Punkte bzw. Linien im Sinne des "minimum separabile" (Abb. 4.6, I). Systemtheoretisch gesehen ist für diese Leistung eine möglichst schmale örtliche Impulsantwort bzw. reziprok eine breite Übertragungsfunktion günstig. In praxi werden für die Auflösung zweier benachbarter Punkte Werte der Größenordnung 1 Winkelminute erhalten. Dies entspricht im wesentlichen der durch die Beugungsphänomene gegebenen Begrenzung des optischen Systems bei kleiner Pupille, auf die die Größe der Zapfen abgestimmt ist.

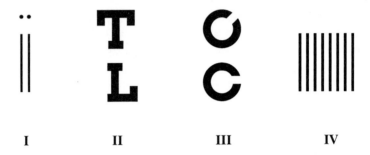

I II III IV

Abb. 4.6 Testmuster zur Untersuchung der Sehschärfe. I: Doppellinie, Doppelpunkt. II: Snellen-Optotypen. III: Landolt-Ringe. IV: Balkengitter. ❑

Bei der Bestimmung der Sehschärfe durch den Augenarzt oder den Augenoptiker werden standardisierte Zeichen verwendet. Abb 4.6 zeigt als Beispiele solcher Testzeichen Buchstaben (II: Snellensche Optotypen) und geometrische Muster (III: Landolt-Ringe), deren Strichdicke und Spaltbreite 1/5 der Höhe des Musters betragen. Die Sehschärfe ist definiert als Kehrwert der minimal aufgelösten und auf 1 Winkelminute bezogenen Detailstruktur. Erkennt man also den Buchstaben bzw. die Orientierung des Einschnitts des Landoltrings bei einer Detailgröße von 1 Winkelminute, so besitzt man definitionsgemäß eine Sehschärfe von 100%. Das bedeutet, daß Muster dann bei einer Detailgröße von 3 mm aus einer Entfernung von 10 m erkannt werden. Bei hohem Kontrast und guter Beleuchtung werden allerdings Auflösungen von 0,5 Winkelminuten erreicht, was entsprechend einer Sehschärfe von 200% entspricht. Nicht auf einzelne lokale Details, sondern auf texturielle Eigenschaften bezieht sich schließlich die Wahrnehmbarkeit von periodischen Streifen- oder Balkenstrukturen (Abb. 4.6, IV). Die Aufgabe der Versuchsperson besteht hier darin, die Streifenstruktur von einem homogenen Feld zu unterscheiden. Auch in diesem Fall liegt die Auflösung bei etwas unter 1 Winkelminute. Dieser Wert ist zu erwarten, da mit Hilfe der Streifenmuster die Grenze der Ortsfrequenzauflösung des Systems bestimmt wird und diese (s.o.) mit der Auflösung von Doppelpunkten in enger Beziehung steht.

Faktoren, von denen die Sehschärfe abhängt, sind einmal optischer Art wie z.B. der Pupillendurchmesser, der bei kleinen Werten (<1,5 mm) zu einer durch Beugung begrenzten Sehleistung führt (Graham, 1966). Die Abhängigkeit der Sehschärfe von den Parametern Exzentrizität und mittlerer Leuchtdichte beruht dagegen auf strukturellen und funktionellen Eigenschaften der Retina und des nachgeschalteten Nervensystems. Unter dem Namen "indirekte Sehschärfe" wurde die Wahrnehmbarkeit peripher, d.h. abseits der Fovea dargebotener Testmuster bereits Ende des 19. Jahrhunderts ermittelt (Wertheim, 1894; zitiert nach Hofmann, 1970). Die wesentliche Ursache für die drastische Abnahme der Sehschärfe in der Periperie ist in erster Linie die Dichte der Rezeptoren, aber auch ihre Abbildung auf den Cortex. Dieser sog. cortikale Vergrößerungsfaktor beschreibt die Eigenschaften der Abbildung des retinalen Ausgangs auf den Cortex mit einer Charakteristik ähnlich wie in Abb. 4.9 (Rovamo und Virsu, 1979; Virsu und Rovamo, 1979; Kelly, 1984). Neuere anatomisch/physiologische Befunde belegen jedoch, daß dieses Phänomen bereits auf retinaler Ebene in der Projektion der Rezeptoren auf die Ganglienzellen begründet ist (Wässle et al., 1989). Man findet, daß die periphere Sehschärfe gut mit der abnehmenden Ganglienzelldichte korreliert.

Eine mit der Exzentrizität E in Grad gemäß $1/(1+E/2)$ abfallende Sehschärfe gibt eine gute Übereinstimmung mit psychophysischen Daten (Drasdo, 1977; Virsu und Rovamo, 1979; Rovamo und Virsu, 1979; Westheimer, 1979). Diese Funktion ist in Abb. 4.7 zusammen mit Landoltringen gezeigt, die entsprechend ihrer Lage so vergrößert wurden, daß die Einschnitte monokular betrachtet gleich deutlich erscheinen.

Die Abhängigkeit der Sehschärfe von der mittleren Leuchtdichte ist durch eine im gesamten Arbeitsbereich des visuellen Systems monoton wachsende Verbesserung gekennzeichnet. Abb. 4.8 zeigt in schematisierter Form die Ergebnisse von ersten Experimenten dieser Art aus dem Ende des 18. Jahrhunderts, die in einer Vielzahl von weiteren Untersuchungen mit unterschiedlichen Testmustern bestätigt wurden. Dabei können 3 Bereiche unterschieden werden. Ein bis zu einer Leuchtdichte von etwa 10^{-2} cd/m^2 existierender Anstieg der Sehschärfe auf etwa 0,2 ist dabei dem Stäbchensehen zuzuordnen, was durch Experimente mit total farbenblinden Versuchspersonen bestätigt wurde (gestrichelter Verlauf in Abb. 4.8). In einem mittleren Bereich der Leuchtdichte findet sich ein steiler Anstieg der Sehschärfe bis zu einem Maximalwert von 1,7 und schließlich ab einer Leuchtdichte von 100 cd/m^2 eine beginnende Sättigung ohne wesentliche Verbesserung. Ein derartiger Zusammenhang gilt auch für die Noniussehschärfe (Laurens, 1914; zitiert nach Trendelenburg, 1961). Die Steigerung der Sehschärfe mit der mittleren Leuchtdichte läßt sich im Bereich niedriger Leuchtdichten auf die statistische Natur des Lichts und die Art der örtlichen Summation zurückführen. Nimmt man an, daß eine bestimmte Anzahl von Quanten in einem zu detektierenden Muster vorhanden sein muß, so ist unmittelbar klar, daß bei erhöhter Leuchtdichte eine Integration über kleinere örtliche Bereiche genügt, um diese Zahl zu erreichen. Der bei erhöhter Leuchtdichte ausreichende kleinere örtliche Integrationsbereich entspricht einer verbesserten Auflösung. Bei erniedrigtem Leuchtdichteniveau muß örtlich über einen weiteren Bereich integriert werden, was zu einer Reduzierung der Sehschärfe führt. Im Bereich hoher Leuchtdichten ist die statistische Erklärung der Sehschärfeverbesserung nicht anwendbar. Hier werden lokale, mit der Adaptation verwandte Mechanismen angenommen, die zu stärkeren Antworten örtlich kleiner Signale führen.

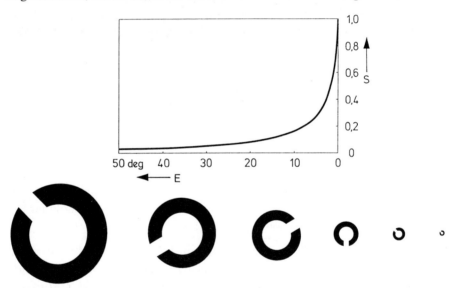

Abb. 4.7 Oben: Abfall der Sehschärfe mit wachsender Exzentrizität E in Grad angenähert durch die Funktion $1/(1+E/2)$. Unten: Kompensatorisch entsprechend ihrer peripheren Lage vergrößerte Landoltringe. ❑

> **Experiment zum Abfall der peripheren Sehschärfe:** *Fixiert man in Abb. 4.7 den kleinsten Landoltring foveal mit einem Auge, so ist für alle dargebotenen Landoltringe der Einschnitt annähernd gleich deutlich erkennbar. Der starke Abfall der Sehschärfe innerhalb weniger Grad Abweichung von der Fovea geht daraus gut hervor. Für die Noniussehschärfe ist der Abfall etwa dreimal so stark (Levi et al., 1985) und entspricht dem cortikalen Vergrößerungsfaktor. Der sehr starke Abfall der Sehschärfe in der Peripherie macht die Wichtigkeit von Augenbewegungen und einer entsprechenden Kooperation zwischen peripherer und fovealer Wahrnehmung deutlich.*

4.1 Klassisch–historische Daten

Während bei den genannten Testmustern Auflösungen in der Größenordnung von 1 Winkelminute erhalten werden, erreicht man mit der Nonius-Anordnung Werte von wenigen Winkelsekunden. Man bezeichnet die Noniussehschärfe daher auch als "Über-Sehschärfe" ("hyperacuity" nach Westheimer, 1975). Die hohe Genauigkeit dieser Leistung, die (fälschlicherweise?) nach dem portugiesischen Mathematiker Nunez (gest. 1572) Nonius und im englischen Sprachgebrauch nach dem französischen Mathematiker Vernier (gest. 1637) auch Vernier-Sehschärfe (Vernier acuity) genannt wird, ist für das genaue Ablesen von Skalen von großer Wichtigkeit. Im Unterschied zu den vorher behandelten Sehschärfeaufgaben ist bei der Noniusanordnung eine sehr kleine örtliche Versetzung von im allgemeinen gut sichtbaren Bild- elementen zu entdecken. Die Noniuswahrnehmung stellt damit eine Lokalisationsaufgabe dar. Systematisch wurde diese Leistung zuerst von Wülfing (1892) untersucht.

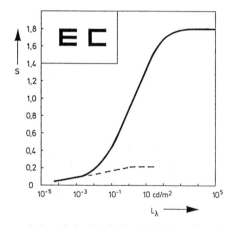

Abb. 4.8 Zusammenhang zwischen Sehschärfe S und mittlerer Leuchtdichte L_λ (schematisiert nach den Daten von König, 1897; zitiert nach Riggs, 1965). Die Aufgabe der Versuchsperson bestand darin, die Orientierung der dargestellten Snellenschen Haken zu erkennen. Gestrichelt ist der Verlauf für reines Stäbchensehen gezeigt. ▢

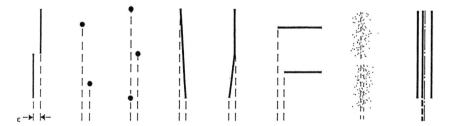

Abb. 4.9 Typische zur Messung der Noniussehschärfe verwendete Muster. Die örtliche Versetzung ε ist durch gestrichelte Linien verdeutlicht. ▢

Typisch ist, daß für eine große Anzahl unterschiedlicher Musterkonfigurationen, von denen Beispiele in Abb. 4.9 gezeigt sind, Schwellenwerte zwischen 5 und 20 Winkelsekunden gefunden werden (Westheimer, 1984). Für die sog. Bisektionsschwelle, bei der die Lage einer mittleren Linie relativ zu zwei Begrenzungslinien zu schätzen ist (Abb. 4.9 rechts), wurde sogar ein Wert von 1 Winkelsekunde erhalten (Klein und Levi, 1985), was den Autoren den Eintrag in das Guiness-Buch der Rekorde einbrachte. Interessant ist in diesem Zusammenhang auch, daß die Querdisparität von Stereobildern und der Abstand bzw. die Länge von Linienelementen mit eben dieser Genauigkeit geschätzt werden können (Westheimer und McKee, 1977). Ein wichtiges Charakteristikum der Noniussehschärfe ist ferner, daß eine Verunschärfung im Gegensatz zur klassischen Sehschärfe eine nur unwesentliche Verschlechterung bringt (Westheimer, 1979). Dies beruht darauf, daß das Noniusmuster seine wesentlichen spektralen Komponenten bei niederen Ortsfrequenzen hat. Bezüglich der zeitlichen Darbietung findet man, daß das gleichzeitige Erscheinen der beiden versetzten Komponenten wesentlich ist (Westheimer und Hauske, 1975).

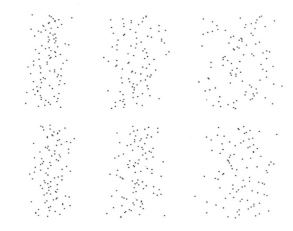

Abb. 4.10 Zur Abhängigkeit der Noniuswahrnehmung von der Streubreite statistisch verteilter Punkte. Die hier verwendete Versetzung der beiden Punktwolken um 2 Pixel ist bei etwa 4 m Sehentfernung nur bei kleiner Streuung (links) erkennbar. Die Punkteverteilung besitzt eine nach beiden Seiten gleichmäßig abfallende dreieckförmige Form. ❑

Welches Kriterium der Noniussehschärfe zugrundeliegt, ist Gegenstand zahlreicher Arbeiten, die sich mit einer großen Vielfalt von Modifikationen des Noniusmusters (Modifikation der Sprungstelle, Längenvariation, Einfügen einer Unterbrechung, zufällige Orientierung) befassen (Watt et al., 1983; Watt und Campbell, 1985). Wichtiges Ergebnis hierbei ist, daß je nach Konfiguration Form- oder Orientierungskriterien verwendet werden und insbesondere daß bei randomisiert ausgewählter Orientierung die Sehschärfe proportional zur Linienlänge ist. Interessant ist auch die Untersuchung von Noniusmustern, die aus randomisierten Punktwolken (Abb. 4.9 und Abb. 4.10) bestehen (Zeevi und Mangoubi, 1984). In diesem Fall nimmt die Noniussehschärfe mit wachsender Streuung der Punkte ab (vgl. Darstellung in Abb. 4.10) und proportional zur Wurzel aus der Zahl der Punkte zu. Dies läßt sich mit einem entsprechend konzipierten entscheidungstheoretischen Modell beschreiben. In diesem Modell wird angenommen, daß der Schwerpunkt einer jeden Punktwolke bestimmt wird und die Differenz der horizontalen Schwerpunktkoordinaten Entscheidungskriterium ist (Hauske, 1992). Der Schwerpunkt jeder Punktwolke ergibt sich als Mittel über die Positionen aller darin enthaltenen Punkte. Die Streuung des als Mittelwert gebildeten Schwerpunktes ist gleich der Streuung der Einzelpunkte geteilt durch die Wurzel aus der Punktzahl. Darauf beruht das oben angegebene experimentelle Ergebnis. Dieses Verhalten wird jedoch nur bei dreieck- oder gaußförmigen Verteilungen der Punkte gefunden. Bei (asymmetrischer) Sägezahnverteilung mit scharfer Kante wird bevorzugt über die in einem bestimmten Bereich nahe der Kante liegenden Punkte gemittelt (Ward et al. 1985; Hauske, 1992).

4.2 Zeitfrequenzabhängigkeit

4.2.1 Empirische Daten

Das typische, in diesem Kapitel behandelte Testsignal ist eine zeitlich/periodische (im Idealfall sinusförmige) Veränderung, die durch ihre Stärke (d.h. den Modulationsgrad) und ihre Schnelligkeit (d.h. die Zeitfrequenz) beschrieben wird. Die örtliche Konfiguration geht zunächst nur als Parameter ein. Die Aufgabe der Versuchsperson besteht darin, den zeitlichen Eindruck, d.h. im wesentlichen das Vorhandensein bzw. Nichtvorhandensein von Flimmern festzustellen. Ziel der Untersuchungen sind Aussagen über die zeitliche Übertragungsfunktion des peripheren visuellen Kanals des Menschen abhängig von unterschiedlichen Signalparametern. Eine gemeinsame Darstellung des Systems in Zeit- und Ortsfrequenz wird in Kap. 4.6 gegeben.

Die ersten systematischen Untersuchungen an zeitlich periodisch veränderten Mustern liegen mehr als 200 Jahre zurück. Überblicke über die frühen Arbeiten finden sich bei Brown (1966) und Kelly (1972). Die frühen Untersuchungen bedienten sich dabei z.T. raffiniert konstruierter optomechanischer Apparaturen, mit denen jedoch eine genaue sinusförmige Variation des zeitlichen Leuchtdichteverlaufs in der Regel nicht zu erreichen war. Nichtsdestotrotz sind eine Reihe von systemtheoretisch wichtigen Befunden schon sehr frühzeitig erhoben worden. Diese betreffen zunächst die Erscheinungsform der periodisch modulierten Lichter, die sich mit wachsender Frequenz von einem immer schneller werdenden An- und Abklingen über ein Flackern zu einem Flimmern (engl. flicker) entwickelt, um schließlich bei hinreichend hoher Frequenz als ruhend zu erscheinen und bei weiterer Erhöhung der Frequenz auch zu bleiben. Die früheren Arbeiten haben sich vorwiegend mit dieser sog. Flimmerverschmelzungsfrequenz (auch Fusionsfrequenz, kritische Flimmerfrequenz, engl. critical flicker frequency oder cff) beschäftigt.

Wichtige im Zusammenhang mit der Flimmerverschmelzungsfrequenz untersuchte Parameter sind die Ortsfrequenz, die mittlere Leuchtdichte und die Größe des Testfeldes sowie dessen Lage im Gesichtsfeld. Zur Ortsfrequenz ist zu bemerken, daß Flimmeruntersuchungen zunächst an unstrukturierten Testfeldern (Ganzfeldern, vgl. Schema in Abb. 2.8) durchgeführt wurden, während örtlich harmonisch strukturierte Testmuster (alternierend flimmernde Sinusgitter, vgl. Schema in Abb. 2.8) erst später Verwendung fanden. Auf die Abhängigkeit von der Ortsfrequenz wird weiter unten näher eingegangen. Bezüglich der anderen genannten Parameter findet man ein Ansteigen der Verschmelzungsfrequenz je heller, größer und foveanäher das Testfeld ist, sofern das Testfeld klein ist und die mittlere Leuchtdichte im photopischen Bereich liegt. Maximalwerte der Flimmerfusionsfrequenz sind bei hoher Adaptationsleuchtdichte foveal etwa 50 Hz. Bei peripherer Darbietung (30 deg nasal, 50 deg temporal) größerer Felder (>1.5 deg) steigt die Flimmerfusionsfrequenz bis auf etwa 70 Hz an (nach van de Grind et al., 1973). Dies ist die Ursache für stärkeres Flimmern von Fernsehbildschirmen bei peripherer Betrachtung. Ein erstes, auch für die systemtheoretische Betrachtung wichtiges Gesetz ist von Talbot 1834 gefunden worden. Es besagt, daß der Helligkeitseindruck eines Musters oberhalb der Verschmelzungsgrenze dem Mittelwert des zeitlichen Leuchtdichteverlaufs entspricht. In diesem Fall wird nur noch der Gleichanteil relevant. Ein wenig unterhalb der Verschmelzungsgrenze erscheint Flimmerlicht allerdings heller als oberhalb, ein nichtlinearer Effekt, der als Brücke-Bartley-Phänomen bekannt ist.

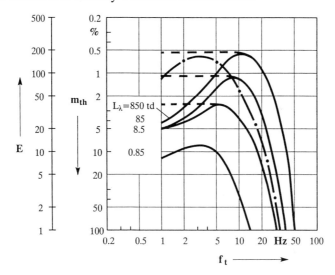

Abb. 4.11 Eben wahrnehmbarer Modulationgrad m_{th} und Empfindlichkeit $E = 1/m_{th}$ für zeitlich sinusförmig variierende Muster als Funktion der Frequenz f_t. Unterhalb der Kurven ist Flimmern sichtbar. Parameter ist die mittlere Leuchtdichte L_λ. Durchgezogen: Ganzfeldfelddarbietung (7 deg Durchmesser). Gestrichelt: Alternierend flimmernde Gitter mit 5 c/deg. Daten nach Kelly (1971b) geglättet, extrapoliert und auf einen optimalen Schwellenwert von 0,5% angehoben. Strichpunktiert: Ergebnisse bei stabilisiertem Retinabild gemäß Abb. 4.48 für niedrige Ortsfrequenzen (Kelly, 1979b). ❑

Eine relativ frühe, systemtheoretisch motivierte Untersuchung der Flimmerwahrnehmung stammt von Ives (1922), der als erster die Verschmelzungsfrequenz an sinusförmigen Leuchtdichteänderungen bei unterschiedlichen Werten des Modulationsgrades gemessen hat. Hier wurde ein wichtiges, in späteren Versuchen (de Lange, 1958; Kelly, 1961) mehrfach bestätigtes Ergebnis erhalten, das besagt, daß bei beliebig periodischen Helligkeitsvariationen die Amplitude der Grundwelle (d.h. der 1. Harmonischen) allein für die Verschmelzungsfrequenz bestimmend ist. Kelly (1961) konnte darüberhinaus zeigen, daß dieses Ergebnis weitgehend unabhängig von der mittleren Helligkeit gilt (vgl. dazu auch Levinson und Harmon, 1961).

Ein typisches Ergebnis aus jüngeren Messungen zur Flimmerverschmelzungsfrequenz für unterschiedliche Modulationsgrade ist in Abb. 4.11 dargestellt. Ein wichtiger Parameter ist dabei zunächst die mittlere Leuchtdichte, die zur Erhaltung eines definierten Adaptationszustandes innerhalb eines Versuches konstant gehalten werden muß. Der Versuchsablauf erfolgt so, daß die Versuchsperson zunächst ein bei hoher Modulation mit konstanter Frequenz flimmerndes Muster dargeboten bekommt. Der Modulationsgrad wird sodann erniedrigt, bis der Flimmereindruck bei der Schwellenmodulation verschwindet. In praxi wird vernünftigerweise eine "Zwei-Alternativen-Wahl-Methode" (engl. "two alternative forced choice method") mit Unterscheidung zwischen "flimmernd" und "nichtflimmernd" eingesetzt.

Als Ergebnis derartiger Messungen erhält man für Ganzfelddarbietung eine Schar konvexer Kurven, die mit abnehmender mittlerer Leuchtdichte zu höheren Modulationsgraden verschoben ist. Die bei 100% Modulation erhaltenen Frequenzen stellen die Flimmerfusionsfrequenz dar. Das Optimum, das besonders bei hohen Leuchtdichten ausgeprägt ist, liegt zwischen 7 und 12 Hz. Schnellere und überraschenderweise auch langsamere Veränderungen benötigen eine entsprechend höhere Modulation, um als flimmernd wahrgenommen zu werden. Interessanterweise verschwindet das ausgeprägte Optimum bei der Verwendung alternierend flimmernder Gitter für höhere Ortsfrequenzen (>4 c/deg). In diesem Fall sind die Schwellenmodulationen für niedrige (Zeit-)Frequenzen nahezu konstant und gleich dem vorher genannten Optimum. Dies ist ein erster Hinweis auf zwei Subsysteme mit unterschiedlichen örtlich/zeitlichen Eigenschaften. Die gemeinsame Zeit-/Ortsfrequenzabhängigkeit ist Hauptgegenstand von Kap. 4.6.

Im Rahmen eines systemtheoretischen Ansatzes (Abb. 4.12) wird das periphere visuelle System als linearer Kanal betrachtet und durch eine Übertragungsfunktion $H(f_t)$ beschrieben. Die interne (neuronale) Antwort $a(t)$ dieses Systems auf eine sinusförmige Leuchtdichteveränderung $e(t)$ am Eingang besitzt damit ebenfalls Sinusform. Diese für technische Systeme akzeptable Annahme kann für das biologische System freilich nur eine Näherung (etwa für kleine Aussteuerungen) sein. Über die Art des neuronalen Codes wird keine weitere Aussage gemacht. Wichtig ist jedoch, daß die Wahrnehmung der Ver-

4.2 Zeitfrequenzabhängigkeit

suchsperson auf der Basis der internen Antwort a(t) getroffen wird, die durch die Eigenschaften der Übertragungsfunktion festgelegt ist. Besteht die Aufgabe der Versuchsperson in einer Detektion der zeitlichen Veränderung, so kann ein einfacher Schwellenmechanismus als Modell dienen. Danach wird eine zeitliche Veränderung erkannt, wenn die Amplitude des internen Signals größer als eine definierte (und als konstant angenommene) Schwelle ist.

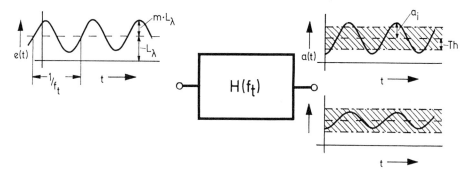

Abb 4.12 Systemtheoretisches Konzept für Flimmermessungen. Eingangsgröße ist eine zeitlich sinusförmige Leuchtdichteschwankung $e(t)=L_\lambda[1+m \cos(2\pi f_t t+\phi)]$. Das periphere visuelle System wird als lineares System mit einer Übertragungsfunktion $H(f_t)$ beschrieben. Die interne sinusförmige Antwort a(t) auf die Eingangsgröße habe die Amplitude a_i. Diese wird mit einem Schwellenwert Th (schraffierter Bereich) verglichen. Überschreitet die interne Amplitude a_i die Schwelle Th (rechts oben), so gilt die Signalvariation als erkannt. Bleibt die interne Amplitude innerhalb der Schwelle Th (rechts unten), so erscheint das Muster ruhend. ❑

Entsprechend dem einfachen Schwellenmodell von Abb. 4.12 muß die interne Amplitude a_i eine (als konstant angenommene) Schwelle Th überschreiten, um einen Flimmereindruck hervorzurufen. Wegen der Linearität des Systems muß an der Schwelle Th = $a_{i,th}$ = $C\, m_{th}\, |H(f_t)|$ gelten, wobei C ein die Umsetzung von Licht in neuronale Aktivität beschreibender Koeffizient ist. Daraus folgt, daß der Betrag der Übertragungsfunktion (d.h. die Modulationsübertragungsfunktion) umgekehrt proportional zur Schwellenmodulation ist. Der (zum Betrag der Übertragungsfunktion proportionale) reziproke Wert der Schwellenmodulation wird auch als Empfindlichkeit (engl. sensitivity) bezeichnet und ist in Abb. 4.11 als weitere Ordinate eingetragen. Daß damit nur eine Aussage über den Betrag der Übertragungsfunktion und nicht die Phase gegeben werden kann, ist klar, denn es handelt sich letztlich um die Detektion eingeschwungener, periodisch wiederholter Vorgänge ohne Analyse der Phasendifferenz zwischen Ausgang und Eingang. Eine vollständige, d.h. Betrag und Phase umfassende Übertragungsfunktion ergibt sich aus den Ergebnissen von Experimenten zum Zeitverhalten (Kap. 4.3). Danach erhält man in einem linearen Ansatz mit Schwelle für niedere Ortsfrequenzen eine imaginäre ungerade-symmetrische und für hohe Ortsfrequenzen eine reelle gerade-symmetrische Übertragungsfunktion.

Zur Modellierung und Interpretation des Frequenzganges der Flimmerverschmelzung schlägt Kelly (1971a,b) ein zweistufiges Modell vor, bestehend aus einer tiefpaßartigen verlustfreien Diffusionsstufe (angenähert durch I beschrieben), die bereits von Ives (1922) angegeben wurde, und einem (bandpaßartigen) Inhibitionsnetzwerk (II):

$$H(p) = C \, \exp[-(2\tau p)^{\frac{1}{2}}] \, (p+a)^2 \, / \, [(p+a)^2 + K^2]^{\frac{r}{2}} \quad mit \quad p = j2\pi f.$$

$$\text{(I)} \qquad\qquad \text{(II)}$$

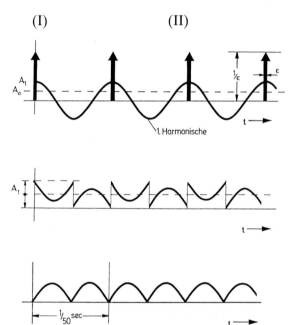

Abb. 4.13 Bei Flimmermessungen verwendete Wellenformen. Oben: Periodische Lichtblitzfolge mit zugehörigem Gleichwert A_o und einer 1. Harmonischen (Grundwelle) der Amplitude A_1. Mitte: Periodisch rechteckförmige Lichtimpulsfolge der Amplitude A_1 ohne 1. Harmonische. Unten: Zeitlicher Leuchtdichteverlauf bei einer Leuchtstofflampe. ❑

Die Abhängigkeit der Übertragungseigenschaften von der mittleren Leuchtdichte wird über die Konstanten K und r erhalten. Diese bewegen sich bei einer Abnahme der mittleren Leuchtdichte um 3 Zehnerpotenzen für K von 23,5 bis 8,5 und für r von 4,38 bis 3,2. Die Zeitkonstante τ der Diffusion ist konstant 0.74 sec. Damit ist das System nur für eine konstante mittlere Leuchtdichte linear. Als Ort für die Diffusionsstufe wird der Rezeptor (und

4.2 Zeitfrequenzabhängigkeit 91

dort die Umwandlung von Lichtquanten in Rezeptorpotential) angenommen, während für die Inhibitionsstufe neuronale Mechanismen in Frage kommen.

Folgerungen, die sich aus der oberhalb 10 Hz stark abfallenden Übertragungscharakteristik ergeben, betreffen die Wahrnehmbarkeit des Flimmerns bei Kombination mehrerer Harmonischer. Höhere Harmonische, die in aller Regel auch kleinere Amplituden aufweisen, werden dadurch stark gedämpft und der Flimmereindruck wird nurmehr durch die Amplitude der 1. Harmonischen (der Grundwelle) bestimmt. Kelly (1964) hat dieses Ergebnis selbst für das extreme Beispiel einer periodischen Blitzfolge erhalten. In diesem Fall sind die Amplituden der Harmonischen (vgl. Abb. 4.13 oben) für den Gleichwert

$$A_0 = \frac{1}{T} \int_{-\frac{T}{2}}^{\frac{T}{2}} u(t)\, dt = \frac{1}{T} \int_{-\frac{\varepsilon}{2}}^{\frac{\varepsilon}{2}} \frac{1}{\varepsilon}\, dt = \frac{1}{T}$$

und für die weiteren Harmonischen

$$A_n = \frac{2}{T} \int_{-\frac{T}{2}}^{\frac{T}{2}} u(t)\, \cos n\omega_0 t\, dt = \frac{2}{T} \int_{-\frac{\varepsilon}{2}}^{\frac{\varepsilon}{2}} \frac{1}{\varepsilon}\, dt = \frac{2}{T} \quad \text{mit } n > 0.$$

Daraus folgt für die erste und alle höheren Harmonischen ein Modulationsgrad von 200% und eine entsprechend erhöhte (experimentell bestätigte) Flimmerverschmelzungsgrenze. In Übereinstimmung mit diesem Konzept hat Levinson (1968) bei der Elimination der ersten Harmonischen aus einer Rechteckschwingung (Abb. 4.13 mitte) ein Verschwinden des Flimmereindrucks festgestellt.

4.2.2 Praktische Anwendungen

Praktische Anwendung finden Flimmerphänomene in der sog. Flimmerphotometrie, bei der der Helligkeitsabgleich zweier (auch verschiedenfarbiger) Lichter durch das Verschwinden des Flimmereindrucks bei schnell abwechselnder Darbietung bestimmt wird. Bei konstanter Modulation läßt sich mit Hilfe der Flimmerverschmelzungsfrequenz die mittlere Leuchtdichte gut bestimmen. Die spektrale Empfindlichkeitskurve (Abb. 2.18) wurde z.T. mit Hilfe dieses Verfahrens, z.T. mit dem Kleinststufenverfahren ermittelt. Weitere wichtige Konsequenzen aus den Eigenschaften der menschlichen Flimmerwahrnehmung betreffen die Bereiche Beleuchtung, Kinofilm und Fernsehen. In allen diesen Fällen liegen periodische Lichtwechsel zugrunde, die der Beobachter nicht (oder wenigstens nicht störend) wahrnehmen soll. Im Fall der Beleuchtung durch Leuchtstoffröhren entspricht der zeitliche Verlauf in guter Näherung einer vollweggleichgerichteten Sinusschwingung (Abb. 4.13 unten). Der Modulationsgrad der ersten Harmonischen beträgt hier 2/3=67% und ist damit relativ hoch. Infolge der Vollweggleichrichtung (gemäß der jede Halbwelle des Wechselstroms in Licht umgewandelt wird) beträgt die Frequenz der 1. Harmonischen der Lichtwechsel jedoch 100 Hz, ein Wert, bei dem auch 67% Modulation keinen Flimmereindruck mehr hervorrufen können. Bei Glühfadenlampen (insbesondere bei Niedervoltlampen) ist der Modulationsgrad der Lichtwelligkeit dagegen nur noch wenige Prozent.

Beim Kinofilm muß wegen der Ausblendung des Filmtransportes das Bild jeweils kurzzeitig verdunkelt werden, was zu einer relativ stark modulierten Leuchtdichtevariation führt. Bei einer festgelegten Zahl von 24 Bildern/sec (bzw. 18 Bildern/sec beim Schmalfilm) ist daher mit einem erheblichen Flimmereindruck zu rechnen. Die Lösung des Problems besteht einmal in der Reduzierung der mittleren Helligkeit, die bekanntermaßen zu einer Absenkung der Flimmergrenzfrequenz führt. Dieser Weg wird beim Schmalfilm beschritten. In der kommerziellen Kinotechnik hat sich dagegen die Mehrfachverdunklung eines Bildes als Lösung des Flimmerproblems durchgesetzt. Üblich ist eine zusätzliche ein- bzw. zweimalige Verdunklung jedes Bildes, was auf 48 bzw. 72 Lichtwechsel/sec führt. Diese Frequenzen sollten auch bei höherer Modulation nicht als flimmernd wahrgenommen werden. Interessant ist in diesem Zusammenhang ein durch graduelles Überblenden erreichter Bildwechsel (Mechau-Verfahren) mit flimmerfreien Szenen bis herab zu 12 Bildern/sec (Burmester und Mechau, 1928).

Beim Fernsehen sind 25 Bilder/sec (in USA 30 Bilder/sec) genormt, wobei die Darbietung auf dem Bildschirm durch Phosphore mit relativ zur Bilddauer kurzem Nachleuchten erfolgt. Um hier das Flächenflimmern zu reduzieren, wurde die örtliche Verzahnung von zeitlich abwechselnden Halbbildern durch das Zeilensprungverfahren eingeführt, womit 50 Halbbilder/sec erhalten werden. Damit wird das Flächenflimmern deutlich reduziert. Umgekehrt gibt es gerade infolge des Zeilensprungverfahrens zusätzlich störende, musterabhängige Flimmereffekte, die in Kap. 4.6.2 unter Behandlung der gemeinsamen Zeit- und Ortsfrequenzabhängigkeit behandelt werden.

4.3 Zeitverhalten

In diesem Kapitel sollen nicht andauernde und periodische Testsignale wie in Kap. 4.2, sondern zeitlich aperiodische Testsignale wie z.B. Impulse und Sprünge behandelt werden. Über einige der älteren Arbeiten mit kurzzeitig dargebotenen Mustern wurde bereits in Kap. 4.1.2.2 berichtet. Deren Ergebnis ist, kurz zusammengefaßt, das Vorhandensein der sog. visuellen Persistenz, die einer Integration über ein Zeitintervall von 20 bis 100 msec (gleichbedeutend mit der Breite der Impulsantwort des Systems) je nach Leuchtdichte entspricht. Gemäß dem Reziprozitätssatz der Systemtheorie sind diese Zeitkonstanten umgekehrt proportional zur Breite der Übertragungsfunktion des Systems, das Tiefpaßcharakter besitzt (vgl. Abb. 4.11).

4.3.1 Wechsellichtsprung

Eine Folge der tiefpaßartigen Bandbegrenzung ist ein systemtheoretisch ausserordentlich interessantes Phänomen beim Wechsellichtsprung. In einem diesbezüglichen Experiment, das zuerst von Levinson (1968) beschrieben wurde, geht es um das zeitliche Einschalten eines mit hoher Frequenz variierenden Muster, z.B. eines (zeitlich) alternierenden Sinusgitters. Die Frequenz des Alternierens wird dabei so hoch gewählt, daß im eingeschwungenen Zustand kein Flimmern mehr wahrnehmbar ist. Beim Einschalten ist jedoch ein einmaliges blitzartiges Auftauchen des Ortsmusters zu bemerken, das von Levinson (1968) als Pseudo-Blitz bezeichnet wurde. Weitere Untersuchungen zu diesem Phänomen zeigten, daß ein Einschalten in Sinusphase zu einem deutlicheren Blitz als beim Einschalten in Cosinusphase führt und daß dieses Phänomen auch beim schnellen (sakkadenähnlichen) Verschieben eines Musters (hier phasenunabhängig) existiert (Hauske und Deubel, 1984). Es ist ferner auch bei schnell bewegten Mustern im Zusammenhang mit sakkadischen Augenbewegungen gefunden worden (Deubel et al., 1987).

Eine systemtheoretische Herleitung des Wahrnehmungsphänomens beim Wechsellichtsprung ist in Abb. 4.14 angegeben. Daraus ergibt sich, daß bei einem Einschalten in Sinusphase in guter Näherung die Antwort auf die erste Sinushalbwelle (und damit die Impulsantwort) und beim Einschalten in Cosinusphase die Antwort auf die erste positiv/negative Cosinushalbwelle (und damit die differenzierte Impulsantwort) erhalten wird. Für die im Zusammenhang mit sakkadischen Augenbewegungen beobachteten Einschwingphänomene wurden die Modellergebnisse durch Rechnersimulation gewonnen (vgl. Kap. 4.6.4).

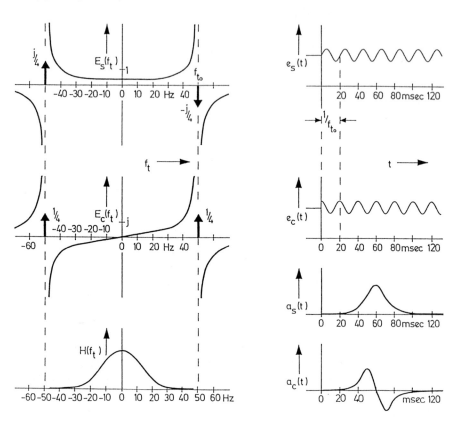

Abb. 4.14 Systemtheorie der (zeitlichen) Antwort des visuellen Systems auf einen Wechsellichtsprung. Voraussetzung ist, daß die Frequenz des Wechsellichtes f_{to} außerhalb der Bandgrenze des visuellen Systems mit Übertragungsfunktion $H(f_t)$ liegt. Oben rechts: Eingangssignale $e_s(t)$ und $e_c(t)$ jeweils eingeschaltet in Sinus- bzw. Cosinusphase. Oben links: die zugehörigen Spektren $E_s(f_t)$ und $E_c(f_t)$. Es ergeben sich diese Spektren
$E_s(f_t) = f_{to}/[2\pi(f_{to}^2 - f_t^2)] + j/4 \, [\delta(f_t + f_{to}) - \delta(f_t - f_{to})]$ und
$E_c(f_t) = jf_t/[2\pi(f_{to}^2 - f_t^2)] + 1/4 \, [\delta(f_t + f_{to}) + \delta(f_t - f_{to})]$
als Faltung der Sprungspektren mit den Spektren von Sinus bzw. Cosinus. Im Bereich der unten links dargestellten Übertragungsfunktion $H(f_t)$ des visuellen Systems (hier für hochortsfrequente Muster dargestellt) sind die Spektren $E_s(f_t)$ und $E_c(f_t)$ konstant bzw. proportional zu f_t. Unten rechts: Bewertet man diese Spektren mit $H(f_t)$, so erhält man nach Rücktransformation die Antworten $a_s(t)$ und $a_c(t)$, die näherungsweise der Impulsantwort bzw. der differenzierten Impulsantwort des Systems entsprechen. Diese Antworten werden als Lichtblitze wahrgenommen, während der darauffolgende eingeschwungene Teil praktisch Null ist und unterschwellig bleibt. ❑

4.3 Zeitverhalten 95

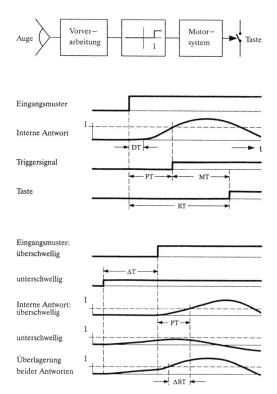

Abb. 4.15 Untersuchung der Einschwingvorgänge im visuellen System mit Hilfe von Reaktionszeitmessungen. Oben: Struktur des Modellsystems. Mitte: Das Einschalten der Modulation eines Musters (bei konstantem Gleichwert) führt nach einer sensorischen Totzeit DT zu einer internen Sprungantwort, deren Schwellenüberschreitung (Schwelle=1) nach einer motorischen Totzeit MT zu einer motorischen Reaktion führt. Die Reaktionszeit RT vom Einschalten des Musters bis zur motorischen Reaktion kann gemessen werden. Die Zeit PT bis zur Schwellenüberschreitung ist die Differenz aus der Reaktionszeit RT und der konstanten motorischen Totzeit MT. Unten: Entstehung der Reaktionszeitveränderung ΔRT bei um ΔT zeitversetzt eingeschalteten überschwelligen (1.6-facher Schwellenwert) und unterschwelligen (0.6-facher Schwellenwert) Mustern (Lupp et al., 1978). ❑

4.3.2 Reaktionszeitmethodik

Von besonderem systemtheoretischem Interesse sind Experimente, in denen die zeitlichen Antworten direkt gemessen werden können. Die Grundidee hierzu ist die sog. (unterschwellige) Superpositionsmethode, bei der der Einfluß eines (für sich unterschwelligen) aperiodischen Signals auf die Wahrnehmung eines zeitlich verschobenen (überschwelligen) aperiodischen Signals ermittelt wird. Die örtliche Konfiguration des Testmusters kann dagegen periodisch (z.B. ein Sinusgitter) sein.

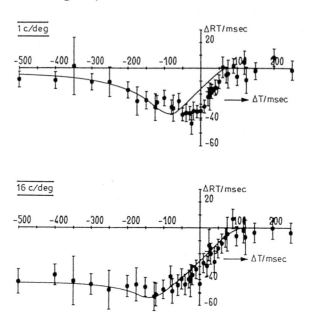

Abb. 4.16 Reaktionszeitdifferenzen ΔRT gemessen als Funktion der Einschaltzeitdifferenz ΔT für Ortsfrequenzen von 1 c/deg (oben) und 16 c/deg (unten). Balken markieren das zweifache 99% Signifikanzintervall. Originaldaten von Lupp et al. (1978). Durchgezogene Linien stellen die vom Modell (Modell I im Anhang, Kap. 5.4) vorhergesagten Verläufe dar. ❑

Ein möglicher Weg, der mit der Superpositionsmethode eingeschlagen werden kann, besteht in der Messung der Reaktionzeitveränderung, die ein (kurzzeitig dargebotenes oder eingeschaltetes) Testsignal durch ein überlagertes (unterschwelliges) Signal erfährt (Lupp et al., 1978). Diese Methodik wird, da sie im eigenen Labor entwickelt wurde, nachfolgend näher beschrieben. Zugrunde liegt der Reaktionszeitmethode, wie in Abb. 4.15 (oben) dargestellt, ein System, bestehend aus einer linearen sensorischen Vorverarbeitung, einer Schwelle und einem motorischen Endglied. Die plötzliche (sprungförmige) Darbietung eines Signals ruft eine interne Antwort hervor, die im Falle der Schwellenüberschreitung einen Triggerimpuls an das motorische System abgibt, das nach einer (motorischen) Laufzeit eine Aktion (z.B. zum Schließen eines Schalters) ausführt. Man überlagert nun dem Einschalten des überschwelligen Musters ein um ΔT zeitversetztes unterschwelliges, aber sonst identisches Muster (Abb. 4.15 unten). Die internen Antworten auf beide Einschaltsprünge sind (im linearen Modell) formgleich, aber zeitver-

4.3 Zeitverhalten

setzt und entsprechend dem Modulationsunterschied der Sprünge von verschiedener Amplitude. Die im System erfolgende Überlagerung führt zu einer Summenantwort, die die Schwelle um ΔRT früher als im ungestörten Fall erreicht. Die Reaktionszeitveränderung ΔRT kann experimentell bestimmt werden, was im untersuchten Fall bei Zeitversetzungen ΔT von −500 bis 250 msec zu den in Abb. 4.16 gezeigten unterschiedlichen Verläufen für niedrige (1 c/deg) Ortsfrequenzen und hohe (16 c/deg) Ortsfrequenzen führt. In beiden Fällen erhält man bei einem mehr als 60 bzw. 150 msec später eingeschalteten unterschwelligen Muster praktisch keine Reaktionszeitveränderung mehr, was besagt, daß die interne Antwort auf das (überschwellige) Testsignal allein die Schwelle bereits nach 60 bzw. 150 msec (je nach Ortsfrequenz) erreicht hat. Für negative ΔT zeigen die Reaktionszeitdifferenzen einen deutlich unterschiedlichen Verlauf für die beiden Ortsfrequenzen.

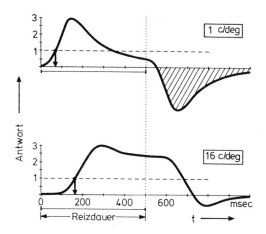

Abb. 4.17 Sprungantworten des visuellen Systems auf Einschalten und 500 msec späteres Ausschalten eines dreifach überschwelligen Musters (Maximalamplitude=3) bei Ortsfrequenzen von 1 c/deg und 16 c/deg bestimmt aus den Reaktionszeitdaten gemäß Abb. 4.16. Die beiden Sprungantworten besitzen unterschiedliche Form und Totzeit. Der Zeitpunkt der Schwellenüberschreitung (Pfeil, Amplitude der Schwelle=1) liefert die sensorische Komponente der Reaktionszeit, die um 200 msec für die motorische Totzeit erhöht den Verlauf der Gesamtreaktionszeit von Abb. 4.18 wiedergibt. Dieser Zusammenhang folgt direkt aus den hier dargestellten Sprungantworten. Für niedere Ortsfrequenzen (1 c/deg) wird eine negative Ausschaltantwort (schraffiert erhalten). ☐

Eine niedere Ortsfrequenz zeigt 500 msec früher eingeschaltet keinerlei Wirkung mehr, was besagt, daß die Sprungantwort nach dieser Zeit weitgehend abgeklungen ist. Beim hochortsfrequenten Muster ist für ΔT=−500 msec eine unverändert hohe Reaktionszeitdifferenz vorhanden. Damit ist die

Breite und letztlich auch die Form der Sprungantworten festgelegt. Eine eingehende mathematische Analyse liefert die den Daten zugrundeliegenden Sprungantworten, die in Abb. 4.17 für Einschalten und 500 msec späteres Ausschalten gezeigt sind. Das visuelle System spaltet sich für niedrige und hohe Ortsfrequenzen in zwei Systeme mit unterschiedlicher zeitlicher Übertragungsfunktion auf (vgl. Abb. 4.11). Die Totzeiten wurden entsprechend der Ortsfrequenzabhängigkeit der Gesamtreaktionszeit (Abb. 4.18) gewählt. Danach steigt die Reaktionszeit mit der Ortsfrequenz für konstant überschwellige Muster von niedrigen (1 c/deg) zu hohen (16 c/deg) Ortsfrequenzen um fast 100 msec, wie Abb. 4.18 zeigt (Breitmeyer, 1975; Lupp et al., 1976; Vassilev und Mitov, 1976; Harwerth und Levi, 1978). Die Sprungantworten besitzen also für niedere Ortsfrequenzen (<1.5 c/deg) eine kürzere Totzeit, eine etwas größere Anfangssteilheit und klingen nach 500 msec auf Null ab. Die Sprungantworten für höhere Ortsfrequenzen (>5 c/deg) besitzen dagegen eine größere Totzeit, eine geringere Anfangssteilheit und behalten ihren Wert über 500 msec bei.

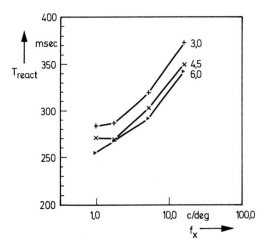

Abb. 4.18 Reaktionszeiten als Funktion der Ortsfrequenz für 3/4,5/6-fach überschwellige Sinusgitter (Lupp et al., 1976). ❑

In der biologisch orientierten Literatur wird das System für niedere Ortsfrequenzen auch phasisch (d.h. abklingend) und das System für hohe Ortsfrequenzen auch tonisch (d.h. anhaltend) genannt. Die physiologische Basis für die Aufteilung des visuellen Systems ist zunächst in den sog. Y- und X-Zellen der (Katzen-)Retina gefunden worden (Enroth-Cugell und Robson, 1966; Singer und Bedworth, 1973; Überblick in Lennie, 1980, und unter Einbeziehung psychophysischer Befunde in Breitmeyer, 1984). Bei Primaten existieren entsprechende Subsysteme in den magnozellulären und parvozellulären

4.3 Zeitverhalten

Zellen des Corpus Geniculatum Laterale, wobei insbesondere auch der Bezug zur Farbspezifität von Interesse ist (DeValois et al., 1982; Derrington und Lennie, 1984; Übersicht in Shapley, 1990).

Versucht man, den experimentellen Verlauf der Reaktionszeitdifferenzen als Funktion der Einschaltverzögerung gemäß Abb. 4.16 nachzubilden, so findet man eine zunächst recht gut erscheinende Übereinstimmung, wie die durchgezogenen Linien in Abb. 4.16 belegen. Eine genaue und kritische Analyse zeigt jedoch, daß bei niedrigen Ortsfrequenzen die um $\Delta T = 0$ herum liegenden Abweichungen zwischen Modell und Experiment im Konzept der Modellvorstellung (lineares System und nachfolgende Schwelle) begründet liegen und nicht durch weitere Parametervariation eliminiert werden können. Eine mögliche Lösung liegt in der Einführung einer zusätzlichen signalabhängigen Totzeit für niedere Ortsfrequenzen (Lupp, 1981; Elsner und Hauske, 1984).

Die zugeordneten Impulsantworten werden durch Differentiation der Sprungantworten erhalten. Die Impulsantwort besteht für niedere Ortsfrequenzen (als differenzierte Sprungantwort) aus einer bipolaren (positiv/negativen) Funktion. Daraus folgt, daß die Übertragungsfunktion des Systems bei niedrigen Ortsfrequenzen (näherungsweise) imaginär und ungerade-symmetrisch ist und Bandpaßverhalten besitzt. Aus diesem Bandpaßverhalten würde folgen, daß (zeitlich konstante) niedere Ortsfrequenzen nicht über längere Zeit wahrgenommen werden können. Daß dies trotzdem der Fall ist, verdanken wir den stets vorhandenen unwillkürlichen Augenbewegungen, die die benötigte zeitliche Modulation erzeugen (vgl. Kap. 4.6.4). Die Impulsantwort für hohe Ortsfrequenzen ist (näherungsweise) ein unipolarer positiver Impuls, was zu einer reellen und gerade-symmetrischen Übertragungsfunktion mit Tiefpaßverhalten führt. Mittlere Ortsfrequenzen weisen eine Mischform zwischen beiden Extremen auf. Die Verträglichkeit der hier gezeigten Reaktionszeitdaten mit einem nichtlinearen Mehrkanalmodell, das für niedere Ortsfrequenzen eine reelle gerade-symmetrische Bandpaßfunktion besitzt, wird in Kap. 4.3.3 (Schwellenmessungen) dargelegt.

Analysiert man die aus den Reaktionszeitexperimenten resultierenden Übertragungsfunktionen (vgl. Modell I im Anhang, Kap. 5.4), so findet man, daß diese in ihrer Form dem stabilisierten Fall (Abb. 4.48) mit (relativ zum nichtstabilisierten Fall) niedrigen Grenzfrequenzen nahekommen. Dies ist plausibel, da anzunehmen ist, daß bei der zeitlich kurzen Darbietungsweise der Stimuli in den Reaktionszeituntersuchungen sakkadische Augenbewegungen nicht wesentlich beteiligt sind. Im Gegensatz dazu werden die Stimuli bei Flimmermessungen langzeitlich dargeboten, was zu der infolge der Wirkung von Augenbewegungen breiteren Übertragungscharakteristik (Abb. 4.11 und 4.37) führt.

Ein bemerkenswertes Phänomen tritt beim Abschalten der Modulation (nicht der mittleren Leuchtdichte !) des niederortsfrequenten Musters auf. Da das Abschalten systemtheoretisch einem negativen Einschalten entspricht, ist eine negative Antwort, wie in Abb. 4.17 (oben) schraffiert eingetragen, zu erwarten. Genau diese wird als kurzzeitige Phasenumkehr (eine Art kurzdauerndes negatives Nachbild) beobachtet (Lupp et al., 1976). Bei hohen Ortsfrequenzen ist dieses Phänomen nicht vorhanden, womit die Gültigkeit des entwickelten Modellkonzeptes mit zwei unterschiedlichen Übertragungszweigen anschaulich nachgewiesen ist.

> **Experiment zur Ausschaltsprungantwort:** *Wird die Modulation eines niederortsfrequenten Sinusgitters abgeschaltet, so entsteht ein kurzdauerndes negatives Nachbild. Dies läßt sich an dem im Anhang (Kap. 5.3) gezeigten Cosinusgitter mit Hilfe eines plötzlich vor das Auge gebrachten weißen Papiers beobachten. Beim Diaprojektor erfolgt das Abschalten der Modulation eines Sinusgitters ohne Veränderung der mittleren Leuchtdichte am besten durch plötzliches Einbringen einer Streuscheibe vor die Optik. Die besten Ergebnisse werden jedoch bei einer Darstellung der Testmuster auf einem Bildschirm und elektronischem Abschalten erhalten. Das kurzdauernde negative Nachbild tritt auch bei niedriger Modulation des abgeschalteten Musters auf. Dieses Phänomen ist damit von den länger anhaltenden Nachbildern nach langer und intensiver Lokaladaptation zu unterscheiden (vgl. Versuch zum Hermanngitter in Kap. 4.5.1).*

4.3.3 Schwellenmessungen

Die internen Antworten lassen sich mit Hilfe der Superpositionsmethode auch durch Messung der Schwellenänderung bestimmen. Das zugrundegelegte Modell entspricht dem bei der Reaktionszeitmessung verwendeten (Abb. 4.15). Die Wahrnehmungsschwelle ist dadurch definiert, daß das Maximum der internen Antwort die Schwelle erreicht. Messungen dieser Art sind von Roufs und Blommaert (1981) und im eigenen Labor von Elsner und Hauske (1984) und von Elsner (1986, 1988) durchführt worden. Die Versuchsbedingungen wurden in unseren eigenen Messungen an die von Lupp (1976) angeglichen. Insbesondere wurden auch die gleichen Ortsfrequenzen (1 c/deg, 16 c/deg) verwendet. Neu ist, daß alle Kombinationen aus Sprüngen und zeitversetzten Impulsen untersucht wurden. Der überschwellige Sprung wird als linear abfallende Funktion dargestellt, um die Wirkung von (durch den Sprung möglicherweise ausgelösten) Augenbewegungen klein zu halten.

4.3 Zeitverhalten

Bei überlagerten Sprüngen sind die Ergebnisse zur Reaktionszeitmethode identisch (Abb. 4.19 links im Vergleich mit Abb. 4.16). Der Schwellenerniedrigung entspricht dabei eine Reaktionszeitverkürzung, was auf der Basis des angenommenen Modells (Abb. 4.15) plausibel ist. Die experimentelle Abhängigkeit der Schwellenerniedrigung von der Zeitverschiebung gibt dabei in etwa den Verlauf der Sprungantwort wieder. Bei überlagerten Impulsen sollten diese Verläufe den Impulsantworten, d. h. der zeitlichen Ableitung, entsprechen. Dies ist für hohe Ortsfrequenzen gut erfüllt (Abb. 4.19 unten), nicht aber für niedrige Ortsfrequenzen (Abb. 4.19 oben), wo statt des erwarteten zweiphasigen Verlaufs ein dreiphasiger Verlauf erhalten wird. Dies ist mit den von Roufs und Blommaert (1981) bei überlagerten Impulsen erhaltenen Daten voll kompatibel. Diese Unstimmigkeit tritt auch bei der Kombination verschiedenartiger Testsignale (Sprung/Impuls) auf. Man kann aus letzterem schließen, daß die Impulsantwort eine dreiphasige (aus einem positiven Mittelteil und zwei negativen Flanken bestehende) Funktion darstellt. Die zugehörige Sprungantwort ist dann eine zweiphasige (aus einem positiven und ei-

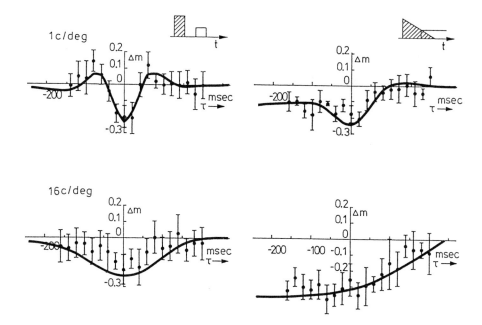

Abb. 4.19 Schwellenveränderungen Δm gemessen als Funktion der Einschaltzeitdifferenz ΔT für Ortsfrequenzen von 1c/deg (oben) und 16 c/deg (unten). Gezeigt sind überlagerte Impulse (links) und Sprünge (rechts) nach Originaldaten von Elsner (1986, 1988). In Elsner (1986) sind weitere (gemischte) Kombinationen enthalten. Die durchgezogenen Linien stellen die vom nichtlinearen Mehrkanalmodell (Modell III im Anhang, Kap. 5.4) vorhergesagten Verläufe dar. ☐

nem negativen Teil bestehende) Funktion, was den mit überlagerten Sprüngen erhaltenen Befunden und auch den Daten der Reaktionzeitexperimente (im Rahmen des dort angenommenen Modells) widerspricht.

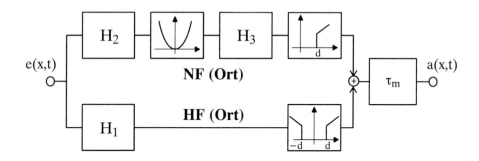

Abb. 4.20 Erweitertes Zweikanalmodell mit zusätzlicher gerade-symmetrischer Nichtlinearität gefolgt von einem Integrator im niederortsfrequenzen Zweig (Elsner, 1986). H_1 ist ein Tiefpaß, H_2 ein Bandpaß mit reell gerade-symmetrischer Übertragungsfunktion und H_3 eine Integrationsstufe. τ_m ist eine signalabhängige Totzeit. ❏

Die Lösung der Problematik liegt in einem erweiterten Modell, das zumindest im niederortsfrequenten Zweig zuätzlich eine gerade-symmetrische Nichtlinearität besitzen muß (Abb. 4.20). Diese bewirkt, daß die entsprechenden positiven und negativen Komponenten der internen Antwort gleich behandelt werden. Man erreicht damit, daß trotz einer zweiphasigen Sprungantwort die Interaktion zweier Sprünge einphasig, wie in Abb. 4.19 oben links als Schwellenerniedrigung gezeigt, ausfällt. Eine Schwellenerhöhung durch Überlagerung unterschiedlicher Vorzeichen tritt wegen der gerade-symmetrischen Nichtlinearität nicht ein, da jeweils einer der bipolaren Impulse unverändert ist. Eine Erweiterung auf mehrere Ortsfrequenz/Zeitfrequenzkanäle mit nichtlinearen Komponenten wurde von Elsner (1986) vorgenommen (Modell III im Anhang, Kap. 5.4). Dieses Modell kann, wie Abb. 4.19 zeigt, die Daten des Schwellenexperimentes sehr gut wiedergeben. Interessant ist, daß ein derartiges nichtlineares Modell auch die Verläufe der Reaktionszeitdifferenzen gemäß Abb. 4.16 richtig beschreiben kann (Elsner, 1988) und damit als das derzeit umfassendste zweikanalige Modellschema anzusehen ist.

4.4 Ortsfrequenzabhängigkeit

In diesem Kapitel werden harmonische Testsignale betrachtet, die eine örtlich periodische Modulation enthalten, gekennzeichnet durch die Variablen Modulationsgrad und Ortsfrequenz (vgl. Abb. 2.7 mit einem Beispiel für ein typisches derartiges Muster). Die Art der zeitlichen Darbietung wird als Parameter betrachtet, wobei häufig eine relativ lange Darbietung des zu erkennenden Musters erfolgt. Die Zusammenführung örtlicher und zeitlicher Parameter geschieht, wie bereits erwähnt, in Kap. 4.6. Die kritische Frage, ob und inwieweit derartige (künstliche) Signale natürlich vorkommenden Mustern entsprechen, ist berechtigt, denn Sehsysteme haben sich an ihre natürliche Umgebung angepaßt und sind nur in diesem Kontext voll zu verstehen. Ohne diese wichtige Diskussion weiter zu verfolgen, sei festgestellt, daß die Konsistenz der mit harmonischen Testsignalen insgesamt erhaltenen Ergebnisse Rechtfertigung für ihre Anwendung sein kann.

Das zugrundegelegte Modellkonzept entspricht dem für zeitliche Vorgänge mit dem einzigen Unterschied, daß statt der Zeitkoordinate t in sec die Ortskoordinate x in deg und statt der Zeitfrequenz f_t in 1/sec die Ortsfrequenz f_x in 1/deg gesetzt wird. (Anmerkung zur Analogie mit dem Gehör: Die unabhängigen Variablen, in denen die Signale beim Gehör üblicherweise dargestellt werden, sind Zeit und Zeitfrequenz entsprechend Ort und Ortsfrequenz beim Gesichtssinn. Beim Gehör ist der Schalldruck und beim Gesichtssinn die Leuchtdichte bzw. die Helligkeit die wesentliche informationstragende Größe. Der gelegentlich praktizierte Versuch, die Zeitfrequenz des Gehörs mit der Lichtfrequenz entsprechend der reziproken Lichtwellenlänge in Beziehung zu setzen, erscheint wenig sinnvoll.) Das Übertragungsverhalten des gesamten peripheren visuellen Kanals unter Einschluß von optischen Komponenten, Rezeptoren und Neuronen werde durch eine Übertragungsfunktion $H(f_x)$ beschrieben, was unter der Annahme linearer Teilsysteme durchaus legitim ist. Der Detektionsmechanismus ist, wie bei den zeitlichen Vorgängen angenommen, eine einfache Schwellenüberschreitung.

4.4.1 Empirische Daten

Die ersten Messungen zur Ortsfrequenzübertragungsfunktion des menschlichen visuellen Systems wurden von Schade (1956) mit einem Fernsehbildschirm und wenig später von Menzel (1959) mit einer optischen Apparatur durchgeführt. Starke Aktivitäten entwickelten sich in diesem Gebiet zu Beginn der 60er Jahre (Westheimer, 1960; Campbell und Green, 1965; Campbell und Gubisch, 1966; van Nes et al., 1967; van Nes, 1968; Campbell und Robson, 1968). Gemessen wird in derartigen Versuchen derjenige Wert der Modulation eines (üblicherweise lang dargebotenen) sinusförmigen Gitters bestimmter Ortsfrequenz, der notwendig ist, um eine örtliche Struktur eben wahrnehmen zu können. Konstant gehaltener Parameter ist dabei die mittlere Leuchtdichte. Die in einem solchen Experiment gemessene Abhängigkeit der Schwellenmodulation von der Ortsfrequenz ist in Abb. 4.21 dargestellt. Die Schwellenmodulation wird dabei nach unten steigend aufgetragen, womit die Abszisse die Bedeutung einer reziproken Schwellenmodulation oder Empfindlichkeit erhält und damit dem Betrag der Übertragungsfunktion (d.h. der Modulationsübertragungsfunktion MÜF) entspricht. Analog zu den Flimmeruntersuchungen ist auch im örtlichen Fall keinerlei Aussage über Phasenbeziehungen möglich. Die Bandpaßeigenschaft mit einem Optimum bei einer

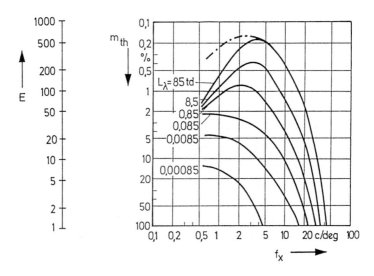

Abb. 4.21 Eben wahrnehmbarer Modulationsgrad m_{th} und Empfindlichkeit $E=1/m_{th}$ für örtlich sinusförmige Muster der Ortsfrequenz f_x bzw. f_y. Für Modulationswerte unterhalb der Kurven ist eine örtliche Struktur sichtbar. Parameter ist die mittlere Leuchtdichte L_λ. Bei Erhöhung der mittleren Leuchtdichte über 85 td hinaus wird keine nennenswerte Verbesserung mehr erhalten. Daten nach van Nes et al. (1967), van Nes (1968) und Campbell und Robson (1968) extrapoliert und leicht geglättet. Die Bildfeldbreite betrug 2.4 deg bei van Nes et al. (1967), 4.5 deg bei van Nes (1968) und 2 deg bei Campbell und Robson (1968). Die Muster wurden in allen Experimenten langzeitlich (z.B. je 1 sec aller 2 sec bei Campbell und Robson, 1968) dargeboten. Strichpunktiert sind Daten für ein 10 deg breites Bildfeld von Campbell und Robson (1968) dargestellt. In allen Experimenten wurden zur Erzielung konstanter optischer Eigenschaften künstliche Pupillen zwischen 2 und 2,5 mm Durchmesser verwendet. ❏

4.4 Ortsfrequenzabhängigkeit

Ortsfrequenz von 3 bis 5 c/deg und die geringere Empfindlichkeit bei abnehmender mittlerer Leuchtdichte ist deutlich zu erkennen. Die Abhängigkeit der Übertragungscharakteristik von der mittleren Leuchtdichte läßt sich mit Hilfe eines nichtlinearen Modells nachbilden (Modell V nach Elsner, 1986, im Anhang, Kap. 5.4).

> **Experiment zur Bandpaßcharakteristik des visuellen Systems.** *Eine Darstellung, die die Bandpaßeigenschaften der MÜF in sehr eleganter Weise zusammenfaßt, ist in Abb. 4.22 gegeben. Nach rechts steigt die Ortsfrequenz der Gitter und nach unten der Modulationsgrad, womit beide Parameter ortskontinuierlich variiert werden. Der modulierte Bereich, der sich klar vom unmodulierten Bereich abhebt, ist bei mittleren Ortsfrequenzen deutlich nach oben verlagert, während niedrige und hohe Ortsfrequenzen erst bei höheren Modulationsgraden sichtbar werden. Bei Veränderung der Sehentfernung verschiebt sich das Maximum des modulierten Bereiches entsprechend der Umrechnung der Linien/deg auf dem Bild in die Linien/deg auf der Retina.*

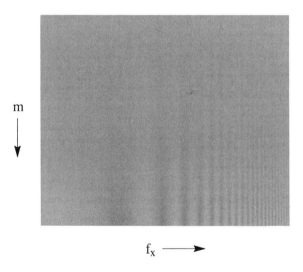

Abb. 4.22 Die unterschiedliche Wahrnehmbarkeit von Sinusgittern verschiedener Ortsfrequenz nach einer Idee von F. W. Campbell. ❑

Zur Interpretation der MÜF ist zu sagen, daß der steile hochfrequente Abfall gleichermaßen durch die Beugungsgrenze des optischen Systems und die örtliche Konfiguration der Rezeptoren bestimmt wird. Dies ist das Ergebnis von Experimenten, in denen die Muster unter Umgehung der Optik mittels einer Interferenzmethode direkt auf der Retina erzeugt wurden (Westheimer, 1960; Campbell und Green, 1965). Allerdings ist diese Aussage nur bei relativ kleiner Pupille (<2 mm), d.h. bei guter Augenoptik gültig. In gleicher

Weise wie bei den Flimmeruntersuchungen (Kap. 4.2) folgt auch hier aus dem starken Abfall der MÜF, daß die Wahrnehmbarkeit periodischer Gitter

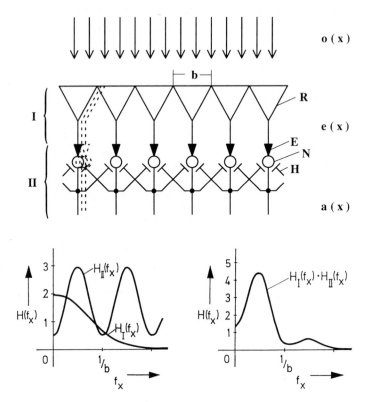

Abb. 4.23 Entstehung einer bandpaßartigen Übertragungsfunktion in einem einfachen, rückwärtsgekoppelten retinaähnlichen Netzwerk. In der Rezeptorschicht (I) wird das optische Signal o(x) von Rezeptoren (R) mit einem als dreieckförmig angenommenen Empfindlichkeitsprofil der Breite b aufgenommen und als Signal e(x) einer diskreten Inhibitionsstruktur (II) bestehend aus Neuronen (N) mit erregenden (E) und hemmenden (H) Synapsen jeweils der Stärke α bzw. β zugeführt. Am Ausgang entsteht das Signal a(x). $S_I(f_x)$ besitzt wegen der dreieckförmigen örtlichen Rezeptorsummation si^2-Form. Aufgrund der lokalen Operation im Inhibitionsnetzwerk wird $a(x)=\alpha e(x)-\beta a(x-b)-\beta a(x+b)$ und nach Fouriertransformation $A(f_x)=\alpha E(f_x)-\beta A(f_x)\exp(-j2\pi f_x b)-\beta A(f_x)\exp(j2\pi f_x b)$. Daraus folgt $H_{II}(f_x) = A(f_x)/E(f_x) = \alpha/[1+2\beta\cos(2\pi f_x b)]$. Die dargestellte Struktur wiederholt sich örtlich dicht liegend, wie gestrichelt angedeutet. Das Tiefpaßverhalten $H_I(f_x)$ der Rezeptorschicht ergibt zusammen mit dem (wegen der modellmäßig angenommenen Diskretisierung der Struktur) periodischen Bandpaßverhalten $H_{II}(f_x)$ der Inhibitionsschicht die gewünschte Bandpaßfunktion $H_I(f_x)H_{II}(f_x)$ des Gesamtsystems. Es sei erwähnt, daß Bandpaßverhalten auch mit einer vorwärtsgekoppelten Struktur erhalten werden kann, so daß aus systemtheoretischer Sicht nicht zwischen beiden Prinzipien unterschieden werden kann (Varjú, 1962). ◻

4.4 Ortsfrequenzabhängigkeit

beliebiger Konfiguration (Rechteckgitter und Liniengitter mit unterschiedlichem Tastverhältnis) für Ortsfrequenzen größer als 2 c/deg durch die Amplitude der ersten Harmonischen und nicht durch die Amplitude der zusammengesetzten Wellenform bestimmt wird (Campbell und Robson, 1968). Ein Rechteckgitter ist demnach als Gitter zu erkennen, wenn seine 1. Harmonische die für Sinusgitter geltende Schwellenmodulation erreicht. In diesem Fall ist das Rechteckgitter praktisch nicht von einem Sinusgitter zu unterscheiden. Bezüglich der Unterscheidung zwischen Rechteck- und Sinusgitter siehe Kap. 4.7.1.

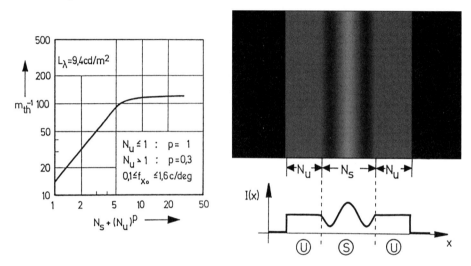

Abb. 4.24 Links: Die Wahrnehmbarkeit für niedrige Ortsfrequenzen zwischen 0,1 und 1,6 c/deg dargestellt als reziproke Schwellenmodulation $1/m_{th}$ abhängig von der Breite N_S des Bildfeldes (S) und der Breite N_U des gleichhellen Umfeldes (U), beide jeweils gemessen in Vielfachen der Gitterperiode. Entsprechend der Breite des Umfeldes sind zwei Werte des Exponenten p zu wählen. Die maximale Bildfeldbreite beträgt 20 deg. Daten von McCann und Hall (1980) leicht geglättet. Rechts: Stimuluskonfiguration mit Bildfeld (S) und Umfeld (U), sowie dem zugehörigen örtlichen Leuchtdichteverlauf I(x). ❑

Der niederortsfrequente Abfall kann dagegen nur neuronal verursacht sein. Neurophysiologische Daten belegen, daß eine Bandpaßcharakteristik auf allen Ebenen des visuellen Systems (Retina, CGL, Cortex) zu finden ist (Maffei und Fiorentini, 1973). Ein guter Überblick über neurophysiologische Daten zur Ortsfrequenzübertragung stammt von Maffei (1978) und Robson (1980). Ein einfacher systemtheoretischer Ansatz, wie eine bandpaßartige Übertragungsfunktion aus anatomisch bekannten Komponenten (Rezeptorschicht, neuronales Rückwärtsinhibitionsnetzwerk) erhalten werden kann, ist in Abb. 4.23 vorgestellt.

Weitere wichtige Parameter, von denen die MÜF außer der mittleren Leuchtdichte noch abhängt, sind die Orientierung der Gitter, die Lage der Gitter im Gesichtsfeld und die Testfeldgröße. Bei Variation der Orientierung findet man eine proportional mit der Ortsfrequenz wachsende Erhöhung der Schwellenmodulation für 45 Grad schräg liegende Gitter, die etwa einen Faktor 2 bei einer Ortsfrequenz von 25 c/deg ausmacht (Campbell et al., 1966). Die Ursache für dieses Phänomen ist rein neuronaler Natur, wie Experimente unter Ausschluß optischer Faktoren belegen. Bei Variation der Lage der dargebotenen Gitter innerhalb des Gesichtsfeldes macht sich die anatomisch und funktionell aufweisbare Inhomogenität des visuellen Systems bemerkbar. Diese äußert sich darin, daß bei foveaferner Darbietung die Empfindlichkeit stark abnimmt und gleichzeitig eine Verschiebung des Optimums zu niederen Ortsfrequenzen erfolgt. So ist bei 10 Grad exzentrischer Darbietung die Empfindlichkeit um einen Faktor 5 abgefallen. Bei 23 Grad ist diese um einen Faktor 30 abgefallen und die optimale Ortsfrequenz um einen Faktor 4 zu niederen Ortsfrequenzen verschoben (Hilz und Cavonius, 1974; Kelly, 1983). Diese Eigenschaften entsprechen dem Abfall der Sehschärfe mit wachsender Exzentrizität gemäß Abb. 4.9 und dem Abfall der Zapfendichte (Abb. 3.1).

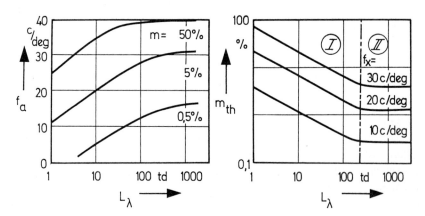

Abb. 4.25 Links: Horizontalschnitte durch den Verlauf der örtlichen Schwellenwahrnehmung gemäß Abb. 4.21. Die bei bestimmtem Modulationsgrad m noch auflösbare Frequenz f_a steigt mit der mittleren Leuchtdichte L_λ bis etwa 100 td proportional an und zeigt dann einen konstanten Verlauf. Rechts: Vertikalschnitte durch den Verlauf der örtlichen Schwellenmodulation gemäß Abb. 4.21. Die Schwellenmodulation m_{th} sinkt mit steigender mittlerer Leuchtdichte L_λ bis etwa 100 td nach einem Wurzelgesetz (Bereich I: De-Vries-Rose-Gesetz) und bleibt dann (abgesehen von sehr hohen Leuchtdichten) konstant (Bereich II: Webersches Gesetz). ☐

Bezüglich der Testfeldgröße findet sich ein deutlicher Effekt bei niederen Ortsfrequenzen mit einer Verbesserung der Wahrnehmbarkeit bei größeren

Bildfeldern (vgl. strichpunktierte Linie in Abb. 4.21). Systematisiert man diesen Befund, so ergibt sich, daß generell wenigstens 6 bis 7 Perioden eines Sinusgitters dargeboten werden müssen, um optimale Wahrnehmbarkeit zu erhalten. Dieses Ergebnis wurde auch von Hoekstra et al. (1974) gefunden, was Kelly (1975) zu einer Erwiderung mit dem Titel "How many bars make a grating?" (deutsch: "Wieviele Balken muß ein Gitter besitzen?") veranlaßte. Kelly vertritt darin die Meinung, daß die Abhängigkeit der Wahrnehmbarkeit von der Zahl der Gitterperioden auf einer rein (peripheren) optischen Ursache beruhe. Dies ist jedoch, wie van den Brink und Bilsen (1975) feststellten, nur bei extrem starker Defokussierung gegeben, bei der ein nur wenige Gitterperioden umfassendes Gitter nicht die volle Modulation erreicht. Die Ursache für die Abhängigkeit der Wahrnehmbarkeit von der Zahl der Gitterperioden ist damit physiologischer Natur und liegt wesentlich in der Bandpaßcharakteristik der Ortsfrequenzkanäle begründet (nichtlineare Modelle hierfür und Diskussion über Bandbreiten siehe Kap. 4.7.4). Ist die Bedingung einer Mindestzahl von Linien erfüllt, so bleibt die MÜF auch bei niederen Ortsfrequenzen konstant. Neben der Zahl der dargebotenen Perioden hat auch ein gleichhelles Umfeld eine die Wahrnehmbarkeit verbessernde, jedoch weniger stark eingehende Wirkung. Diese Zusammenhänge sind in Abb. 4.24 entsprechend den Daten von McCann und Hall (1980) dargestellt.

4.4.2 DeVries-Rose Gesetz

Ein wichtiger, den Betriebszustand des Systems entscheidend bestimmender Parameter ist, wie bereits erwähnt, die mittlere Leuchtdichte. Während des Versuchs muß diese konstant gehalten werden, um gleichbleibenden Adaptationszustand zu gewährleisten. Die Abhängigkeit der MÜF von der mittleren Leuchtdichte entsprechend Abb. 4.21 kann durch Horizontalschnitte (mit dem Modulationsgrad als Parameter) oder durch Vertikalschnitte (mit der Ortsfrequenz als Parameter) beschrieben werden, wobei unterschiedliche Aspekte deutlich werden. Die Horizontalschnitte (Abb. 4.35 links) zeigen die bei bestimmter Modulation eben wahrgenommene Ortsfrequenz als Funktion der mittleren Leuchtdichte mit der Tendenz, daß zur Wahrnehmung höherer Ortsfrequenzen höhere Leuchtdichten benötigt werden. Dieser Befund entspricht dem bereits bei den klassischen Arbeiten zur Sehschärfe erhobenen (vgl. Abb 4.10).

Die Vertikalschnitte (Abb. 4.35 rechts) geben den bei bestimmter Ortsfrequenz (>10 c/deg) zur Wahrnehmung notwendigen Modulationsgrad als Funktion der mittleren Leuchtdichte an. Hierbei lassen sich die beiden Bereiche des DeVries-Rose Gesetzes (I) und des Weberschen Gesetzes (II) unterscheiden. Das Webersche Gesetz, das eine sehr allgemeine Eigenschaft sensorischer Systeme wiederspiegelt, ist im Bereich höherer Leuchtdichten gültig. Für niedrige Leuchtdichten gilt das DeVries-Rose Gesetz (DeVries, 1943; Rose, 1942), das in doppelt-logarithmischer Darstellung zu Geraden der Steigung $-1/2$ führt.

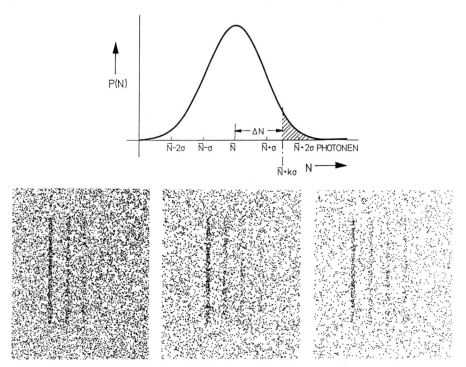

Abb. 4.26 Oben: Statistische Interpretation des DeVries-Rose Gesetzes. Eine bestimmte mittlere Leuchtdichte entspricht einer mittleren Anzahl $\overline{N}$ von Photonen, die gemäß der Wahrscheinlichkeit P(N) mit einer Streuung $\sigma=\sqrt{\overline{N}}$ statistisch verteilt sind (Poissonverteilung). Eine zufällige Erhöhung um ΔN ist umso weniger wahrscheinlich, je größer diese im Vergleich zum k-fachen der Streuung σ ist. Daraus folgt unmittelbar das DeVries-Rose Gesetz. Unten: Veranschaulichung des DeVries-Rose Gesetzes. Die Punktwahrscheinlichkeiten des Hintergrundes der 3 Bilder betragen von links nach rechts 0.2, 0.1 und 0.05, womit sich eine bestimmte mittlere Anzahl $\overline{N}$ von Punkten (pro Flächeneinheit) ergibt. Die vier vertikalen Streifen besitzen eine um ΔN erhöhte Anzahl und zwar in jedem Bild von links nach rechts um einen Faktor 2 fallend. Dabei ist das gemäß dem DeVries-Rose Gesetz bestimmte $k=m\sqrt{\overline{N}}=(\Delta N/\overline{N})\sqrt{\overline{N}}=\Delta N/\sqrt{\overline{N}}$ in entsprechenden Streifen der drei Bilder konstant und beträgt für die vier Streifen von links nach rechts k = 36, 18, 9, 4.5. Dementsprechend ist der visuelle Eindruck bezüglich die Deutlichkeit der entsprechenden Streifen in den drei Bildern etwa gleich. Für die Modulationen $\Delta N/\overline{N}$ entsprechender Streifen ergibt sich hingegen ein in den 3 Bildern von links nach rechts jeweils um einen Faktor $\sqrt{2}$ erhöhter Wert. ❑

4.4 Ortsfrequenzabhängigkeit

Dieses Gesetz beruht auf einem statistischen Modell, das zunächst für quantenstatistische Phänomene in Fernsehaufnahmeröhren entwickelt wurde (Rose, 1974). Man geht dabei von der Voraussetzung aus, daß Lichtleistung durch Photonen (genaugenommen pro Zeiteinheit) repräsentiert wird. Eine Fläche der mittleren Leuchtdichte L_λ liefert damit eine mittlere Anzahl $\overline{N}$ von Photonen, die jedoch eine statistische Fluktuation gemäß einer Poissonstatistik P(N) mit einer Streuung von $\sigma=\sqrt{\overline{N}}$ aufweisen (Abb. 4.26). Das Vorhandensein einer örtlichen Modulation bedeutet, daß Bildbereiche mit einer im Mittel erhöhten bzw. erniedrigten Photonenzahl existieren. Das aufnehmende (d.h. Photonen zählende) System steht nun vor der Aufgabe zu entscheiden, ob eine um ΔN erhöhte Photonenzahl in einem bestimmten Areal einer erhöhten Leuchtdichte entspricht (Hypothese angenommen) oder zufällig im Rahmen der statistischen Fluktuationen erhalten wurde (Hypothese abgelehnt). Die Hypothese kann umso wahrscheinlicher angenommen werden, je größer die Erhöhung ΔN der Quantenzahl im Verhältnis zur Streuung $\sigma=\sqrt{\overline{N}}$ ist. Aus ΔN>kσ folgt direkt das DeVries-Rose Gesetz

$$\frac{\Delta N}{\overline{N}} = \frac{\Delta L_\lambda}{L_\lambda} = m > \frac{k\sigma}{\overline{N}} = \frac{k}{\sqrt{\overline{N}}}.$$

Für verschiedene Werte von k läßt sich die Wahrscheinlichkeit angeben, daß die Hypothese abgelehnt wird, nämlich daß durch zufällige Variation eine entsprechend erhöhte Photonenzahl N eintritt (schraffierter Bereich in Abb. 4.26). Diese Wahrscheinlichkeit sinkt mit wachsendem k auf sehr kleine Werte:

k	$P(N>\overline{N}+k\sigma)$
1	0,159
2	0,023
3	$1,4 \cdot 10^{-3}$
4	$3,2 \cdot 10^{-5}$
5	$3 \cdot 10^{-7}$
6	$2 \cdot 10^{-9}$

In praxi wird der Wert von k entsprechend den Qualitätsanforderungen der Bilddarstellung bestimmt, womit die mittlere Photonenzahl $\overline{N}$ und damit die notwendige Leuchtdichte festgelegt ist. Um Bilder eben zu erkennen, reicht ein Wert von k=1, wohingegen für hohe Qualität (ohne erkennbare Störungen) ein k=6 gefordert wird. Damit wird von 512×512 = 262144 Pixeln eines Bildes mit 99,95% Wahrscheinlichkeit keines gestört.

4.4.3 Zweidimensionale Muster

Als weiterer Aspekt dieses Kapitels soll noch die Wahrnehmbarkeit zweidimensionaler schachbrettartig angeordneter harmonischer Muster und zirkular symmetrischer Muster behandelt werden. Zum erstgenannten Fall findet man in einem relativ weiten Bereich von Vertikalfrequenzen eine Abhängigkeit der Schwellenmodulation von der horizontalen Ortsfrequenz, die relativ zum eindimensionalen Fall maximal um einen Faktor 2 erhöht ist, aber insgesamt einen ähnlichen Verlauf aufweist (Abb. 4.27).

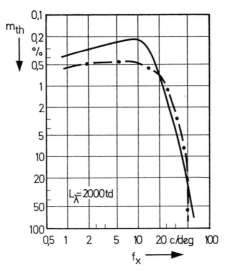

Abb. 4.27 Schwellenmodulation m_{th} der Wahrnehmung zweidimensionaler (schachbrettartig angeordneter) Sinusgitter als Funktion der (vertikalen) Ortsfrequenz f_x mit der horizontalen Ortsfrequenz f_y zwischen 3 und 12 c/deg (strichpunktiert). Zum Vergleich sind die Werte für eindimensionale Sinusgitter mit angegeben (durchgezogen). Daten nach Burton (1976) leicht geglättet. In diesen Experimenten wurde eine aufwendige optische Interferenzmethode verwendet. ❏

Im Gegensatz dazu ergibt sich bei der Untersuchung rotationssymmetrischer Besselfunktionsmuster (Beispiel in Abb. 4.28) ein deutlich anderer Verlauf der Schwellenmodulation im Vergleich zum eindimensionalen Sinusgitter (Abb. 4.21). Für ein lineares, isotrop abbildendes und maximumdetektierendes System sollte die Schwellenmodulation für Radialfrequenzen den glei-

4.4 Ortsfrequenzabhängigkeit   113

chen Verlauf wie für eindimensionale Ortsfrequenzen aufweisen. Die experimentellen Ergebnisse zeigen jedoch, daß dies keineswegs der Fall ist und

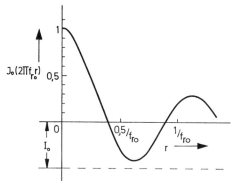

Abb. 4.28 Beispiel für ein rotationssymmetrisches Besselmuster (links) und zugehöriger örtlich radialer Leuchtdichteverlauf (rechts) für eine Besselfunktion $J_0(r)$ überlagert einem Gleichlicht I_0. Das Spektrum dieses Musters ist ein Kreisring (vgl. Kap. 5.2). ❏

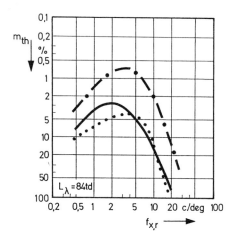

Abb. 4.29 Eben wahrnehmbarer Modulationsgrad m_{th} für rotationssymmetrische Besselmuster (J_0) als Funktion der radialen Ortsfrequenz f_r (durchgezogen) im Vergleich zu den Werten für eindimensionale Sinusgitter (strichpunktiert). Daten leicht geglättet nach Kelly und Magnuski (1975). In einem linearen isotropen (d.h. alle Orientierung gleich behandelnden) System sollten beide Kurven gleich sein. Die Modellrechnungen (punktiert) beziehen sich auf ein Orientierungskomponenten nichtlinear gemäß $[\Sigma A_i^k]^{1/k}$ mit k=6 aufsummierendes Modell (Elsner, 1986), womit praktisch nur der Beitrag der stärksten Orientierungskomponente relevant wird. Die Daten des Modells sind im Anhang (Kap. 5.4) unter Modell II aufgeführt. ❏

rotationssymmetrische Besselmuster signifikant schlechter und mit einem abweichenden Frequenzverlauf wahrgenommen werden. Damit werden die Grenzen der Anwendbarkeit eines einfachen isotropen Modells deutlich. Modellrechnungen mit einem erweiterten Modellkonzept zeigen, daß ein nichtlineares (orientierungsspezifisch gem. Kap. 4.7.5 filterndes) Mehrkanalmodell eine bessere Übereinstimmung zwischen Theorie und Experiment liefert (Elsner, 1986).

4.4.4 Überschwellige Muster

Der letzte im Kapitel Ortsfrequenzverhalten behandelte Aspekt betrifft die Wahrnehmung von überschwelligen Sinusgittern. In diesem Fall kann die Aufgabe der Versuchsperson nicht mehr darin bestehen, eine Aussage über das Vorhandensein oder Nichtvorhandensein einer örtlichen Struktur (im Sinne einer Detektion) zu geben, sondern es geht darum, überschwellige, d.h. sichtbare Modulationen entsprechend ihrer Stärke zu schätzen bzw. zu vergleichen.

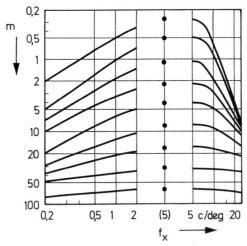

Abb. 4.30 Kurven gleichstark erscheinender Modulation für überschwellige Sinusgitter unterschiedlicher Ortsfrequenz f_x im Vergleich mit einem Referenzgitter von 5 c/deg bei unterschiedlichen Modulationsgraden (Punkte in der Mitte). Die oberste Kurve zeigt den Verlauf der Schwellenmodulation. Im stärker überschwelligen Bereich flacht die Abhängigkeit von der Ortsfrequenz entsprechend einer Dynamikkompression bei niedrigen und hohen Ortsfrequenzen ab. Daten nach Georgeson und Sullivan (1975) leicht geglättet. ❏

Paßt man Sinusgitter bestimmter Ortsfrequenz bezüglich ihres Modulationseindruckes an den eines Referenzgitters konstanter Ortsfrequenz (5 c/deg)

4.4 Ortsfrequenzabhängigkeit

und variabler Modulation (0.5 bis 70 %) an, so erhält man Isomodulationskurven, wie in Abb. 4.30 dargestellt. Diese zeigen für niedrige Modulationsgrade plausiblerweise die Bandpaßcharakteristik des Schwellenexperimentes, für höhere Modulationsgrade flachen die Kurven jedoch stark ab, wobei die Ortsfrequenzabhängigkeit fast völlig verschwindet. Diese Abflachung entspricht einer Dynamikreduzierung bei niedrigen (Faktor 5) und insbesondere bei höheren Ortsfrequenzen (Faktor 30) im Vergleich zur Referenzfrequenz.

4.5 Ortsverhalten

4.5.1 Machbänder, Hermanngitter

In gleicher Weise wie beim Zeitverhalten (Kap. 4.3) soll das Ortsverhalten durch die Antwort des Systems auf aperiodische Testsignale wie z.B. Sprünge und Rampen beschrieben werden. Die in diesem Zusammenhang markantesten und auch am besten untersuchten Phänomene sind die Machbänder, die als bandartige Aufhellungen bzw. Verdunklungen an rampenförmigen Leuchtdichteänderungen sichtbar werden (Abb. 4.31). Die Machbänder wurden 1865 von E. Mach beschrieben und - soweit mit den damaligen Mitteln möglich - auch systemtheoretisch gedeutet. Ein Überblick über Forschungen zum Machphänomen und eine englische Übersetzung der Originalarbeiten von Mach enthält das Buch von Ratliff (1965). Eine Übersicht über neuere Arbeiten zu diesem Thema findet sich bei Fiorentini (1972). Eine zweidimensionale Version des Machbandes ist das Hermanngitter (Abb. 4.32).

> *Experimente zum Machband: Abb. 4.31 zeigt rechts oben Machbänder als dunkle und helle Streifen an den Knickpunkten der am Eingang angebotenen Rampe. Die geschätzte Breite eines Machbandes von etwa 10 min stimmt größenordnungsmäßig gut mit der Breite der Rampenantwort überein. Mach hat bereits 1906 die Breite eines Machbandes bestimmt, indem er ermittelte, in welcher Entfernung eine Bildfeldbegrenzung das Machband beeinflußte (dargelegt in einem Aufsatz über den Einfluß räumlich und zeitlich veränderter Lichtreize auf die Gesichtswahrnehmung, zitiert nach Ratliff, 1965).*
>
> *Eine gute und mit geringem Aufwand zu erreichende Demonstration von Machbändern hat von Campenhausen (1981) vorgeschlagen. Man blickt hierbei durch eine 1-2 cm vor das Auge gehaltene Öffnung von ca. 0,5 cm in einem nicht zu hellen Papier auf eine weiße Fläche. Im Bereich der infolge der großen Nähe unscharfen Abbildung der Öffnung sind außen dunkle und innen helle Machbandringe zu erkennen. Dabei erscheint die Innenfläche etwas dunkler (Craik-O'Brien Phänomen, Beschreibung siehe weiter unten in diesem Kapitel).*
>
> **Experiment zum macheffektverwandten Hermanngitter:** *Bei Betrachtung des Hermanngitters (Abb. 4.32) ergeben sich besonders bei peripherer Betrachtung bzw. bei fovealer Betrachtung aus größerer Entfernung (ca. 2-3 m) Verdunklungen an den Kreuzungen. Die Einschwingvorgänge des Bandpaßsystems treten an Kanten und Ek-*

4.5 Ortsverhalten

ken auf (siehe Abb. 4.33). Die im Bereich der Kreuzung auftretenden Einschwingvorgänge entsprechen den sichtbaren Verdunklungen.

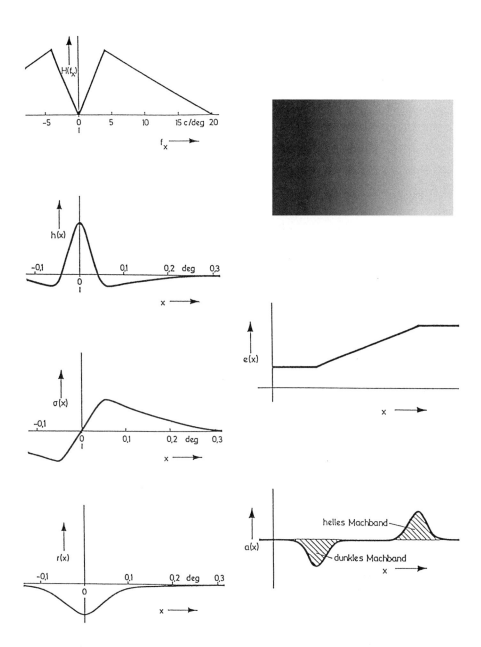

Abb. 4.31 (siehe vorherige Seite) Der Macheffekt. Rechts oben: Machbänder sind dunkle und helle Streifen an den Knickpunkten der rampenförmigen Leuchtdichte. Rechts mitte und unten: Leuchtdichteverlauf e(x) der Rampe und Antwort a(x) des Bandpaßsystems mit typischen Unter- und Überschwingern entsprechend den Machbändern. Links: Systemtheoretische Herleitung des Macheffektes aus der örtlichen Übertragungsfunktion $H(f_x)$ des visuellen Sytems gemäß Abb. 4.21, die hier vereinfacht als Dreieck mit Unterdrückung des Gleichanteils dargestellt ist. Aus $H(f_x)$ erhält man durch Fouriertransformation die örtliche Impulsantwort h(x) und daraus jeweils durch Integration die Sprungantwort σ(x) und die Rampenantwort r(x), die letztlich das Machband repräsentiert. Man kann zeigen, daß die Breite des Machbandes wesentlich von der Lage des Maximums der örtlichen Übertragungsfunkion $H(f_x)$ abhängt. ❏

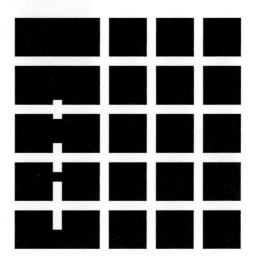

Abb. 4.32 Das Hermanngitter (Hermann, 1870) mit seinen machbandverwandten Verdunklungen an den Kreuzungen im rechten Teil des Bildes (Erklärung in Abb. 4.33). Man beachte, daß der Effekt foveal erst bei größerer Sehentfernung (ca. 50 cm) zu beobachten ist. Im linken Teil des Bildes ist gezeigt, daß der Effekt schwächer wird und schließlich verschwindet, wenn die vertikale Ausdehung der Kreuzungen verkleinert wird. Dieser Effekt wurde von Spillmann (1971) eingehend untersucht und zur Bestimmung der Größe der rezeptiven Felder benutzt. Die dort gefunden Werte stimmen gut mit der Impulsantwort von Abb. 4.31 überein. ❏

Beim Ausmessen der Form der Machbänder mittels eines photometrischen Vergleichs der lokalen Helligkeit von Machband und Vergleichsfeld (Lowry und DePalma, 1961; Bryngdahl, 1964) wurde eine Breite der Bänder von etwa 0,2 deg gefunden, was gut mit dem Maximum der Übertragungsfunktion übereinstimmt. Ferner ergibt sich eine Unsymmetrie mit einem stärker hervortretenden Hellband. In diesem Zusammenhang ermittelten Ross et al. (1981), daß Machbänder nur an Rampen breiter als 5 min sichtbar sind.

4.5 Ortsverhalten

Mach hat auf der Suche nach der Ursache für die Machbänder zunächst postuliert, daß diese an Orten mit einer starken zweiten Ableitung der örtlichen Leuchtdichteverteilung (wie sie z.B. bei Rampen gegeben ist) auftreten. Biologisch/neuronal realisierbar ist ein derartiges Übertragungsverhalten näherungsweise durch eine Verschaltung, bei der eine mit dem Abstand abnehmende inhibitorische Wechselwirkung benachbarter Retinabereiche wie in Abb. 4.23 existiert. Diese Überlegung ist in voller Übereinstimmung mit der systemtheoretischen Deutung von Abb. 4.31, da die Impulsantwort des bandpaßartigen visuellen Systems neben dem erregenden Zentrum tatsächlich eine mit dem Abstand abnehmende Hemmung aufweist. Die durch zweifache Integration aus der Impulsantwort erhaltene Rampenantwort entspricht letztlich dem Machphänomen, das damit eine unmittelbare Folge der Bandpaßcharakteristik der örtlichen Übertragungsfunktion des Systems bzw. einzelner seiner Komponenten ist (vgl. hierzu Abb. 4.21 und 4.55). Auf diesen

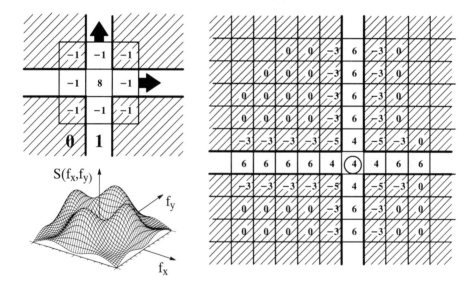

Abb. 4.33 Systemtheoretische Interpretation der Hermanngittertäuschung für den optimalen Fall einer Straßenbreite gleich dem rezeptiven Feldzentrum. Links oben: Ein stark schematisiertes, in Typ und Form der Bandpaßeigenschaft des visuellen Systems entsprechendes rezeptives Feld mit erregendem Zentrum (Gewicht 8) und hemmender Peripherie (Gewichte -1) wird über das Bild verschoben. Links unten: Zugehörige bandpaßartige Übertragungsfunktion $S(f_x, f_y)$. Rechts: Antworten des rezeptiven Feldes an einzelnen (zur Vereinfachung der Darstellung diskreten) Positionen mit typischen Über- und Unterschwingern. In der gezeigten Position erhält man ein Ausgangssignal der Größe $8 + 4 \times (-1) = 4$, wie im Kreis dargestellt. Die Kreuzung ist mit einer Erregung von 4 dunkler als die Straßenbereiche mit einer Erregung von 6. Das Übergangsverhalten im Bereich der Ecke (von -5 auf 4) verstärkt möglicherweise den Verdunklungseffekt. □

Zusammenhang hat bereits Menzel (1959) hingewiesen. Darüberhinaus liefert die Faltung mit der gezeigten Impulsantwort näherungsweise (d.h. für nicht zu abrupte Leuchtdichteänderungen) die zweite Ableitung eines Signals, was die Richtigkeit der von Mach zunächst aufgestellten Hypothese zeigt. Im übrigen lassen sich Machbänder auch neurophysiologisch, z.B. in der Retina, nachweisen (Enroth-Cugell und Robson, 1966). Generell wurde dabei gezeigt, daß Bandpaßcharakteristik auf verschiedenen Ebenen des visuellen Systems existiert, weshalb das Machphänomen ein nicht ausschließlich retinales Phänomen ist.

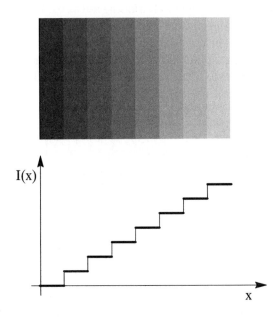

Abb. 4.34 Treppenförmiger Leuchtdichteverlauf I(x) mit deutlich wahrnehmbaren hellen und dunklen Überschwingern entlang der Kanten, die bei unscharfer Betrachtung noch klarer hervortreten. ❑

Zur Erklärung der Hermanngittertäuschung wird die Erklärung des Macheffektes auf zwei Ortsdimensionen erweitert. Dazu wird ein rezeptives Feld wie in Abb. 4.38 mit erregendem Zentrum (8) und hemmender Peripherie (8 mal −1) angenommen. Der Begriff rezeptives Feld stammt aus der Neurophysiologie und beschreibt die Antwort einer Zelle bei Reizung der durch das Feld gegebenen Bereiche und ist somit Ausdruck der vom Eingang auf den Ausgang führenden Verschaltung. Das gesamte (Bild-)Übertragungssystem besteht aus einer Parallelstruktur dichtliegender rezeptiver Felder der gleichen Art. Man kann leicht zeigen, daß die Impulsantwort eines derart definierten Übertragungssystems dem rezeptiven Feld mit negativem Argument entspricht, was bei gerade-symmetrischen rezeptiven Feldern (wie z.B. in Abb. 4.33 vorliegend) keinen Unterschied ausmacht. Die Übertragungsfunktion des hier gezeigten Systems ist damit eine zweidimensionale Bandpaßcharakteristik (Abb. 4.33 links unten). Ermittelt man die Antworten des hier gezeigten Übertragungssystems für das Hermanngitter durch Summation der entsprechend dem rezeptiven Feld gewichteten Eingangssignale, so erhält man die in Abb. 4.33 rechts dargestellten Größen. Die im Bereich der Kreuzung erhaltenen niedrigen Werte (4) sind Ergebnis einer Hemmung durch die beleuchtete Peripherie des rezeptiven Feldes. Entlang der Straßen erhöhen sich die Werte (6), da hier hemmende Anteile wegfallen.

> **Experimente zu machbandverwandten Phänomenen:** *Daß die mit den Machbändern zusammenhängenden Erscheinungen nicht an einzelnen feinen Linien (als Impulsantwort gemäß Abb. 4.29) und scharfen Helligkeitsübergängen (als Sprungantwort gemäß Abb. 4.29) zu sehen sind, ist eine alltägliche, leicht zu demonstrierende Erfahrung. Man betrachte hierzu z.B. die in Abb. 4.35 gezeigte Helligkeitskante. Umgekehrt sind Machbänder bei treppenförmigem Leuchtdichteverlauf klar zu erkennen (Abb. 4.34). Dieser Effekt wurde 1890 von Chevreul im Zusammenhang mit Farbproblemen in der Gobelinfertigung gefunden (zitiert nach Ratliff, 1965). Der Leuchtdichteverlauf von Abb. 4.34 besteht aus einem sehr niederfrequenten linearen Anstieg, der vom System stark gedämpft wird, und den Sprüngen, die im Bandpaßsystem weitgehend erhalten bleiben.*

Für die Nichtsichtbarkeit der Machbänder an einzelnen scharfen Kanten wurde von Ratliff (1984) ein systemtheoretischer, mit einem Suppressionsmechanismus arbeitender Ansatz vorgestellt. Eine befriedigende Lösung diese Problems wird jedoch erst im Rahmen einer Analyse der Gesamtfunktion des visuellen Systems erhalten (Watt und Morgan, 1983). Wesentlich ist dabei die Annahme, daß die im System vorhandenen Überschwinger an Linien und Kanten nicht nur eine Begleiterscheinung der Bandpaßcharakteristik des Systems sind, sondern umgekehrt als Kriterien für die Wahrnehmung und Identifikation eben dieser Muster dienen oder besser dienen müssen. Ein Hinweis in dieser Richtung ist der überaus eindrucksvolle Craik-O'Brien Effekt (Abb. 4.35).

4.5.2 Craik-O'Brien Effekt

> **Experiment zu scheinbaren Leuchtdichtesprüngen (Abb. 4.35):** *Beim Craik-O'Brien Effekt wird ein deutlich wahrnehmbarer Helligkeitssprung zwischen zwei homogenen Bereichen lediglich durch die Überschwinger in der Mitte des Bildes hervor-*

gerufen. Diese Überschwinger lassen sich durch Hochpaßfilterung eines Helligkeitssprungs mit homogenen Feldern erzeugen. Eine eingehende experimentelle Analyse ergab, daß dieser Effekt in relativ weiten Grenzen (0,1 bis 5 c/deg) von der Grenzfrequenz des Hochpasses (und damit der Breite der Überschwinger) unabhängig ist und im übrigen nur bei Modulationsgraden bis maximal 10% gut ausgeprägt ist (Burr, 1987). Abb. 4.35 zeigt links unten die hochpaßgefilterte Kante (oberes Bild) mit Leuchtdichteverlauf $\gamma_h(x)$, die wie die ursprüngliche ungefilterte Kante (unteres Bild) mit Leuchtdichteverlauf $\gamma(x)$ erscheint. Beim Abdecken des mittleren Bereiches tritt der Unterschied zwischen beiden Mustern deutlich hervor. Abb. 4.35 enthält rechts die systemtheoretische Erklärung des Effektes im Spektralbereich. Im hochpaßgefilterten Spektrum $\Gamma_h(x)$ werden Ortsfrequenzen unterhalb f_g eliminiert. Diese Frequenzen werden infolge der Bandpaßcharakteristik $H(f_x)$ des visuellen Systems nur schwach übertragen. Damit ist das visuelle System gezwungen, niedrige Ortsfrequenzen (und insbesondere auch den Gleichanteil) aus der Konfiguration der Überschwinger zu rekonstruieren. Bei Betrachtung aus großer Entfernung nimmt der Effekt ab, da dann relevante Teile des Musters fehlen.

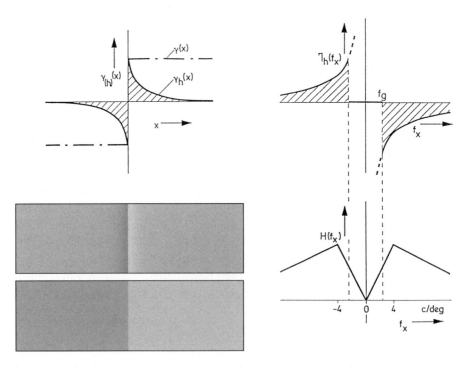

Abb. 4.35 Der Craik-O'Brien Effekt. Links unten: Die obere und untere Dunkel/Hellkante erscheinen annähernd gleich. Deckt man den Übergangsbereich in der Mitte (z.B. mit einem Bleistift) ab, so erkennt man, daß der obere Bildteil zwei gleichhelle Bildhälften enthält, während im unteren Bildteil die linke Bildhälfte deutlich dunkler ist. Links oben und rechts: Zur systemtheoretischen Erklärung des Phänomens (siehe Text). ❑

4.5 Ortsverhalten

Bei der Interpretation des Craik-O'Brien-Phänomens geht man davon aus, daß das visuelle System vermöge seiner Bandpaßcharakteristik tiefe Ortsfrequenzen (und damit auch den Gleichanteil) stark dämpft, was seinen Sinn u.a. in der Elimination beleuchtungsbedingter niederortsfrequenter Variationen der Leuchtdichte hat. Das visuelle System hat somit keine andere Wahl, als diese aus dem Bandpaßauszug mit seinen Überschwingern zu rekonstruieren. Diese Rekonstruktion des wahren physikalischen Leuchtdichteverlaufs ist dem System bei isolierten scharfen Kanten offenbar leichter möglich als z.B. bei Rampen und Treppen, weshalb in diesen Fällen Machbänder sichtbar bleiben.

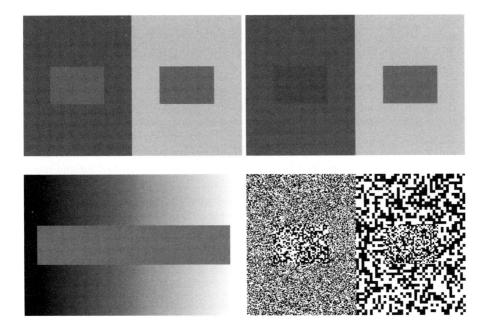

Abb. 4.36 Der simultane Helligkeitskontrast in unterschiedlichen Leuchtdichterelationen (oben), als kontinuierliche Variation (links unten) und texturielle Verwandte desselben (rechts unten). ❑

Aus dem bisher Gesagten wird deutlich, daß die in der internen Antwort auftretenden überschwingerartigen Leuchtdichteänderungen an Kanten den Helligkeitseindruck größerer Flächenbereiche bestimmen können. Wie hell diese Flächenbereiche erscheinen, hängt von der Größe der Leuchtdichteänderung an der Kante ab. Auskunft hierüber gibt uns das Phänomen des simultanen Helligkeitskontrastes, wie er z.B. an eingebetteten Flächenbereichen auftritt (Abb. 4.36). In diesem Zusammenhang wurde gefunden, daß der Helligkeitseindruck eingebetteter Felder in einem mittleren Wertebereich zum Leuchtdichtequotienten proportional ist (Heinemann, 1955; Jameson und Hurvich, 1961). Kleine Leuchtdichtequotienten gehen dagegen schwächer als proportional in die Helligkeitswahrnehmung ein (vgl. Experiment zum Simultankontrast). Damit werden die mit der Helligkeitskonstanz zusammenhängenden Eigenschaften des visuellen Systems berührt. Helligkeitskonstanz besagt, daß Objekte trotz unterschiedlicher Beleuchtung gleich hell erscheinen. Das visuelle System ist damit in der Lage, die Reflexionseigenschaften (und damit objektive Parameter) von Sehdingen zu ermitteln. Kohle ist im Vergleich zu Kreide stets schwarz, auch wenn die Leuchtdichte der Kohle bei starker Beleuchtung höher als die Leuchtdichte der Kreide bei schwacher Beleuchtung sein kann. Dieses Beispiel ist bereits von Hering angegeben worden. Eine modellmäßige Formulierung dieser Zusammenhänge ist von Land und McCann (1971) im Rahmen der sog. Retinextheorie (insbesondere auch unter Einbeziehung des Phänomens der Farbkonstanz) erfolgt.

> **Experiment zum Simultankontrast:** *Abb. 4.36 zeigt links oben Felder gleicher Leuchtdichte, eingebettet in eine Umgebung niedriger bzw. höherer Leuchtdichten. Entsprechend ihrem Verhältnis zum dunkleren bzw. helleren Umfeld werden die Felder als heller bzw. dunkler wahrgenommen. In Abb. 4.36 sind rechts oben die Leuchtdichtequotienten zwischen eingebettetem Feld und Umfeld so gewählt, daß die eingebetteten Felder annähernd gleich hell erscheinen. Zwischen dunklem und hellem Umfeld beträgt der Leuchtdichtequotient dabei 0.46. Für die gleichhell erscheinenden Infelder ist der Leuchtdichtequotient größer, nämlich 0.67. Vergleichbare Kontrasteffekte existieren auch für Texturdichten (Abb. 4.36 rechts unten) und Farben. Bei kontinuierlicher Variation der Umfeldleuchtdichte ist der Simultankontrast besonders eindrucksvoll (Abb. 4.36 links unten).*

4.6 Zeitfrequenz- und Ortsfrequenzverhalten

Das visuelle Sytem ist abgesehen von der optischen Abbildung im Auge, die ein ausschließlich örtliches Phänomen darstellt, ein System, das Ort und Zeit gleichermaßen umfaßt. Wenn in der bisherigen Abhandlung Zeit und Ort als voneinander getrennt behandelt wurden, so geschah dies einmal im Sinne der historischen Entwicklung und zum anderen in der Absicht, die Darstellung einfach zu halten und auf der klassischen eindimensionalen Systemtheorie aufzubauen. Zu rechtfertigen ist die bisherige Darstellungsweise auch dadurch, daß zahlreiche Phänomene schwerpunktmäßig in jeweils einem der beiden Bereiche angesiedelt sind (oder durch entsprechende experimentelle Bedingungen dorthin gebracht wurden). Zur historischen Entwicklung der mehrdimensionalen Betrachtungsweise ist zu bemerken, daß Kelly erst im Jahre 1962 auf einem Münchner Kongreß in einem Beitrag mit dem Titel "New Stimuli in Vision" (deutsch "Neue Stimuli braucht das Sehen") die Notwendigkeit der gemeinsamen Betrachtung von Ort und Zeit bzw. Ortsfrequenz- und Zeitfrequenz festgestellt hat. Die ersten experimentellen Untersuchungen hierzu stammen von Robson (1966), van Nes et al. (1967), van Nes (1968) und Kelly (1969ab, 1971b, 1972).

4.6.1 Empirische Daten

Die zahlreich vorliegenden Messungen sind quantitativ nicht ohne Schwierigkeiten zu vereinbaren, was seine Ursache zum Teil in unterschiedlichen experimentellen Randbedingungen hat. Deshalb wird hier versucht, in erster Linie den typischen Verlauf der Wahrnehmbarkeit von örtlich und zeitlich variierenden Mustern darzustellen (Hauske, 1987). In diesem zweidimensionalen Schema (Abb. 4.37) sind die Linien konstanter Schwellenmodulation für alternierend mit bestimmter Zeitfrequenz flimmernder Gitter bestimmter Ortsfrequenz eingetragen. Die Werte auf den Koordinatenachsen ($f_x=0$ bzw. $f_t=0$) entsprechen den in den Abb. 4.11 und 4.21 gezeigten eindimensionalen Schnitten.

Eine generell zu beobachtende Tendenz ist das Ansteigen der Schwellenmodulation mit höheren Frequenzen, was für beide Dimensionen gilt. Schnitte konstanter Ortsfrequenz zeigen mit wachsender Ortsfrequenz eine Veränderung der Übertragungseigenschaften (entsprechend der reziproken Schwellenmodulation) vom Bandpaß- zum Tiefpaßverhalten, was in voller Übereinstimmung zu den Befunden über das Zeitfrequenzverhalten (Abb. 4.11) steht. Damit ist die zugrundeliegenden Übertragungsfunktion auch nicht in einen

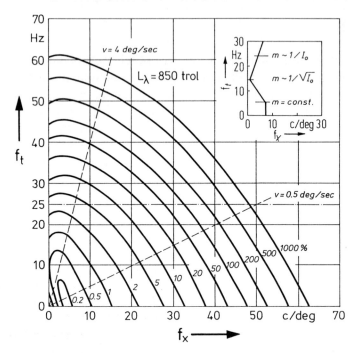

Abb. 4.37 Eben wahrnehmbarer Modulationsgrad m_{th} als Funktion von Ortsfrequenz f_x und Zeitfrequenz f_t für zeitlich sinusförmig alternierende Sinusgitter. Modulationswerte von 500 und 1000% sind fiktiv und extrapoliert. Die MÜF ist proprtional zur reziproken Schwellenmodulation. Die Daten stammen von Campbell und Robson (1968) für ruhende, jeweils 1 sec dargebotene Muster, von van Nes et al. (1967) für konstant bewegte Muster und von Kelly (1971b) für flimmernde Muster von 0 und 5 c/deg. Die Bildfeldgrößen betrugen dabei jeweils 2, 2.4 und 7 deg. Die Meßwerte wurden geglättet, extrapoliert und an gleiche mittlere Leuchtdichte angepaßt (Hauske, 1987). Die rechts oben eingesetzte Skizze gibt die funktionale Abhängigkeit der Schwellenmodulation von der Leuchtdichte im Bereich unter 850 td an (Kelly, 1972). Für hohe Ortsfrequenzen ist die Abhängigkeit danach durch das DeVries-Rose Gesetz ($m \sim 1/\sqrt{I_o}$) gegeben. Berücksichtigt wurde auch, daß konstant bewegte Muster um eine Faktor 2 besser als alternierend flimmernde wahrgenommen werden (Levinson und Sekuler, 1975). Jüngst an einer sehr großen Zahl von Versuchspersonen (33) vorgenommene Messungen (Hentschel und Buchwald, 1991) zeigen eine mit dem angegebenen Diagramm im wesentlichen übereinstimmende Charakteristik bei etwas flacherem Abfall des Zeitfrequenzverlaufs bei niedrigen Ortsfrequenzen. Von Glenn und Glenn (1989) vorgestellte Daten weisen einen noch schwächeren Abfall bei höheren Zeitfrequenzen auf, was vermutlich auf das große Bildfeld (24 deg) in diesen Experimenten zurückzuführen ist. ❑

4.6 Zeitfrequenz- und Ortsfrequenzverhalten

Ortsfrequenz- und einen Zeitfrequenzanteil separierbar, was Budrikis (1973) und Fleet et al. (1985) eingehend untersuchten. Ein Optimum der Wahrnehmbarkeit findet sich im Bereich niedriger Orts- und Zeitfrequenzen (4 c/deg, 0...5 Hz), was in einer Arbeit mit dem herausfordernden Titel "What Does the Eye See Best?" (deutsch "Was sieht das Auge am besten?") eingehend behandelt wird (Watson et al., 1983). Bewegung (mit konstanter Geschwindigkeit) verschlechtert die Wahrnehmung für höhere Ortsfrequenzen (>5 c/deg), während bei niederen Ortsfrequenzen (<2 c/deg) eine Verbesserung auftreten kann (Burr, 1988). Man beachte hierbei, daß Linien konstanter Geschwindigkeit Ursprungsgerade sind. Eine formelmäßige Näherung der örtlich/zeitlichen Übertragungsfunktion, die die numerische Behandlung erleichtert, bietet das sog. z-Modell (Marko, 1981). In diesem Modell wird eine normierte Frequenzkoordinate z gemäß $z^2 = (f_x^2 + f_y^2)/f_v^2 + f_t^2/f_\tau^2$ gebildet, die das Übertragungsverhalten wegen der Ähnlichkeiten im

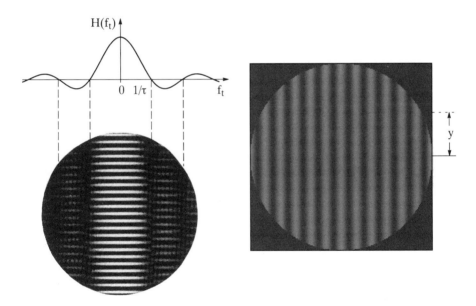

Abb. 4.38 Links: Photographische Aufnahme eines rotierenden Cosinusgitters, die eine bandförmige Struktur mit einem Modulationsverlauf entsprechend einer si-Funktion zeigt. Dieser Modulationsverlauf entspricht der Übertragungsfunktion $H(f_t)$ bei der verwendeten Ortsfrequenz, was bei einer rechteckförmigen Verschlußöffnung der Breite τ zu der gezeigten si-Funktion mit einer ersten Nullstelle bei $1/\tau$ führt. Eine derartige (allerdings rotierende) Figur erhält man auch bei Betrachtung eines rotierenden Cosinusgitters. Rechts: Die Orte gleicher Zeitfrequenz liegen bei einem gleichmäßig gedrehten Gitter auf Linien senkrecht zu den Gitterlinien im Abstand y vom Mittelpunkt (gestrichelt). Aus Glünder (1987). ❑

Orts- und Zeitfrequenzverlauf näherungsweise rotationsymmetrisch wiedergibt. Ein Beispiel für die örtlich/zeitliche Übertragungsfunktion des z-Modells ist in Abb. 4.50 gezeigt. Die Abhängigkeit der Übertragungsfunktion von der mittleren Helligkeit kann durch Einführung zweier zusätzlicher Parameter angenähert werden (Modell V nach Elsner, 1986, im Anhang, Kap. 5.4).

> **Experiment zur Ermittlung der örtlich/zeitlichen Übertragungsfunktion:** *Eine elegante Methode, die zweidimensionale örtlich/zeitliche Übertragungsfunktion zu messen bzw. auch für den menschlichen Beobachter direkt sichtbar werden zu lassen, ist von Glünder (1987) angegeben worden. Als Requisit wird hierzu ein gleichmäßig rotierendes Cosinusgitter benötigt, das bei photographischer Aufnahme zu einem Streifen bestehend aus einem Liniengitter der jeweiligen Ortsfrequenz mit einer in Gitterrichtung sich verändernden Modulation, wie in Abb. 4.38 gezeigt, führt. Der Beobachter sieht beim Betrachten eine ähnliche Figur mit entsprechender Drehgeschwindigkeit umlaufen. Ein für den Versuch geeignetes Cosinusgitter ist im Anhang (Kap. 5.3) abgebildet. Läßt man dieses Muster auf einem Plattenspieler umlaufen, so ist das Phänomen gut zu erkennen. Der Verlauf der Modulation in Richtung der Gitterlinien entspricht, wie unten bewiesen wird, der zeitlichen Übertragungsfunktion des abbildenden bzw. wahrnehmenden Systems für die jeweils verwendete Ortsfrequenz. Eine solche Anordnung ist damit geeignet, die zeitliche Übertragungsfunktion mit der Ortsfrequenz als Parameter zu messen. Für einen idealisierten (rechteckförmig sich öffnenden) Kameraverschluß ist das erhaltene Bild in Abb. 4.38 gezeigt. Die Modulation des Cosinusgitters nimmt dabei von einem Maximum im Zentrum allmählich bis auf Null ab, um dann 180 deg phasenverschoben wieder zu erscheinen, worauf wieder eine Nullstelle auftritt usw. Der erhaltene Verlauf stellt in diesem Fall eine si-Funktion dar, die der Fouriertransformierten des rechteckförmig sich öffnenden bzw. schließenden Verschlusses entspricht.*

Die unterschiedliche Wahrnehmung zeitlich veränderter bzw. bewegter Muster bestimmter Ortsfrequenz ist im oben beschriebenen Experiment gut zu studieren. Um eine systemtheoretische Deutung zu erhalten (Glünder, 1987), geht man davon aus, daß im (angenommenermaßen) linearen System ein am Eingang angelegtes harmonisches Gitter am Ausgang wieder zu einem harmonischen Gitter führt. Dies entspricht der bei linearen Systemen geltenden Eigenschaft der Bewahrung der Sinusform, wobei Orts- und Zeitfrequenz (und damit auch die Geschwindigkeit) erhalten bleiben, während sich Modulationsgrad und Phasenlage gemäß den Systemeigenschaften ändern können. Für das rotierende Cosinusgitter ist in diesem Zusammenhang von Bedeutung, daß die Zeitfrequenz f_t für Orte senkrecht zu den Gitterlinien in konstantem Abstand y vom Mittelpunkt konstant ist und gemäß $f_t = y\omega f_x$ vom Abstand y, der Winkelgeschwindigkeit ω und der Ortsfrequenz f_x des Gitters abhängt. Jeder Punkt erfährt damit eine dem Abstand y von der Gittersenkrechten entsprechende momentane zeitliche Modulation und der wahrgenommene Kontrast entspricht damit der Übertragungscharakteristik des aufnehmenden Systems (für positive und negative Frequenzen). Aus der einfach zu ermittelnden Lage y_0 der Nullstelle (im psychophysischen Experiment z.B. mit Hilfe einer umlaufenden Markierung) läßt sich die Verschluß- bzw. Integrationszeit $T = 1/(y_0 \omega f_x)$ bestimmen. Im psychophysischen Experiment ist bei niederortsfrequenten Gittern und niedrigen Zeitfrequenzen, d.h. nahe der Achse, zusätzlich ein deutlich weniger modulierter Bereich entsprechend der Bandpaßcharakteristik zu sehen.

4.6.2 Flimmerphänomene beim Fernsehen

Eine systemtheoretisch hochinteressante und für die Praxis relevante Anwendung der orts- und zeitfrequenten Übertragungscharakteristik betrifft die Wahrnehmbarkeit von Flimmerphänomenen beim Fernsehen (Hauske, 1987). Diese äußern sich je nach der Art des Bildes in ganz unterschiedlicher Weise:

(I)   25 Hz-Detailflimmern (in Bildbereichen mit starken hochortsfrequenten Anteilen),
(II)   25 Hz-Zwischenzeilenflimmern (in Gleichlichtbereichen),
(III)   50 Hz-Großflächenflimmern (in Gleichlichtbereichen),
(IV)   Zeilenwandern (bei Bewegung des Auges mit einer Geschwindigkeit von 1 Bildhöhe pro 12,5 sec) und
(V)   Vollbildzeilenstruktur (in Gleichlichtbereichen).

Das 25 Hz-Detailflimmern (I) erscheint in Bildbereichen mit feinen horizontalen Strukturen als örtlich wenig strukturiertes Flimmern dieses Bereiches und an feinen horizontalen Linien bzw. Kanten als entsprechendes Auf- und Abspringen dieser Muster. In Bereichen mit gröberen horizontalen Strukturen wird dieser Effekt schwächer und erscheint (jetzt örtlich fein strukturiert) bei einem Gleichfeld als 25 Hz-Zwischenzeilenflimmern (II). Das 50 Hz-Großflächenflimmern (III) ist in Gleichlichtbereichen als örtlich unstrukturiertes Flimmern dieses Bereiches zu beobachten. Das Zeilenwandern (IV) ist die bei einer konstanten Folgebewegung des Auges mit einer Geschwindigkeit von 1 Bildhöhe pro 12.5 sec erfolgende Hervorhebung einer mitbewegten Zeile. Die Vollbildzeilenstruktur (V) ist schließlich die in Gleichlichtbereichen erkennbare ruhende Zeilenstruktur (also im eigentlichen Sinn keine Flimmererscheinung).

Die genannten Phänomene sind leicht aufgrund des in der Fernsehtechnik für Aufnahme und Wiedergabe standardisierten Abtastverfahrens, des sog. Zeilensprungverfahrens zu verstehen (Abb. 4.39 oben). Dieses Verfahren wurde in den 30er Jahren von Engström vorgeschlagen und eingeführt, um bei gegebener Abtastgeschwindigkeit eine möglichst flimmerarme Darbietung zu erreichen. Genormt wurde die aller 20 msec erfolgende Abtastung durch Halbbilder, die jeweils aus den ungeraden (1 bis 625) bzw. geraden (2 bis 624) Zeilen bestehen. Dies wird durch eine entsprechende Steuerung des Elektronenstrahls auf dem Schirm erreicht. Zum Vergleich ist ein Vollbildverfahren mit einem aller 20 msec vollzeilig abgetasteten Bild gezeigt (Abb. 4.39 unten). Es wird unmittelbar deutlich, daß die genannten Phänomene Ort und Zeit bzw. Orts- und Zeitfrequenz umfassen.

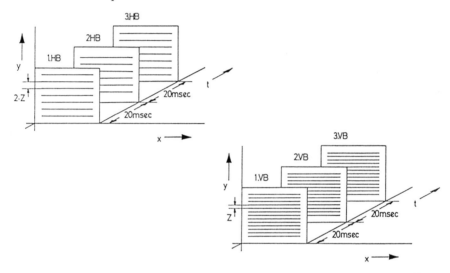

Abb. 4.39 Oben: Zeilensprungabtastung beim Fernsehen mit einer Folge von Halbbildern (HB) in 20 msec Abstand. In den um eine Zeile (z) versetzten Halbbildern wird jeweils jede zweite Zeile abgetastet (Abstand 2z). Die gesamte Zeilenzahl ist 625, davon sind 576 sichtbar. Unten: Vollbildabtastung mit einer Folge von Vollbildern (VB) aller 20 msec. Im Vollbild wird jede Zeile abgetastet (Abstand z). ❑

Zunächst soll eine anschauliche Deutung der Flimmerphänomene bei Zeilensprungdarstellung gegeben werden. Beim 25 Hz-Detailflimmern (I), das eine hochortsfrequente horizontale Struktur voraussetzt, besteht ein Bild im Grenzfall aus abwechselnd hellen und dunklen Linien. Damit ist ein Halbbild hell und das andere dunkel, was wegen der aller 40 msec erfolgenden Wiederkehr des gleichen Halbbildes zu einem mit 25 Hz flimmernden Bereich führt. Eine entsprechende Erklärung gilt auch für feine Linien bzw. Kanten. Ein Gleichlichtbereich eines Bildes enthält lokal in einer Zeile ebenfalls einen Wechsel aller 40 msec, was die Ursache für das 25 Hz-Zwischenzeilenflimmern (II) ist. Beim Großflächenflimmern (III) wird ein größerer Gleichlichtbereich betrachtet, der durch den halbbildbedingten Lichtwechsel aller 20 msec mit 50 Hz flimmert. Bewegt man das Auge in vertikaler Richtung (z.B. durch einen mitlaufenden Finger geführt) mit einer Geschwindigkeit von 1 Zeile je 20 msec (entsprechend dem Abstand zwischen 2 Halbbildern), so erhält man aller 20 msec jeweils die Darbietung einer neuen Zeile, die damit als mitwandernd im Sine des Zeilenwanderns (IV) hervorgehoben wird. An dieser Stelle sei schließlich noch das Vollbildverfahren (Abb. 4.39 unten) erwähnt, bei dem nur noch das 50 Hz-Großflächenflimmern (III) vorhanden ist. Entsprechend sollte in diesem Verfahren der Flimmereindruck deutlich niedriger sein.

Um die Wahrnehmbarkeit der Flimmerphänomene modellmäßig zu erfassen, müssen diese nach Transformation in den Frequenzbereich mit den Wahrnehmungsschwellen gemäß Abb. 4.37 verglichen werden. Bei den Ortsfrequenzen genügt es, die f_y-Anteile des Spektrums (d.h. horizontale Strukturen) zu berücksichtigen, da nur diese aufgrund des Abtastmodus relevant sind. Dazu muß der Abtastvorgang spektral betrachtet werden. Hier gilt allgemein, daß das Abtasten eines Objektes im Originalbereich zu einer Wiederholung des Objektspektrums im Frequenzbereich an Vielfachen der Abtastfrequenz führt (vgl. eindimensionales Beispiel in Abb. 4.62). Um das Spektrum des Objekts (und damit das Objekt selbst) rekonstruieren zu können, müssen die störenden Wiederholungen mit Hilfe eines geeigneten Tiefpasses ausgeblendet werden. Voraussetzung für eine perfekte Rekonstruktion ist dabei, daß das Objektspektrum bandbegrenzt wurde, da sonst sog. Aliasfehler durch Überlappung der Spektren entstehen.

Wendet man das bisher Gesagte auf das Fernsehen an, so ergibt sich, daß durch die Abtastung eines Bildes Wiederholungen des Bildspektrums in Orts- und Zeitfrequenz entstehen, die Ursache der unterschiedlichen Flimmereindrücke sind. Der Tiefpaß, der die störenden Frequenzanteile herausfiltert, wird durch das visuelle System und ggf. unter Einbeziehung der Übertragungseigenschaften des Monitors gebildet. Die Wahl der Fernsehnorm, die die Lage der zusätzlichen Spektren festlegt, mußte sich selbstverständlich nach den Übertragungseigenschaften des menschlichen Beobachters richten, nämlich in der Weise, daß die störenden Spektren durch den visuellen Tiefpaß hinreichend ausgefiltert werden.

Zur Herleitung der im Zeilensprungmodus entstehenden Wiederholungen des Bildspektrums geht man (fiktiv) davon aus, daß die Abtastung örtlich zeilenweise in den Halbbildern und zeitlich halbbildweise erfolgt, obwohl die Abtastung tatsächlich im Zeitbereich abläuft (Schröder, 1983, 1984). Damit wiederholt sich das Spektrum eines ruhenden Bildes (schraffiert in Abb. 4.40) im Ortsfrequenzbereich aller 625 Schwingungen/Bild und im Zeitfrequenzbereich aller 25 Hz, wobei allerdings die Spektren bei 25/75/... Hz gegenüber denen bei 0/50/... Hz wegen der Halbbildversetzung entsprechend einer Zeile um 312.5 Schwingungen/Bild verschoben sind (Abb. 4.40 rechts). Aus der Darstellung der zusätzlichen Abtastspektren wird deutlich, daß das Bild bei 312.5 Linien/Bild und bei 25 Hz bandbegrenzt werden muß, da sonst eine Überlappung der verschiedenen Spektren eintritt und eine Rekonstruktion durch Filterung nicht möglich ist.

Diese Spektren, deren Stärke vom Bildinhalt abhängt, werden nun mit den bei der jeweiligen Entfernung geltenden Modulationsschwellen des menschlichen Beobachters (in Abb. 4.40 oben für eine Entfernung gleich der sechsfachen Bildhöhe und in Abb. 4.40 unten gleich der zweifachen Bildhöhe) in Beziehung gesetzt. Dabei ist generell festzustellen, daß das Spektrum des ursprünglichen Bildes (erfreulicherweise) im empfindlichsten Bereich (0.2 bis 2%) unseres Sehsystems liegt. Von den Störspektren wagt sich das 25 Hz-Detailflimmern (I) am weitesten in den empfindlichsten Bereich hinein, gefolgt vom 25 Hz-Zwischenzeilenflimmern (II) und vom 50 Hz-Großflächenflimmern (III). Gleichzeitig wird damit die hinter dem Zeilensprungverfahren stehende Idee klar, gemäß der nur die hohen Ortsfrequenzen eines Bildes wegen der Versetzung der 25 Hz-Spektren zum Flimmern beitragen. Wenn diese Ortsfrequenzen, wie in natürlichen Bildern gegeben, nicht übermäßig stark sind oder ggf. durch die mindere Qualität des Aufnahmesystems nur schwach übertragen werden, hält sich auch der erhaltene Flimmereffekt in Grenzen. Ein deutlich höherer Flimmereindruck würde bei einem mit 25 Vollbildern/sec arbeitenden Fernsehsystem erhalten, da in diesem Fall der starke Gleichanteil bei 25 Hz in den empfindlichen Bereich des visuellen Systems gelangt.

Der Modulationsgrad der einzelnen Komponenten kann berechnet werden (Hauske, 1987) und beträgt für ein Gleichfeld bei sehr kurzer Nachleuchtdauer des Bildschirms und einer Zeilenstärke von $z/2$ (die Zeilenstärke wird hier definiert als Halbwertsbreite eines als dreieckförmig angenommenen Profils, z ist der Zeilenabstand):

für (I) $m(f_t=25$ Hz, $f_y=0$ Schwingungen/Bild$)=162\%$,
für (II) $m(f_t=25$ Hz, $f_y=312,5$ Schwingungen/Bild$)=162\%$,
für (III) $m(f_t=50$ Hz, $f_y=0$ Schwingungen/Bild$)=100\%$ und
für (V) $m(f_t=0$ Hz, $f_y=625$ Schwingungen/Bild$)=81\%$,

und bei einer Zeilenstärke von z:

für (I) $m(f_t=25$ Hz, $f_y=0$ Schwingungen/Bild$)=81\%$,
für (II) $m(f_t=25$ Hz, $f_y=312.5$ Schwingungen/Bild$)=81\%$,

4.6 Zeitfrequenz- und Ortsfrequenzverhalten

für (III) m(f_t=50 Hz, f_y=0 Schwingungen/Bild)=100% und
für (V) m(f_t=0 Hz, f_y=625 Schwingungen/Bild)=0%.

Daraus ist zu erkennen, daß der Modulationsgrad der dem 25 Hz-Detailflimmern (II) zugrundeliegenden Komponente von der Zeilenstärke abhängt und bei dünneren Zeilen höhere Werte annimmt. Eine solche Abhängigkeit ist auch für die Vollbildzeilenstruktur (V) gültig, wobei deren Modulation bei einer Zeilendicke von z (Halbwertsbreite) durch Addition der Zeilenprofile zu einem Gleichwert völlig verschwindet. Bei der (üblichen) Zeilenstärke von z (gleich dem Zeilenabstand) beträgt der Modulationsgrad von (II) 81%, womit das 25 Hz-Zwischenzeilenflimmern bei einer Sehentfernung von d=2H (H ist die Bildhöhe) gut und von d = 6H noch eben sichtbar sein sollte (vgl. Abb. 4.40 rechts unten und rechts oben). Eine Sehentfernung von d=6H ist daher für Fernsehbetrachtung günstig (Stollenwerk, 1983).

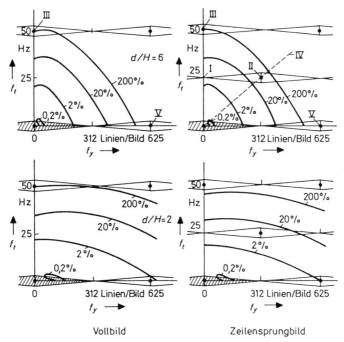

Vollbild   Zeilensprungbild

Abb. 4.40 Bandbegrenztes f_y/f_t-Spektrum eines ruhenden Bildes (nur zur Verdeutlichung etwas verbreitert dargestellt und schraffiert) und durch Abtastung erhaltene Wiederholungen des Spektrums für Vollbildarstellung mit 50 Vollbildern/sec (links) und Zeilensprungdarstellung mit 50 Halbbildern/sec (rechts). Für zwei unterschiedliche Sehentfernungen d (oben: d = sechsfache Bildhöhe H, unten: d = zweifache Bildhöhe H) sind die Schwellenmodulationen entsprechend Abb. 4.37 mit eingetragen. Damit läßt sich die Wahrnehmbarkeit der einzelnen Flimmerphänomene (I) bis (V) erklären (siehe Text). Aus Hauske (1987). ❑

Das 25 Hz-Detailflimmern (I) ist bei Ortsfrequenzen an der Bandgrenze des Bildes nicht von der Sehentfernung abhängig, da es als flächiges Flimmerphänomen ($f_t=25$ Hz und $f_y=0$) mit den oben angegebenen Modulationen erscheint. Wie aus Abb. 4.40 abgelesen werden kann, ist der Flimmereindruck eines Bildes umso stärker, je mehr hohe Ortsfrequenzen das Bild in f_y enthält.

> **Experiment zum Flimmern bei Zeilensprungdarbietung:** *Dieser Effekt kann sehr gut anhand eines softwaremäßig generierten Testbildes mit einer (bei höherer Auflösung üblicherweise) im Zeilensprungmodus arbeitenden Graphikkarte eines PC demonstriert werden. Man erzeugt hierzu die höchste aufgrund des Abtasttheorems darstellbare Ortsfrequenz f_y von ZB/2 Schwingungen/Bild (ZB ist die Zeilenzahl des Bildes), womit eine Zeile hell und die darauffolgende Zeile dunkel ist. Das Abwechseln der jeweils hellen und dunklen Halbbilder nach dem Zeilensprungverfahren führt zu einem je nach Vertikalfrequenz mehr oder weniger starken flächigen Flimmereindruck, der im entsprechenden (bei niederer Ortsauflösung üblichen) Vollbildverfahren verschwindet.*

Der bei (natürlichen und synthetischen) Bildern entstehende Flimmereindruck wurde experimentell an 4 Testbildern untersucht (Stollenwerk, 1983). Abb. 4.41 zeigt diese Bilder samt ihren zweidimensionalen Ortsfrequenzspektren. Die Versuchspersonen hatten anhand dieser Bilder zu entscheiden, wie stark die Zeilensprungwiedergabe (50 Halbbilder/sec) im Vergleich zur entsprechenden Vollbildwiedergabe (50 Vollbilder/sec) flimmert. Variiert wurde dabei die Sehentfernung, die bereits als wichtiger Parameter für 25 Hz-Flimmern erkannt wurde. In Abb. 4.42 ist der von den Versuchspersonen geschätzte Flimmereindruck als die durch Vollbildwiedergabe erzielte Flimmerreduktion für 4 verschiedene Sehabstände aufgetragen. Daraus ist einmal ein stärkeres Flimmern bei kleineren Sehabständen zu ersehen. Zum anderen ergibt sich ein deutlich unterschiedlicher Flimmereindruck für die 4 untersuchten Bilder, wobei das (synthetische) Bild "BBC-Zonenplatte" die größten Werte und das Bild "Strohhutdame" die niedrigsten Werte aufweist. Diese Tendenz kann qualitativ an den Ortsfrequenzspektren der Bilder (Abb. 4.41) abgelesen werden, in denen die "BBC-Zonenplatte" im Vergleich zur "Stohhutdame" deutlich mehr hohe Ortsfrequenzanteile in f_y enthält.

Um eine quantitative Aussage über die 25 Hz-Flimmerphänomene zu erhalten, wurden die Ortsfrequenzspektren der Bilder mit dem entsprechenden Teil der Übertragungsfunktion des menschlichen Beobachters gewichtet und die Ergebnisse aufsummiert. Dabei ist zu beachten, daß die relevanten 25 Hz-Spektren der Bilder spiegelsymmtrisch liegen (vgl. Abb. 4.40) und von bildbezogener in beobachterbezogene Ortsfrequenz umgerechnet werden müssen.

4.6 Zeitfrequenz- und Ortsfrequenzverhalten

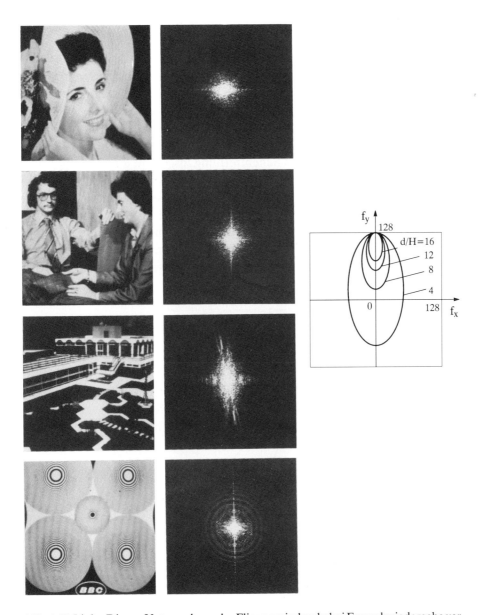

Abb. 4.41 Links: Die zur Untersuchung des Flimmereindrucks bei Fernsehwiedergabe verwendeten Testbilder samt Ortsfrequenzspektren: "Strohhutdame", "Young Couple", "Water", und "BBC-Zonenplatte" mit 256 ∗ 256 Pixel Auflösung. Rechts: Die Halbwertskurven des zur Modellierung verwendeten Flimmerschätzfilters sind für verschiedene Entfernungs/Höhenverhältnisse d/H gezeigt. Der unterschiedlich hohe f_y-Anteil der einzelnen Bilder ist anhand der Spektren gut zu erkennen. Wegen der Versetzung des 25 Hz-Flimmerspektrums liegt der Nullpunkt des Filters bei $f_y=128$. Aus Hauske (1987). ❑

Das visuelle System des menschlichen Beobachters wurde bezüglich der zweidimensionalen f_x/f_y-Eigenschaften als Orientierungskanal (vgl. Kap. 4.7) mit einer elliptischen Übertragungsfunktion realisiert. Diese ist in Abb. 4.41 als Halbwertskurve für die 4 Sehentfernungen im Vergleich zu den Spektren eingetragen. Dabei entspricht der f_y-Verlauf dem 25 Hz-Schnitt der experimentellen Daten von Abb. 4.37. Die dergestalt gewichteten Ortsfrequenzspektren werden quadratisch aufsummiert und als Modellschätzung in geeigneter Weise auf die Schätzskala des Beobachters abgebildet. Wie Abb. 4.42 zeigt, wird die Abhängigkeit von der Sehentfernung insgesamt gut wiedergegeben und dabei vor allem die geringere Abhängigkeit der Bilder "BBC-Zonenplatte" und "Water" von diesem Parameter. Gute Übereinstimmung besteht auch in den Relationen zwischen den einzelnen Bildern, abgesehen vom (synthetischen) Bild "BBC-Zonenplatte", das vom menschlichen Beoobachter allgemein kritischer als durch das Modell beurteilt wird. Hier wird eine Abhängigkeit vom Bildinhalt offenbar, die durch eine systemtheoretische Analyse prinzipiell nicht zu erfassen ist.

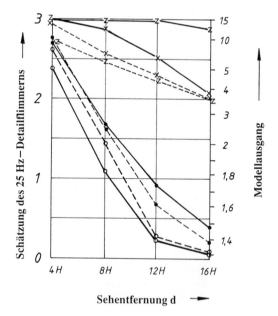

Abb. 4.42 Vergleich des Flimmereindrucks beim menschlichen Beobachter (gestrichelt) nach Stollenwerk (1983) und Ergebnisse des Modells (durchgezogen) nach Hauske (1987) für verschiedene Sehentfernungen ausgedrückt in Vielfachen der Bildhöhe. z: "BBC-Zonenplatte", ×: "Water", •: "Young Couple", ○: "Strohhutdame". Experimentell bestimmt wurde die Stärke des 25 Hz-Detailflimmerns bei Zeilensprungdarstellung im Vergleich zur Vollbildwiedergabe mit der Schätzskala: 0−"gleich", 1−"etwas weniger Flimmern", 2−"weniger Flimmern", 3−"viel weniger Flimmern". ❑

4.6 Zeitfrequenz- und Ortsfrequenzverhalten

Zusammenfassend ist festzustellen, daß die zeilensprungmäßige Darstellung von Bildern zu Flimmererscheinungen führt und insbesondere das 25 Hz-Flimmern bei starken horizontalen Feinstrukturen in Bildern störend ist. Dieser Aspekt wurde bei der lang zurückliegenden Normung des Fernsehstandards im Grunde zu wenig berücksichtigt. Eine Möglichkeit, die genannten Flimmererscheinungen zu reduzieren, wäre neben einer (nicht ernstlich wegen des Schärfeverlustes erwogenen) Tiefpaßbegrenzung der Bilder eine (ebenfalls nicht tragbare) Absenkung der Flimmergrenzfrequenz durch Reduzierung der mittleren Helligkeit (z.B. durch Aufsetzen einer Graubrille). In diesem Zusammenhang ist auch eine Verwendung langsamer Phosphore vorgeschlagen worden, was jedoch bei dynamischen Szenen zu Unschärfen führen würde und auch eine geringere Lichtausbeute zur Folge hätte (Bauer, 1987). Wünschenswert wäre die Verwendung eines präzise 40 msec nachleuchtenden Phosphors. Die Übertragungsfunktion eines solchen Phosphors (eine si-Funktion) würde exakt bei 25 Hz eine Nullstelle aufweisen und könnte damit die am stärksten störenden Flimmerphänomene eliminieren. Aus materialtechnischen und physikalischen Gründen (u.a. wegen der erwünschten hohen Lichtausbeute) ist dieser Weg nicht gangbar. Eine andere Lösung bestünde darin, in die USA auszuwandern, da die dort üblichen 60 Halbbilder/sec das Flimmern merklich reduzieren, was aus Abb. 4.40 unmit-

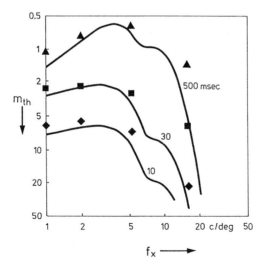

Abb. 4.43 Eben wahrnehmbarer Modulationsgrad von impulsartig für bestimmte Zeit eingeschalteten Sinusgittern unterschiedlicher Ortsfrequenz. Dargestellt sind experimentelle Daten nach eigenen Messungen (geometrische Symbole) und Modellrechnung (durchgezogen) mit einem nichtlinearen Mehrkanalmodell nach Elsner (1986). Die Parameter des Modells sind unter Modell III im Anhang, Kap. 5.4, angegeben. Weitgehend ähnliche experimentelle Daten wurden von Nachmias (1967) erhalten. ❑

telbar abgelesen werden kann. Diesem Vorteil steht allerdings die wegen der niedrigeren Zeilenzahl (525) entsprechend reduzierte vertikale Auflösung gegenüber. (Nur am Rande sei bemerkt, daß bei mechanischen Schwingsystemen, wie z.B. Rasierern, 60 Hz gelegentlich Probleme bereiten und eine entsprechende Nachjustierung des Federsystems erfordern.)

Eine realistische und heute bereits praktizierte Lösung des Flimmerproblems ist durch die Möglichkeit gegeben, mit Hilfe eines Bildspeichers im Wiedergabegerät eine höhere Bildwechselfrequenz bei der Darbietung zu erreichen. Die bei der Übertragung verwendete Norm bleibt dabei unverändert. In einem solchen Verfahren (Hentschel, 1985) werden 100 Halbbilder/sec ausgelesen, womit Flimmern zwar nicht völlig unterdrückt, aber doch sehr deutlich reduziert werden kann. Ein Problem besteht bei derartigen Verfahren im geeigneten Auslesen des Bildspeichers insbesondere im Zusammenhang mit bewegten Objekten. Bewährt hat sich in diesem Zusammenhang ein doppeltes Auslesen jeweils eines Vollbildes (Hentschel, 1991).

4.6.3 Kurzzeitdarbietung unterschiedlicher Ortsfrequenzen

Als weiterer Aspekt dieses Kapitels seien noch Ergebnisse von Untersuchungen zum gemeinsamen Ortsfrequenz/Zeitverhalten erwähnt. In diesen Versuchen wird eine periodische Ortsstruktur (Sinusgitter) mit einer aperiodischen Zeitstruktur (Impuls) verbunden. Untersucht wurde die Wahrnehmbarkeit kurzzeitig dargebotener Gitter (Gleichfeld und Radialgitter der Ortsfrequenz 4 c/deg). Abb 4.43 zeigt das Ergebnis von Messungen mit derartigen Mustern. Aufgetragen ist die Schwellenmodulation von Sinusgittern unterschiedlicher Ortsfrequenz bei impulsartiger Darbietung von variabler Dauer. Das nicht unplausible Ansteigen der Schwellenmodulation mit abnehmender Darbietungszeit und die Abflachung der Ortsfrequenzcharakteristik ist gut zu erkennen. In einem linearen Modellansatz wurde die aus diesen Messungen erhaltene Übertragungsfunktion mit der aus Flimmermessungen gewonnenen MÜF in Beziehung gebracht, was trotz mehrerer Modellnichtlinearitäten nicht zu einer befriedigenden und plausiblen Lösung führte (Kelly und Savoie, 1978). Es zeigte sich, daß Flimmermessungen und Messungen mit Impulsen modellmäßig nicht ohne weiteres vereinbar sind. Ein erweitertes, auf dem gemeinsamen Ortsfrequenz- und Zeitfrequenzverhalten aufbauendes nichtlineares Mehrkanalmodell (Elsner, 1986) kann jedoch, wie in Abb. 4.43 dargestellt, die experimentellen Ergebnisse gut wiedergeben. Die Daten des verwendeten Mehrkanalmodells sind unter Modell III im Anhang (Kap. 5.4) wiedergegeben.

4.6.4 Augenbewegungen

Anatomische und physiologische Befunde. Das praktisch kugelige Auge ist kardanisch in der Tenonschen Kapsel gelagert und durch 3 nahezu orthogonal zueinander angeordnete, zügelähnlich angreifende Muskelpaare (Abb. 4.44) in allen 3 Freiheitsgraden bewegbar. In praxi wird allerdings nicht jeder Freiheitsgrad ausgenutzt und z.b. eine Rollung vermieden (Listingsches Gesetz). Jeder der Augenmuskeln besteht aus bis zu 35000 Muskelfasern, von denen jeweils 10 einem ansteuernden Motoneuron zugeordnet sind. Die Ansteuerung der Motoneurone geschieht über ein im Stammhirn (einem entwicklungsmäßig alten Gehirnteil) befindliches System, das Programme für unterschiedliche Arten von Augenbewegungen bereitstellt (Dell'Osso und Troost, 1977). Unterschieden werden schnelle Augenbewegungen (Sakkaden), langsame Augenbewegungen (Folgebewegungen und vestibulär, d.h. vom Gleichgewichtsorgan gesteuerte Augenbewegungen) und Vergenzbewegungen (d.h. Bewegungen der Augen gegeneinander). Interessant ist, daß die zentralen neuronalen Signale die Geschwindigkeit repräsentieren und in der neuronalen Endstrecke ein Halteintegrator enthalten sein muß, der auch tatsächlich gefunden wurde.

Augenbewegungen können willkürlich z.B. als zielgerichtete Sakkaden, aber auch unwillkürlich z.B. als vestibulärer Reflex auftreten. Im letzten Fall erfolgt eine schnelle (mit 75 msec Totzeit behaftete) kompensatorische Verstellung der Augen bei Kopfbewegungen. Der Beschleunigungssensor befindet sich dabei im wesentlichen in den Bogengängen des Innenohres. Weitere unwillkürliche Augenbewegungen sind die Drift (relativ niedrige Geschwindigkeit von 0,15 deg/sec, relativ kleine Amplitude von 5 min, Dauer 300 - 500 msec zwischen zwei Sakkaden, getrennt in beiden Augen ablaufend), der Tremor (relativ niedrige Geschwindigkeit von 0,15 deg/sec, sehr kleine Amplitude von 0,3 min, getrennt in beiden Augen ablaufend), die Folgebewegung (beim Verfolgen bewegter Objekte, Geschwindigkeit <50 deg/sec, Amplitude <100 deg, Totzeit 125 msec, binokular konjugiert ablaufend und vom retinalen Fehler abhängend) und die Vergenzbewegung (Geschwindigkeit <20 deg/sec, Totzeit 160 msec, diskonjugiert ablaufend), die durch Tiefenänderungen des Objekts hervorgerufen wird.

Eine willkürlich auslösbare (unwillkürlich i.a. mit kleinerer Amplitude auftretende) Augenbewegung ist die Sakkade (hohe Geschwindigkeit von 30 bis 700 deg/sec, hohe Amplitude von maximal 100 deg, binokular konjugiert ablaufend und vom retinalen Fehlersignal abhängend, Dauer 30 bis 100 msec abhängig von der Amplitude, Totzeit 200 msec), die (daher auch ihr Name) eine schnelle sprunghafte Bewegung darstellt. Ein interessantes systemtheoretisches Problem ist in diesem Zusammenhang, wie Sakkaden ihr Ziel (z.B. einen plötzlich in der Peripherie auftauchenden Lichtpunkt) mit der gefundenen hohen Präzision ansteuern können und insbesondere wie das sensorische (retinale) Signal in ein adäquates motorisches Kommando umgesetzt wird. Abb. 4.45 zeigt oben das hierbei entwickelte Schwerpunktmodell (Deubel und Hauske, 1988). Auf die Adaptivität des sakkadischen Verstärkungsfaktors, der Störungen z.B. im Muskel kompensieren kann, und die Generierung der nach einer großen Sakkade auftretenden sog. Korrektursakkaden soll an dieser Stelle nicht näher eingegangen werden (vgl. dazu Deubel, 1987; Deubel et al., 1986; Deubel et al., 1982).

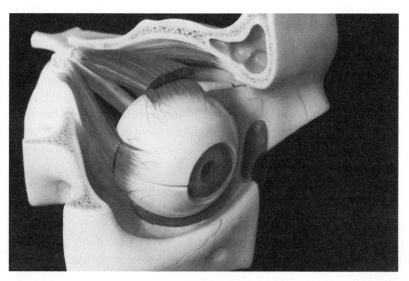

Abb. 4.44 Lagerung des Augapfels in der Tenonschen Kapsel des Kopfes und die 3 zügelartig weit übergreifenden Muskelpaare. Das für die Rollung zuständige Muskelpaar greift über eine Umlenköse von der Seite her an. ❑

Umweltstabilität bei bewegten Augen. Ein zentralnervöser Kompensationsmechanismus gewährleistet die Stabilität der Wahrnehmung trotz bewegter Augen. Eine Modellvorstellung dieser Kompensation ist in Abb. 4.45 unten gezeigt. Die durch den Augenmuskel (AM) aufgrund eines Kommandosignals (e) bewirkte Veränderung der Augenstellung (a) führt in der Retina (R) zu einer Veränderung der retinalen Koordinate (r) eines Objektes von bestimmter Umweltkoordinate (u). Diese Veränderung der retinalen Koordinate (r) wird durch eine sog. Efferenzkopie (ek) wahrnehmungsmäßig kompensiert und man erhält eine konstante Koordinate (b) bei der Wahrnehmung des Objekts trotz bewegter Augen. Man verdeutlicht sich die kaum bewußte Wirkung dieser für die Wahrnehmung wichtigen Kompensation, indem man eine Film- oder Videokamera in der gleichen Weise wie die Augen bewegt und das Ergebnis betrachtet (beliebter Anfängerfehler !).

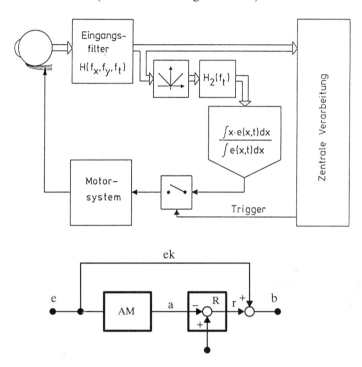

Abb. 4.45 Oben: Schwerpunktmodell der Sakkadensteuerung, gemäß dem die Sakkaden den Schwerpunkt der örtlichen Luminanzverteilung eines Zielgebietes ansteuern. Dies wurde u.a. auch an Doppelzielen, die in 2 deg Abstand voneinander mit unterschiedlicher Helligkeit dargeboten wurden, gefunden (Deubel und Hauske,1988). Die Auslösung der Sakkaden wird über einen zentralen Triggermechanismus gesteuert. Unten: Kompensationsmodell zur Erklärung der Stabilität der Wahrnehmung trotz bewegter Augen nach von Holst und Mittelstaedt (1950). Gezeigt ist der Augenmuskel (AM) und die Retina (R). Die einzelnen Signale repräsentieren Ortskoordinaten, womit sich die Frage nach der biologischen Realisierung stellt. ❑

Die Idee einer Beeinflussung der Wahrnehmung durch Informationen über die intendierte Augenbewegung wurde bereits von Descartes (1664) ausgesprochen und von Helmholz (1867) weiterentwickelt. Die genaue neuronale Realisierung dieses Schemas ist noch weitgehend ungeklärt, obwohl in der sog. "corollary discharge" (Sperry, 1950) ein physiologisches Analogon zur

Efferenzkopie gefunden wurde. Modellvorstellungen über den Zeitverlauf der Kompensation im Zusammenhang mit Sakkaden sind von Bridgeman und Fisher (1990) entwickelt worden. Danach beginnt die interne Bildverschiebung bereits 20 msec bevor sich das Auge bewegt und dauert 200 msec über das Ende der Augenbewegungen an.

> **Experimente zu Augenbewegungen:**
>
> **Entoptischer Nachweis von Augenbewegungen.** *Unwillkürliche Augenbewegungen (d.h. solche, die auch bei Fixation auf ein Objekt vorhanden sind) lassen sich entoptisch sehr gut mit Hilfe der Nachbildmethode zeigen. Zu diesem Zweck fixiert man das Hermanngitter (Abb. 4.32) für eine Weile (30 sec) an einer definierten Stelle (am besten in der Mitte einer Kreuzung), um durch lokale Adaptation ein negatives Nachbild hervorzurufen. Dieses wird als dunkles Straßennetz sichtbar, wenn man nach der Adaptationsprozedur die Mitte eines schwarzen Quadrats des Hermanngitters fixiert. Das schwarze Straßennetz ist dabei nicht in Ruhe, sondern zeigt eine langsame Wanderbewegung (Drift), die von gelegentlichen Rucken (sog. Mikrosakkaden) unterbrochen wird. Diese scheinbaren Bewegungen des Nachbildes, die bei Fixation durch die unwillkürlichen Augenbewegungen hervorgerufen werden, sind das Ergebnis einer (bei festgehaltener retinaler Koordinate des Nachbildes) unnötigen Korrektur der Wahrnehmung durch ein vom Augenbewegungskommando abgeleitetes Kompensationssignal (vgl. Funktionsschema in Abb. 4.45 unten). Diese Art der Kompensation wird auch als sog. "Outflow-Konzept" bezeichnet. Im Gegensatz dazu nimmt das "Inflow-Konzept" an, daß eine Information aus den Augenmuskelspindeln diese Kompensation bewirkt. Auch für dieses Konzept existieren experimentelle Befunde. Denkbar ist, daß beide Mechanismen je nach den experimentellen Randbedingungen gemeinsam, jedoch mit unterschiedlichem Anteil beteiligt sind. Mit dem gleichen Modellschema ist zu erklären, daß Nachbilder bei willkürlichen Augenbewegungen in die Richtung der Bewegung mitwandern.*
>
> *Nur am Rande sei im Zusammenhang mit Nachbildern ein größenmäßiger Kompensationsmechanismus erwähnt. Dieser hat die Aufgabe, Größenkonstanz wahrgenommener Objekte unabhängig von ihrer Entfernung und damit retinalen Größe zu erreichen. Dieser Mechanismus bewirkt eine sehr eindrucksvolle Vergrößerung des negativen Nachbildes z.B. des Hermanngitters, wenn man den Abstand zwischen Auge und Buchseite erhöht. Entsprechendes gilt für eine Verringerung dieses Abstandes.*
>
> **Zum Kompensationsmechanismus.** *Betrachtet man ein beliebiges Muster und drückt mit dem Zeigefinger seitlich leicht auf ein Auge, so erfolgt eine Verschiebung des Bildes im gedrückten Auge relativ zum anderen Auge. Dieses Phänomen wurde bereits von Descartes (1664) beschrieben (Abb. 4.46) und im Sinne einer Kompensationstheorie gedeutet. Die traditionelle Erklärung dieser Erscheinung, die auf Helmholtz zurückgeht, ist ein Kompensationsmodell (Abb. 4.45 unten). Dabei wird angenommen, daß der passive Druck durch den Finger eine Rotation des Augapfels bewirkt, die wegen des Fehlens eines aktiven Kommandosignals die wahrgenommene Versetzung bewirkt.*

4.6 Zeitfrequenz- und Ortsfrequenzverhalten

Diese Deutung ist falsch, da jüngere Experimente (Stark und Bridgeman, 1983) gezeigt haben, daß das Auge beim Fingerdruck aufgrund einer entwickelten Gegenkraft, abgesehen von einer kleinen Verschiebung (nicht Rotation!), in Ruhe bleibt. Das Kommando für diese Gegenkraft ist bei ruhendem Auge die Ursache für die scheinbare Bildverschiebung. Interessant ist auch, daß die wahrgenommenen Umweltkoordinaten bei diesem Versuch konstant bleiben, wie durch Zeigeversuche bei monokularer Betrachtung herausgefunden wurde. Eine weitere Stütze des Kompensationsschemas ist durch die Tatsache gegeben, daß bei Augenmuskellähmung der Versuch, eine Augenbewegung auszuführen, zu einer Musterverschiebung führt. Auch dieser Tatbestand ist bereits von Helmholtz (1867) beschrieben worden.

Sakkadische Suppression bei Beobachtung der eigenen Augenbewegung. *Die Tatsache, daß während der sakkadischen Augenbewegung keine Wahrnehmung erfolgt, ist der sog. sakkadischen Suppression zuzuschreiben, einem sinnvollen neuronalen Mechanismus, der während der Augenbewegun die Wahrnehmung unterdrückt (Bridgeman et al., 1975; Stark et al., 1976). Es wurde gefunden, daß eine Suppression existiert, wenn die Augenbewegung mehr als dreimal so groß wie die Objektbewegung ist. Entsprechend tritt dieses Phänomen bei der Beobachtung der eigenen sakkadischen Augenbewegungen im Spiegel auf, dergestalt, daß wir die Augen jeweils nur in der ruhenden Anfangs- bzw. Endposition und nicht in Bewegung wahrnehmen.*

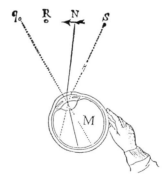

Abb. 4.46 Darstellung der bei passivem Augendruck wahrgenommenen Verschiebungsphänomene. N: ursprünglicher Fixationspunkt, q: Fixationspunkt nach Druck auf das Auge bei angenommener Rotation (Descartes, 1664). ❏

Zur Rolle der Augenbewegungen am Sehvorgang. Die Funktion der Augenbewegungen beim Sehvorgang ist einigermaßen komplex und umfaßt zahlreiche zentrale Vorgänge, die mit der Bildanalyse durch das visuelle System zusammenhängen, wie z.B. die Generierung geeigneter Suchstrategien. Im Rahmen der hier gewählten Betrachtungsweise soll jedoch die systemtheoretische Bedeutung der Augenbewegungen für den Sehvorgang herausgearbeitet werden. Diese folgt aus der simplen Tatsache, daß die Augenbewegungen wesentliche Parameter des örtlich/zeitlichen Übertragungskanals darstellen. Danach wird z.B. das Bild eines objektiv ruhendes Muster durch eine Augenbewegung auf der Retina verschoben, während umgekehrt ein bewegtes Muster durch eine entsprechende Augenbewegung kompensiert werden kann. Wenn in nahezu allen bisher zitierten Untersuchungen die systemtheoretisch wichtige Rolle der Augenbewegungen weitgehend ignoriert wurde, so deshalb, weil diese als sog. natürliche Augenbewegungen stillschweigend in die Eigenschaften des peripheren Kanals mit einbezogen wurden.

Eigene Untersuchungen (Deubel und Elsner, 1986; Hauske, 1988) hierzu haben jedoch gezeigt, daß z.B. Auftrittshäufigkeit und Größe von sakkadischen Augenbewegungen von der Art des zu detektierenden Musters abhängen (Abb. 4.47 links). An dieser Stelle soll daher versucht werden, die Rolle der Augenbewegungen im systemtheoretischen Gesamtkonzept deutlich zu machen, was eine mehrdimensionale, Ort und Zeit umfasssende Betrachtungsweise voraussetzt. Die systemtheoretische Beschreibung wird damit relativ kompliziert und in vielen Fällen gelingt die Darstellung nicht mehr in analytisch geschlossener Form, sondern nurmehr mit Hilfe einer numerischen Simulation.

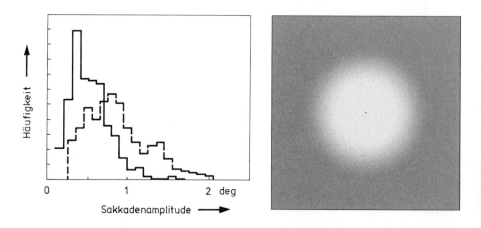

Abb. 4.47 Links: Unterschiedliche Verteilung der Sakkadenamplituden bei der Detektion von Linien (durchgezogen) und Kanten (gestrichelt). Rechts: Extrem niederortsfrequentes Muster, dessen Seheindruck bei längerem strengem Fixieren aus möglichst kleiner Entfernung verschwindet. Eine plötzliche Willkürsakkade läßt das Muster wieder auftauchen, was die wichtige Funktion der Sakkaden bei der Wahrnehmung niederortsfrequenter Muster verdeutlicht. Dieses Phänomen wurde von Troxler 1903 entdeckt. ❑

Stabilisiertes Retinabild. Die überaus wichtige Rolle der Augenbewegungen am Sehvorgang folgt aus der Tatsache, daß die Sehleistung beim sog. stabilisierten Retinabild (einer Darbietungsweise, bei der durch geeignete apparative Maßnahmen das Bild ortsfest auf der Retina bleibt) außerordentlich stark

4.6 Zeitfrequenz– und Ortsfrequenzverhalten

eingeschränkt ist (Ditchburn und Ginsborg, 1952; Riggs et al., 1953; Yarbus, 1967). Die zunächst verwendete Methode besteht dabei in der Projektion eines Bildes über einen am Auge mittels einer Kontaktlinse befestigten Spiegel, womit bei geeigneter optischer Dimensionierung ein mit dem Auge entsprechend mitbewegtes Bild erhalten wird. Yarbus (1967) hat diese Methode durch Verwendung von kleinen, auf dem Auge angebrachten Saugnäpfchen mit zum Teil raffinierten optomechanischen Details verbessert. In moderneren Verfahren zur Erzeugung stabilisierter Bilder wird die Augenposition optoelektronisch gemessen und als Kompensationssignal für die Bildschirmdarbietung verwendet. Die bei stabilisiertem Retinabild erhaltene Reduzierung der Sehleistung äußert sich in einem Dahinschwinden des Seheindrucks etwa im Sinne eines Ausbleichens mit dem Ergebnis eines leeren Feldes. Der Seheindruck kehrt zurück, wenn eine zeitliche Veränderung oder Bewegung des Retinabildes erfolgt. Letztere kann vermittels einer Musterbewegung, einer Augenbewegung oder beidem geschehen.

> **Experimente zum stabilisierten Retinabild:**
>
> **Niederortsfrequente Scheibe.** *Eine ohne großen apparativen Aufwand zu realisierende Methode, ein stabilisiertes Bild samt dem Ausbleichen des Seheindrucks zu erzeugen, besteht in der Verwendung extrem niederortsfrequenter Muster gemäß Abb. 4.47 rechts (nach Cornsweet, 1970). Voraussetzung dafür ist, daß man das Zentrum des hellen Flecks einige Sekunden streng fixiert. Dadurch werden Augenbewegungen auf ein Minimum reduziert, womit für diese Art von Muster ein näherungsweise stabilisiertes Bild erhalten wird. Der helle Fleck beginnt nach einer Weile zu verschwinden und das Grau des Umfeldes (analog zum Auffülleffekt beim blinden Fleck) anzunehmen. Eine plötzliche Sakkade zum Rand des Bildes läßt das Muster wieder auftauchen. Dieser Versuch ist auch mit Hilfe von Papierschnitzeln, die seitlich der Nase befestigt werden und wegen der großen Nähe unscharf sind, auszuführen (von Campenhausen, 1981).*
>
> **Visuelles Ganzfeld.** *Eine weitere Möglichkeit, ein extrem kontrastarmes Bild in einem großen Winkelbereich zu erzeugen, ist das Anbringen eines halbierten Tischtennisballs vor dem Auge. Auch in diesem Fall verändert sich der Seheindruck nach wenigen Sekunden zu einem dunklen Grau, das erst nach Schließen und Wiederöffnen der Lider verschwindet (nach Hochberg, 1978). In diesem Zusammenhang wird eine zusätzliche Beteiligung zentraler inhibitorischer Instanzen über die im peripheren Kanal ablaufenden Vorgänge hinaus vermutet.*
>
> **Wahrnehmung des eigenen Augenhintergrundes.** *Überaus eindrucksvoll ist die entoptische (d.h. am eigenen Auge durch das eigene Auge) erfolgende Wahrnehmung der den Rezeptoren vorgelagerten Blutgefäße, die perfekt stabilisierte (da mit der Retina fest verbundene) Objekte darstellen. Hierfür bewegt man eine punktförmige Lichtquelle (z.B. eine Taschenlampe ohne Reflektor) in der Nähe des Unterlids einige Milli-*

meter hin und her bzw. auf und ab. Gegen einen dunklen Hintergrund wird dabei ein dunkles Aderngeflecht als Schatten vor gelblichem Hintergrund sichtbar, wobei die jeweils orthogonal zur Bewegungsrichtung liegenden Strukturen erscheinen. Das mit der Stabilisierung des Retinabildes verbundene Ausbleiben des Seheindrucks könnte seinen Sinn in der Unterdrückung eben dieser unerwünschten Schatten der Blutgefäße haben.

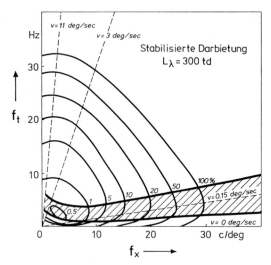

Abb. 4.48 Linien konstanter Schwellenmodulation m_{th} für konstant mit v_x bewegte Sinusgitter bei stabilisiertem Retinabild. Daten leicht geglättet und extrapoliert nach Kelly (1979b). Gemessen wurden Geschwindigkeiten im Bereich zwischen 0 und 32 deg/sec. Es gilt die Beziehung $f_t = v_x f_x$, womit einem mit der Geschwindigkeit v_x bewegten Gitter der Ortsfrequenz f_x eine Zeitfrequenz f_t entspricht. Der eingebuchtete Bereich bei Geschwindigkeiten kleiner als 0.15 deg/sec ist gut zu erkennen. Schraffiert ist der für die jeweilige Ortsfrequenz günstigste Bereich der zeitlichen Modulation eingetragen. ◻

Eine gründliche Analyse der bei einer Stabilisierung des Retinabildes hervorgerufenen Effekte wurde von Kelly vorgenommen (Kelly, 1979a,b; Kelly und Burbeck, 1980; Kelly, 1981). Kelly verwendet hierzu ein sehr aufwendiges optisch/elektronisches Meßsystem, bei dem Versetzungen der an den Grenzflächen von Cornea und Linse entstehenden Reflexionen (der sog. Purkinjeschen Spiegelbildchen) zur Bestimmung der Augenposition ausgewertet werden. Die mit einer Genauigkeit von 1 min gemessene Augenposition wird zur Kompensation eines auf einem Bildschirm dargebotenen Bildes entsprechend der Augenbewegung benutzt. Das für die systemtheoretische Behandlung bei stabilisierten Augenbewegungen wichtigste Experiment ist die Messung der Schwellenmodulation für Muster bestimmter Orts- und Zeitfrequenz, die in diesem Fall durch eine Musterbewegung erzeugt wurden. Abb. 4.48 zeigt die Linien konstanter Schwellenmodulation als Funktion von Orts-

4.6 Zeitfrequenz- und Ortsfrequenzverhalten

und Zeitfrequenzkombinationen, die sich entsprechend der gewählten Geschwindigkeit ergeben. Eine Ähnlichkeit der bei stabilisiertem Retinabild erhaltenen Schwellenmodulationen mit der bei nichtstabilisierten Bedingungen gewonnenen ist im Bereich niedriger Ortsfrequenzen und hoher Geschwindigkeiten gegeben. Generell liegt jedoch die zeitliche Bandpaßcharakteristik im stabilisierten Fall etwa um einen Faktor 2 niedriger als im nichtstabilisierten Fall (Abb. 4.11 und 4.37). Dies drückt sich insbesondere in der Lage des Maximums aus, das im stabilisierten Fall bei 3-4 Hz, im nichtstabilisierten Fall bei 12 Hz liegt. Bei hohen Ortsfrequenzen und niedrigen Zeitfrequenzen (d.h. bei sehr kleinen Geschwindigkeiten) findet sich dagegen eine deutliche Erhöhung der Schwellenmodulation bis zu einem Faktor von 15. Die Werte für eine Geschwindigkeit von 0 entsprechen dabei den Bedingungen des perfekt stabilisierten Retinabildes. Die Tatsache, daß der Seheindruck in diesen Experimenten nicht völlig ausbleibt, kann mit der nicht vollständig erreichten

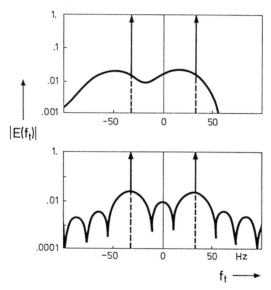

Abb. 4.49 Oben: Betrag des Zeitfrequenzspektrums $|E(f_t)|$ eines mit 32 Hz flimmernden Musters, das durch eine Sakkade von 48 msec Dauer und 2 deg Amplitude mit festgelegtem Orts-/Zeitprofil bewegt wird. Es resultiert eine unsymmetrische Verbreiterung des Spektrums, die Bereiche mit hoher Empfindlichkeit des visuellen Systems erfaßt. Unten: Zeitfrequenzspektrum des gleichen Musters, das durch eine vereinfachte und damit leichter zu behandelnde sakkadenähnliche Bewegung (Abschalten des Musters am alten Ort, 48 msec späteres Einschalten am neuen Ort) verschoben wird. Das Spektrum ist dem bei der realen Sakkade erhaltenen sehr ähnlich, was besagt, daß der Schaltvorgang systemtheoretisch einen wesentlichen Aspekt der Sakkade darstellt. Das Spektrum des rein zeitlichen Schaltvorgangs (siehe Wechsellichtsprung in Abb. 4.14) ist dem hier gezeigten Spektrum bewegter Muster ebenfalls im Typ ähnlich. Aus Elsner und Deubel (1986). ❏

Stabilisierung und der Wirkung verbleibender retinaler Bildverschiebungen zusammenhängen. Es sei noch erwähnt, daß Grasfrösche die genannten Phänomene des stabilisierten Retinabildes nicht zeigen und Objekte mit extrem niedriger Geschwindigkeit (1.5 deg/Stunde !) noch erkennen und verfolgen können (Dieringer und Daunicht, 1986). Gleiches wird von Kanninchen und Krabben berichtet.

Spektrumverbreiterung durch Augenbewegungen. Für die Rolle der Augenbewegungen am Sehvorgang ergeben sich wichtige Folgerungen aus dem bei stabilisierten Bedingungen geltenden Übertragungsverhalten des visuellen Systems. Zu diesem Zweck betrachtet man in Abb. 4.48 die für die Wahrnehmung einer bestimmten Ortsfrequenz günstigste zeitliche Modulation (schraffiert dargestellt). Es ergibt sich für höhere (>5 c/deg) Ortsfrequenzen, daß der schraffierte Bereich gerade die bei der Drift vorkommenden Geschwindigkeiten abdeckt. Driftbewegungen stellen damit das "sine qua non" für die Wahrnehmung höherer Ortsfrequenzen dar, um mit Kelly's (1979b) eigenen Worten zu sprechen. Man kann aus Dauer und Geschwindigkeit der Driftbewegung abschätzen, daß dabei Gitter hoher Ortsfrequenzen um mehr als eine Periode bewegt werden.

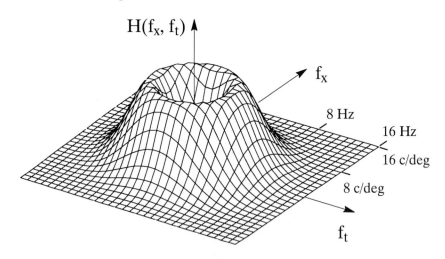

Abb. 4.50 Zweidimensionale Übertragungsfunktion $H(f_x, f_t)$ eines visuellen Modellsystems schematisiert und vereinfacht als rotationssymmetrische Bandpaßfunktion angenähert (z-Modell nach Marko, 1981). ☐

Bei niederen Ortsfrequenzen wären Bewegungen, wie aus dem Experiment im Zusammenhang mit Abb. 4.47 (rechts) hervorgeht, ebenfalls von Vorteil. Hier wirken sich die Sakkaden aus, die jedoch wegen ihrer kurzen Dauer und der niedrigen Ortsfrequenz der Gitter weniger kontinuierliche Bewegungen darstellen, sondern eher Schaltvorgänge repräsentieren. Das keinerlei Zeitfrequenzanteile enthaltende Spektrum eines ruhenden niederortsfrequenten Musters wird durch einen Schalt- bzw. Augenbewegungsvorgang in einen günstigeren Zeitfrequenzbereich hinein verbreitert, was zu einer verbesserten Wahrnehmung führt. Dies gilt insbesondere auch für Muster, die mit hoher Zeitfrequenz flimmernd dargeboten werden, und in diesem Fall sogar unabhängig von der Ortsfrequenz. Die in diesen Fällen erhaltene Verbreiterung eines im stationären (nichtbewegten) Fall ausschließlich um die Flimmerfrequenz herum konzentrierten Zeitfrequenzspektrums ist in Abb. 4.49 für eine durch eine Sakkade bewirkte Verschiebung vorgestellt. Die Folge dieser Verbreiterung ist, daß das wegen der hohen Flimmerfrequenz (hier von 32 Hz) im

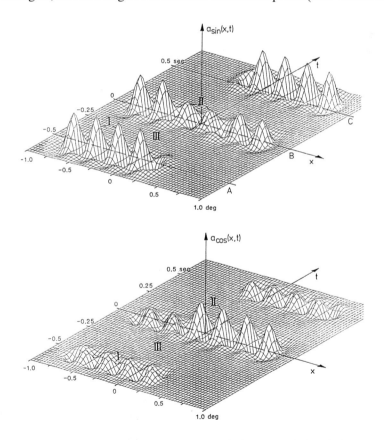

Abb. 4.51 Orts-/Zeitdarstellung der Antworten $a_{sin}(x,t)$ und $a_{cos}(x,t)$ auf Einschalten (A), sakkadenanaloges Verschieben um 0,5 deg in 16 msec (B) und Ausschalten (C) eines mit 13.3 Hz alternierend flimmernden 1 deg breiten Ausschnitt eines Sinusgitters der Ortsfrequenz 4 c/deg in Sinusphase (oben) und in Cosinusphase (unten). Aus Hauske und Deubel (1984). ❑

eingeschwungenen Fall nicht mehr wahrgenommene örtliche Muster während des Schaltvorgangs der Augenbewegung aufblitzt. Die vorher erwähnte Verbreiterung der zeitlichen Übertragungscharakteristik im nichtstabilisierten (d.h. mit natürlichen Augenbewegungen ablaufenden) Fall relativ zum stabilisierten Fall ist zu einem wesentlichen Teil auf den Einfluß sakkadischer Augenbewegungen zurückzuführen (Elsner und Deubel, 1986).).

Um einen Eindruck dieser Vorgänge im zusammengefaßten Orts-/Zeitbereich zu geben, wurde die Antwort des visuellen Modellsystems (mit Modellübertragungsfunktion gemäß Abb. 4.50) auf Einschalten, sakkadenbewirktes Verschieben und anschließendes Ausschalten eines alternierend flimmernden Sinusgitters berechnet (Abb. 4.51). Die Schaltvorgänge erfolgen dabei in Sinus- und in Cosinusphase. Man erkennt während der Schaltvorgänge (A, C) und während der Bewegung (B) deutlich vorhandene Antworten (I und II), während in stationären Bereichen (zwischen A und B bzw. B und C) wegen der außerhalb des Übertragungsbandes liegenden Flimmerfrequenz keine Antwort (III) vorhanden ist. Es ist ferner zu sehen, daß die Einschaltantwort bei Sinusphase (I oben) höher ist als bei Cosinusphase (I unten).

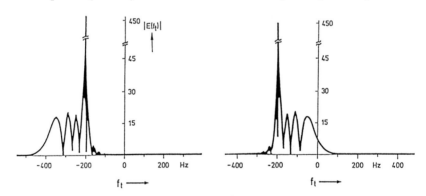

Abb. 4.52 Zeitfrequenzspektren bewegter und sakkadenanalog verschobener Sinusgitter für Sakkaden in die gleiche Richtung (links) und Sakkaden in entgegengesetzte Richtung (rechts) relativ zur Musterbewegung. Die Ortsfrequenz beträgt 1 c/deg, die Mustergeschwindigkeit und die maximale Sakkadengeschwindigkeit 200 deg/sec, womit starke Frequenzkomponenten bei 200 Hz erhalten werden. Die (Modell-)Sakkade wurde aus Parabelästen zusammengesetzt. Die für eine Verbesserung der Wahrnehmbarkeit wesentliche Verbreiterung der Spektren zu niederen Frequenzen hin ist bei gegengerichteter Bewegung weniger ausgeprägt, aber nichtsdestotrotz vorhanden. Eine systemtheoretische Herleitung dieser Spektren findet sich bei Elsner und Deubel (1986). ❑

Für einen noch spezielleren Fall, der sowohl eine Musterbewegung als auch eine Augenbewegung in und gegen die Richtung der Musterbewegung beinhaltet, wurde die Verbreiterung des Spektrums ebenfalls berechnet (Abb.

4.6 Zeitfrequenz- und Ortsfrequenzverhalten

4.52). Die verwendete Ortsfrequenz (1 c/deg) und die Geschwindigkeit (200 deg/sec) legen die im Muster enthaltene Zeitfrequenz (hier 200 Hz) fest. Die zusätzlich eingebrachten sakkadischen Augenbewegungen führen zu einer ähnlichen Verbreiterung des Zeitfrequenzspektrums wie oben beschrieben (Deubel et al., 1987), womit die Verbesserung der Wahrnehmung gegenüber dem stationären Fall erklärt werden kann. In entsprechenden psychophysischen Experimenten wurde dieser Fall quantitativ eingehend untersucht.

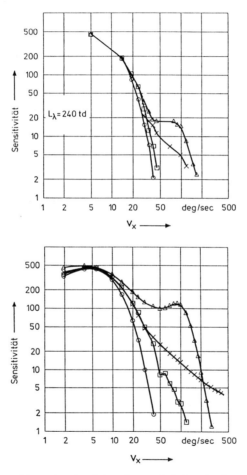

Abb. 4.53 Sensitivität, d.h. reziproke Schwellenmodulation für bewegte Sinusgitter der Ortsfrequenz 1 c/deg als Funktion der Mustergeschwindigkeit v_x. Die bewegten Muster wurden während Sakkaden in und gegen die Musterbewegung und bei reinem Einschalten dargeboten. Oben: Daten des Experiments. Unten: Modellvorhersagen. Die Symbole bedeuten: (○) Fixation, nur Musterbewegung, (□) Sakkade und Musterbewegung entgegengesetzt, (△) Sakkade und Musterbewegung gleichsinnig, (x) Einschalten eines bewegten Musters ohne Augenbewegung. Nach Deubel et al. (1987). ❑

Dabei wurden unterschiedlich schnell bewegte Muster während einer Sakkade dargeboten und ihre Schwellenmodulation für beide Sakkadenrichtungen bestimmt, wobei zum Vergleich noch die Schwellenmodulation für reines Einschalten (ohne Sakkade) sowie für Fixation ermittelt wurde.

Die bei derartigen sakkadengetriggerten Darbietungen generell erhaltene und im Fall der gleichen Richtung plateaumäßig ausgeprägte Verbesserung, die von Kelly (1990) wiederentdeckt wurde, ist klar zu erkennen, ebenso die Verbesserung bei reinem Einschalten (Abb. 4.53 oben). Die stärkere Verbesserung bei Sakkaden in die gleiche Richtung hat ihre Ursache in einem kompensatorischen Einfluß der gleichschnellen Augenbewegung, wobei das Bild einen Moment lang still zu stehen scheint (Stroboskopeffekt). Dies folgt aus dem Befund, daß die (bei gleicher Richtung gefundene) plateauförmige Verbesserung von der Sakkadengröße abhängt. Bei 2 deg großen Sakkaden reicht dieses Plateau bis etwa 100 deg/sec (Abb. 4.53 oben), während es sich bei 8 deg großen Sakkaden bis 250 deg/sec erstreckt. Diese Werte entsprechen, wie wir anhand der experimentellen Daten zeigen konnten, den maximalen aufgetretenen Sakkadengeschwindigkeiten. Das Modell (Abb. 4.53 unten) vermag die gefundenen Zusammenhänge qualitativ gut wiederzugeben. Vorhandene Unterschiede zwischen Modell und Experiment können auf Suppressionseffekte während der Sakkade, die im Modell nicht berücksichtigt wurden, zurückgeführt werden (Deubel et al., 1987).

4.7 Biologische Mehrkanalkonzepte

Gegen Ende der 60er Jahre entwickelte sich als neues Modellkonzept für die Beschreibung der visuellen Wahrnehmung die Vorstellung eines Systems, das aus einer Vielzahl paralleler (und in ihrer Funktion unabhängiger) Subsysteme mit spezifischer schmalbandiger Charakteristik besteht. Eine derartige Denkweise, die in der Akustik schon sehr lange vorherrschte (siehe Julesz, 1980) und dort unter dem Begriff Frequenzgruppe auftaucht (Zwicker, 1982), wird insbesondere auch durch neurophysiologische Befunde nahegelegt, in denen eine hohe Spezifität einzelner Zellen bzw. Zelltypen gefunden wurde. Modellmäßig besteht ein Subsystem (auch als Kanal, engl. channel, bezeichnet) aus einer Vielzahl von örtlich verteilten Zellen des gleichen Typs, womit die Ausgangs/Eingangsbeziehungen systemtheoretisch ermittelt werden können.

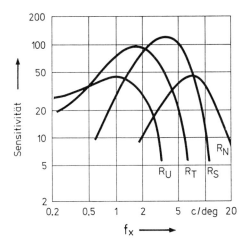

Abb. 4.54 Ortsfrequenzcharakteristik der 4 von Wilson und Bergen (1979) im Rahmen von Maskierungsexperimenten postulierten Kanäle (zeitliche S-Modulation, Kurven nach Wilson und Bergen, 1979, leicht geglättet). In späteren Arbeiten ergab sich die Notwendigkeit, noch weitere Kanäle hinzuzunehmen (Wilson et al., 1983). ❑

Das Übertragungsverhalten des Gesamtsystems ergibt sich durch entsprechende (u.U. auch nichtlineare) Zusammenfassung der Antworten der Subsysteme. Dominiert der jeweils am stärksten aktive Kanal, so kann die Übertragungsfunktion des Gesamtsystems als die Umhüllende der Übertragungsfunktionen der Subsysteme dargestellt werden. In diesem Sinne läßt sich z.B. die Modulationsübertragungsfunktion auf die Antwort des jeweils empfindlichsten neuronalen Subsystems zurückführen (DeValois et al., 1982). Ein eindrucksvolles Beispiel für die Abbildung durch ein aus realen Zellen gleichen Typs aufgebautes Subsystem samt der damit verbundenen Spezifität ist in der Arbeit von Creutzfeldt und Nothdurft (1978) gezeigt. Dabei wird aus meßtechnischen Gründen die Abbildung durch eine einzige Zelle bei entsprechend verschobenen Bild untersucht.

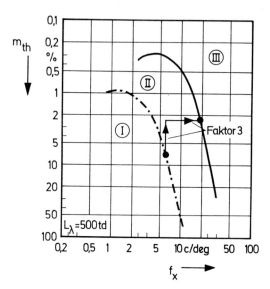

Abb 4.55 Der zur Unterscheidung eines Rechteckgitters von einem Sinusgitter bestimmter Ortsfrequenz f_x notwendige Modulationsgrad m_{th} seiner 1. Harmonischen (strichpunktiert) im Vergleich mit der zur absoluten Wahrnehmung von Sinusgittern notwendigen Modulation (durchgezogen). Beide Kurven sind durch das angezeigte Verschieben um einen Faktor 3 ineinander überzuführen. Die dargestellten Bereiche entsprechen der Unterscheidbarkeit von Rechteck- und Sinusgitter (I), der Ununterscheidbarkeit, aber Sichtbarkeit beider Gitter (II) und einem Bereich, in dem weder Sinus- noch Rechteckgitter wahrgenommen werden können (III). Daten von Campbell und Robson (1968) leicht geglättet.
❑

Ein erster psychophysischer Hinweis auf die Existenz unabhängiger Kanäle wurde von Campbell und Robson (1968) bei der Unterscheidung von Sinus- und Rechteckgittern gefunden (Abb. 4.55 und 4.56). Weitere experimentelle Unterstützung erhielt das Mehrkanalkonzept im Rahmen von Maskierungsexperimenten (Stromeyer und Julesz, 1972; Wilson et al., 1982), durch Adaptationsexperimente mit Schwellenveränderung (Blakemore und Campbell, 1968, 1969) bzw. mit Ortsfrequenzverschiebung (Blakemore und Sutton, 1969; Blakemore et al., 1970), durch Detektionsexperimente mit Mehrkomponentenmustern (Sachs et al., 1971) und durch Detektionsexperimente mit unterschwelliger Summation (Kulikowski und King-Smith, 1973; Shapley und Tolhurst, 1973; Hauske et al., 1976). In diesem Zusammenhang haben Wilson und Bergen (1979) als erste die Tatsache einer endlichen Anzahl diskret auf der Ortsfrequenzachse liegender Kanäle postuliert (Abb. 4.54). Schließlich sei an dieser Stelle noch erwähnt, daß in zahlreichen Modellen zur Beschreibung der Detektion von Testmustern (Sachs et al., 1971; Quick, 1974; Graham, 1977, 1980; Wilson und Bergen, 1979; Bergen et al., 1979; Jaschinski-Kruza und Cavonius, 1984; Elsner, 1986) als wichtige vorverarbeitende Struktur eine mehrkanalige Filterung enthalten ist. Auch im Bereich von Bildcodierung, Bildverarbeitung und Bildverstehen sind derartige Modelle mit größtem Erfolg eingesetzt worden (siehe Kap. 4.8). Ein Überblick über frühe psychophysische Arbeiten zu diesem Thema ist von Braddick et al. (1978) und über neurophysiologische Arbeiten von Maffei (1978) gegeben worden.

4.7.1 Unterscheidung zwischen Rechteck- und Sinusgitter

Experimente zur Unterscheidung zwischen einem Sinus- und einem Rechteckgitter gleicher Periodizität, die in der schönen und sehr lesenswerten Arbeit von Campbell und Robson (1968) dargestellt sind, zeigen, daß beide Mustertypen erst bei höheren Modulationsgraden unterschieden werden können (strichpunktierte Kurve in Abb. 4.55). Um beide Muster vergleichen zu können, bezieht sich der Modulationsgrad beim Rechteck auf die in ihm enthaltene 1. Harmonische. Vergleicht und analysiert man den zur Unterscheidung zwischen den beiden Mustertypen notwendigen Modulationsgrad mit dem zur Detektion erforderlichen, so läßt sich (bei nicht zu niedrigen Ortsfrequenzen) ein einfacher Zusammenhang herleiten. Dieser besagt, daß man von der strichpunktierten Kurve (Unterscheidung) zur durchgezogenen Kurve (Detektion) gelangt, wenn die Modulation um den Faktor 3 erniedrigt und die Ortsfrequenz um den Faktor 3 erhöht wird. Dies entspricht in doppelt logarithmischen Koordinaten einer entsprechenden Verschiebung in beiden Dimensionen. Campbell und Robson (1968) zogen daraus die Folgerung, daß eine Unterscheidung zwischen Rechteck- und Sinusgitter dann erfolgt, wenn die 3. Harmonische des Rechteckgitters, die entsprechend der Reihenentwicklung 1/3 der Amplitude der 1. Harmonischen hat, denjenigen Modulationsgrad annimmt, den sie zur Detektion für sich allein haben müßte. Aufgrund der genannten Ergebnisse wird die Existenz eines auf die 3. Harmonische getrennt ansprechenden Kanals nahegelegt. Diese Aussage betrifft umgekehrt auch die 1. Harmonische, deren Schwellenüberschreitung allein die Wahrnehmbarkeit z.B. von Rechteckgittern (bei verschiedenen Tastverhältnissen) und Sägezahngittern bestimmt (Campbell und Robson, 1968).

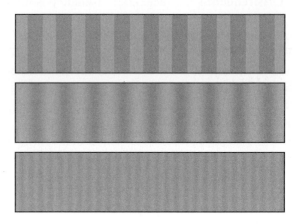

Abb. 4.56 Zur Unterscheidung von Rechteck- und Sinusgittern. Dargestellt sind von oben nach unten ein Rechteckgitter, ein Sinusgitter entsprechend der 1. Harmonischen und ein Sinusgitter entsprechend der 3. Harmonischen des Rechteckgitters. Die Reihenentwicklung für ein Rechteck der Amplitude 1 lautet $(4/\pi)(\sin x + 1/3 \sin 3x + 1/5 \sin 5x \ldots)$. Bei unscharfer Abbildung des Bildes verschwindet die 3. Harmonische und damit der Unterschied zwischen Rechteck- und Sinusgitter. Idee von Campbell und Robson.☐

> **Experiment zur Unterscheidung von Rechteck- und Sinusgitter:** *Campbell und Robson fanden, daß ein Rechteckgitter von einem Sinusgitter zu unterscheiden ist, wenn die in ihm enthaltene 3. Harmonische überschwellig und damit sichtbar ist. Dies ist in Abb. 4.56 an einem Rechteckgitter und der in ihm enthaltenen 1. und 3. Harmonischen gezeigt. Wird die 3. Harmonische durch unscharfe Abbildung z.B. durch teilweises Schließen des Lides oder bei Betrachtung aus entsprechend großer Entfernung eliminiert, so ist zwischen Sinus- und Rechteckgitter praktisch kein Unterschied erkennbar. In diesem Fall ist nur noch der für die erste Harmonische (Grundwelle) zuständige Filtermechanismus aktiv.*

4.7.2 Ortsfrequenzadaptation

In den Ortsfrequenzadaptationsexperimenten werden Wahrnehmungsphänomene nach mehrminütiger Darbietung eines i.a. stark modulierten Adaptationsmusters untersucht. Typische Effekte sind eine Verschlechterung der Wahrnehmbarkeit des Testmusters, wenn z.B. die Ortsfrequenz der verwendeten Gitter gleich oder ähnlich ist (Abb. 4.57), oder eine gegenläufige

4.7 Biologische Mehrkanalkonzepte   157

Verschiebung wahrgenommener Eigenschaften (Ortsfrequenz, Orientierung, Bewegung) nach entsprechender Adaptation (Abb. 4.58). Der Umklappeffekt beschreibt ein mit der Ortsfrequenzadaptation verwandtes Phänomen des Alternierens zwischen zwei sich ausschließenden Wahrnehmungen (Abb. 4.59).

Abb. 4.57 Veranschaulichung der Ortsfrequenzadaptation (aus Blakemore und Campbell, 1968). ❑

> **Experimente zur Kanalstruktur des visuellen Systems:**
>
> **Ortsfrequenzadaption.** *Eine von F.W. Campbell erdachte und mit dem bei ihm gewohnten Witz ausgestattete Veranschaulichung der Ortsfrequenzadaptation ist in Abb. 4.57 gezeigt. In dieser Demonstration wird die Ortsfrequenz- und Orientierungsspezifität des Adaptationseffektes (und damit seine Spezifität bezüglich der zweidimensionalen Ortsfrequenz) deutlich. Im Zentrum des Bildes befindet sich ein Männchen im modulationsschwachen Regen bestimmter Ortsfrequenz. Man wählt einen Sehabstand von etwa 3 m, bei dem der Regen gerade noch zu erkennen ist. Betrachtet man für min-*

destens 1 min in kreisender Bewegung das links oben gezeigte Gitter der gleichen Ortsfrequenz und Orientierung und anschließend das Bild im Zentrum, so ist der Regen im ersten Moment deutlich weniger sichtbar, wenn nicht gar verschwunden. Bei Wiederholung des Adaptionsvorganges an niederen (links unten) bzw. höheren (rechts unten) Ortsfrequenzen und an horizontalen Gittern (rechts oben) bleibt der Effekt aus.

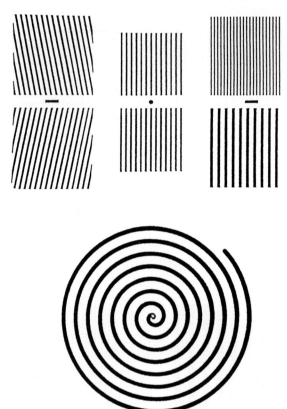

Abb. 4.58 Figurale Effekte bei Ortsfrequenzadaptation im Sinne einer gegenläufigen Verschiebung von Ortsfrequenz und Orientierung (oben) bzw. Bewegung (unten) nach entsprechender Adaptation. ❑

Orientierungsadaptation. *In einem weiteren Versuch bewegt man das Auge in normaler Leseentfernung für etwa 1 min innerhalb des linken bzw. rechten (horizontalen) Balkens in Abb. 4.58 oben. Blickt man danach auf den Kreis in der Mitte zwischen den identischen vertikalen Gittern, so erscheinen diese in Gegenrichtung geneigt (Adaptation links) bzw. gegenläufig vergrößert/verkleinert (Adaptation rechts). Aus Barlow und Mollon (1982), wo sich auch eine Erklärung des Phänomens unter der Annahme, daß jeder Kanal entsprechend seiner Aktivierung ermüdet, findet. Die Verschiebung des Wahrnehmungseindrucks erklärt sich durch die dominierende Aktivität des jeweils*

4.7 Biologische Mehrkanalkonzepte

benachbarten nichtadaptierten Kanals. Man beachte, daß das beobachtete Phänomen getrennt in jeder Gesichtshälfte existiert.

Bewegungsadaptation. *Schließlich läßt sich zeigen, daß figurale Adaptationseffekte auch für Bewegungen existieren. Nach längerem Fixieren einer rotierenden und nach innen weisenden Spirale (Abb. 4.60 unten kopieren, ausschneiden und auf einen Plattenteller legen) erscheint eine beliebige ruhende Umweltstruktur zu expandieren, verbunden mit einer entsprechenden Tiefenbewegung. Dieses Phänomen ist auch als Wasserfalleffekt (schon von Aristoteles beschrieben) bekannt.*

Umklappen orientierungsselektiver Kanäle. *Eine Darstellung, die die Existenz orientierungsselektiver Kanäle eindrucksvoll vor Augen führt, ist in Abb. 4.59 zu sehen. Bei längerer Betrachtung erfolgt ein innerhalb weniger Sekunden stattfindendes Umklappen zwischen horizontalem und vertikalem Gitter. Willkürliche sakkadische Augenbewegungen rufen das jeweils orthogonal dazu liegende Gitter hervor. Bei Rechteckgittern ist der Effekt nicht vorhanden, bei gegenfarbigen Sinusgittern ist der Effekt (gemessen an der Umklappfrequenz) stärker. Zuerst beschrieben von Campbell und Howell (1972) und mit farbigen Gittern von Rauschecker et al. (1973). Der Effekt setzt die Existenz zweier unabhängiger orientierungsselektiver Mechanismen, verbunden mit einem Adaptieren des jeweils aktiven Kanals, voraus. Die Breite eines Orientierungskanals ist nach diesen Versuchen kleiner als 90 deg (vgl. Abb. 4.68).*

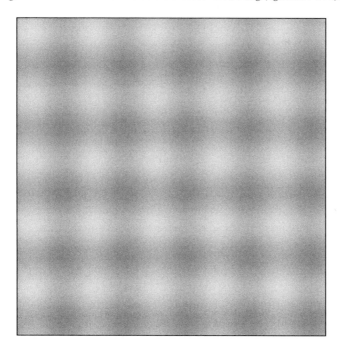

Abb. 4.59 Umklappeffekt bei additiv überlagerten horizontalen und vertikalen Sinusgittern. ❑

Trägt man die relative Schwellenerhöhung für Ortsfrequenzen um die Adaptationsfrequenz auf (Abb. 4.60 rechts), so erhält man in einem weiten Bereich (3,5 bis 14,2 c/deg) von Adaptationsfrequenzen einen identischen Verlauf dieses Effektes mit einer Halbwertsbreite von etwa 1,2 Oktaven (Blakemore und Campbell, 1969). Eine im Gegensatz zu anderen Untersuchungen bis zu noch niedrigeren (0,12 bis 1 c/deg) Ortsfrequenzen reichende Adaptation erhält man bei entsprechender zeitlicher Modulation der Muster (Stromeyer et al., 1982), da diese nur unter diesen Bedingungen gut wahrnehmbar sind. Interessant ist in diesem Zusammenhang eine zusätzliche Verbesserung der Wahrnehmung weiter (2 bis 3 Oktaven) entfernter Ortsfrequenzen (DeValois, 1977, 1978), die in Abb. 4.60 gezeigt ist. Dieser von anderer Seite kritisch beurteilte Verbesserungseffekt (Georgeson und Harris, 1984) weist auf eine entsprechende Wechselwirkung zwischen benachbaren Kanälen hin. Eine derartige Facilitierung ist auch bei der örtlich getrennten Darbietung des Adaptationsmusters relativ zum Testmuster vorhanden (Ejima und Takahashi, 1984) und als Verringerung der inhibitorischen Wirkung örtlich ausgedehnter Sinusgitter auf die Wahrnehmbarkeit von Kanten nach Adaptation gedeutet worden (Hauske, 1981). Mögliche Modellvorstellungen zur Ortsfrequenzadaptation sind ein Inhibitionsmodell (Dealy und Tolhurst, 1974), bei dem die Hemmung von benachbarten erregten Kanälen ausgeht, und als neuere Entwicklung ein Ermüdungsmodell (Georgeson und Harris, 1984), in welchem eine Ermüdung eines aktiven Kanals durch Gebrauch angenommen wird. Man beachte in diesem Zusammenhang, daß eine Lokaladaption wegen der beim Adaptieren erfolgenden Bewegung weitgehend ausgeschlossen sein sollte.

Weitere Adaptationsexperimente beinhalten figurale Adaptationswirkungen, die analog zur oben genannten Schwellenerhöhung spektral mehrdimensionale Phänomene betreffen. Beobachtet wird jeweils eine gegenläufige Wahrnehmung relativ zum adaptierten Merkmal, was sich neben der Ortsfrequenz und der Orientierung auch auf die Bewegungsrichtung auswirken kann (Abb. 4.58). Alle diese Phänomene sind unter Zuhilfenahme eines in mehreren Dimensionen angelegten Mehrkanalschemas zu erklären.

Als neurophysiologische Basis der genannten (ortsfrequenzmäßigen) Adaptationsvorgänge werden die Simple-Zellen des Cortex (und nicht Zellen aus der Retina und dem CGL) erkannt (Maffei et al., 1973). Der in Abb. 4.59 gezeigte Umklappeffekt ist dabei der Ortsfrequenzadaptation insofern ähnlich, als auch hier eine Ermüdung des jeweils aktiven (d.h. die Wahrnehmung bestimmenden) Orientierungskanals angenommen werden kann. Die Winkelbreite eines Orientierungskanals darf entsprechend diesem Phänomen nicht mehr als 90 deg betragen. Genauere psychophysische Messungen zur

4.7 Biologische Mehrkanalkonzepte

Wahrnehmung überlagerter, unterschiedlich orientierter Muster (Kulikowski et al., 1973) haben eine Orientierungsbreite von 30 deg festgestellt, was in guter Übereinstimmung mit entsprechenden Daten an Simple-Zellen des Cortex ist (Hubel und Wiesel, 1962, 1965, 1968).

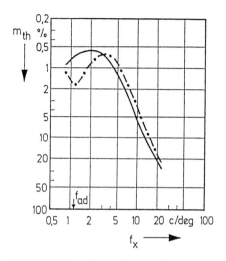 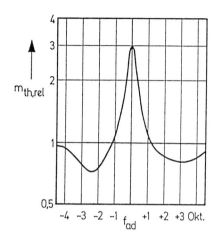

Abb. 4.60 Experimentelle Ergebnisse der Ortsfrequenzadaptation. Links: Nach mehrminütiger Adaptation auf ein stark moduliertes Sinusgitter der Ortsfrequenz f_{ad} (Pfeil) wird für Sinusgitter der Frequenz f_x in der Nähe von f_{ad} eine erhöhte Schwellenmodulation m_{th} (strichpunktiert) im Vergleich zum nichtadaptierten Fall (durchgezogen) erhalten. Weiter abliegende Frequenzen zeigen einen leichten Facilitationseffekt. Im Bereich von ±1 Oktave entspricht der Verlauf nach Adaptation dem von Blakemore und Campbell (1969) erhaltenen. Rechts: Relative Schwellenerhöhung bezogen auf den nichtadaptierten Fall in Oktavschritten relativ zu f_{ad} gültig in einem weiten Bereich der Adaptationsfrequenz. Daten von DeValois (1978) leicht geglättet. □

4.7.3 Maskierung

Der Begriff Maskierung bezeichnet eine (üblicherweise hemmende) Wechselwirkung zwischen einem Testsignal und einem örtlich und zeitlich überlappenden Maskierungssignal. (Ist diese Überlappung nicht gegeben, so handelt es sich um sog. Metakontrastphänomene, die hier nicht behandelt werden). Ziel von Maskierungsuntersuchungen ist es u.a., die Selektivität des jeweils aktiven Wahrnehmungsmechanismus (d.h. des Kanals) in Bezug auf bestimmte Maskiereigenschaften (bei Sinusgittern z.B. deren Frequenz) auszumessen. Der Begriff Maskierung ist aus dem auditorischen Bereich seit langem bekannt und wird dort als Verdeckung bezeichnet (Zwicker, 1982).

In einer ersten Studie zur visuellen Maskierung (Campbell und Kulikowski, 1966) wurde die Veränderung der Wahrnehmbarkeit eines Testgitters als Funktion eines gleichzeitig dagebotenen, aber um einen bestimmten Winkel verdrehten Gitters gemessen. In Polarkoordinaten aufgetragen erhält man eine Maskierungskeule mit einem Maximum bei gleicher Orientierung von Test- und Maskierungsgitter und einer Halbwertsbreite von ± 12 bis 15 deg Abweichung zwischen beiden Gittern. Die Winkelbreite einer solchen Keule ist in Übereinstimmung mit neurophysiologischen Befunden (Hubel und Wiesel, 1962, 1965, 1968). In darauffolgenden Experimenten wurde die Ortsfrequenzbandbreite der Kanäle mit Hilfe von maskierndem Schmalbandrauschen zunächst für Gittermuster (Stromeyer und Julesz, 1972) und dann für natürliche zweidimensionale Muster (Harmon und Julesz, 1973) ausgemessen, woraus sich eine Bandbreite von ± 1 Oktave ergab. Diese Breite liegt deutlich über der beim Gehör gefundenen von ± 0,125 Oktaven (Zwicker, 1982), wobei man berücksichtigen sollte, daß der Frequenzselektivität beim Gehör plausiblerweise eine größere Rolle zukommt.

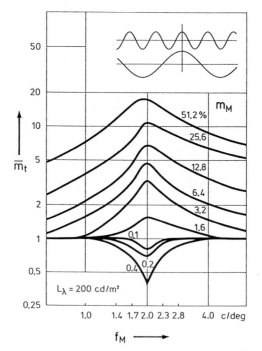

Abb. 4.61 Maskierung eines Sinusgitters der Ortsfrequenz 2 c/deg durch ein überlagertes Sinusgitter der Ortsfrequenz f_M und der Modulation m_M dargestellt als relative Schwellenerhöhung $\overline{m}_t$. Die Darbietungszeit betrug 200 msec, die Bildfeldgröße 6×6 deg. Beide Muster besaßen Cosinusphase bezogen auf die Bildmitte. Daten leicht geglättet nach Legge und Foley (1980). ❑

4.7 Biologische Mehrkanalkonzepte 163

Weitere Maskierungsuntersuchungen wurden an Sinusgittern von 2 c/deg (Legge und Foley, 1980) und an schmalbandigen Gittern der Breite 1 Oktave für Ortsfrequenzen von 0,25 bis 22,0 c/deg (Wilson et al., 1983) vorgenommen. Legge und Foley (1980) zeigen den Einfluß eines maskierenden Signals in ei-

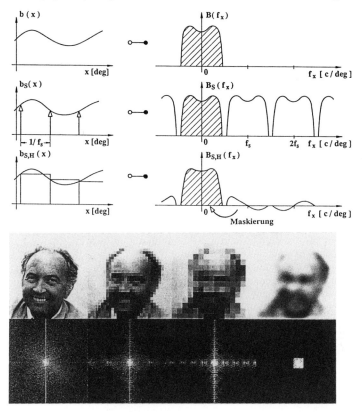

Abb. 4.62 Maskiereffekt bei abgetasteten Bildern und seine systemtheoretische Erklärung. Oben: Ein (zur Vereinfachung als eindimensional angenommenes) Bild b(x) mit einem Ortsfrequenzspektrum B(f_x) wird durch punktweise Abtastung zum abgetasteten Bild b_S(x), dessen Spektrum B_S(f_x) eine Wiederholung des Bildspektrums an Vielfachen der Abtastfrequenz f_s enthält. Ein abgetastetes und rechteckförmig jeweils ausgefülltes Bild b_{sH}(f_x) liefert entsprechend der Faltung mit einer Rechteckfunktion ein mit einer si-Funktion gewichtetes Spektrum B_{sH}(f_x). Das Spektrum des Originalbildes (schraffiert) wird durch die zusätzlichen Spektralanteile maskiert (Pfeil). Unten: Beispiel für Maskierung durch Rasterung dargestellt im Orts- und Ortsfrequenzbereich. Links ist das (nicht bandbegrenzte) Original zu sehen, daneben befinden sich bandbegrenzte, abgetastete und quadratisch ausgefüllte Bilder, die infolge von Maskierungseffekten schlecht zu erkennen sind. In der spektralen Darstellung sind die durch Abtastung zusätzlich erzeugten Spektren zu sehen. Rechts wurden die maskierenden Komponenten herausgefiltert, womit das Original trotz starker Tiefpaßfilterung deutlich erkennbar ist. Nach Wahl (1984). □

164 Kapitel 4 Der Gesichtssinn als Übertragungskanal

Abb. 4.63 Salvador Dali's geniale Umsetzung eines bekannten Maskierungsphänomens. Bei unscharfer Betrachtung wird das Portrait von A. Lincoln sichtbar. Die im wissenschaftlichen Experiment verwendete gerasterte Vorlage von A. Lincoln ist unten links im Bild zu erkennen. Der Titel zu diesem Bild lautet "Gala betrachtet das Mittelmeer, was sich aus einer Entfernung von zwanzig Metern in das Bild Abraham Lincolns verwandelt. Hommage für Rothko" (1976). ❑

4.7 Biologische Mehrkanalkonzepte

nem weiten Kontrastbereich mit einem Übergang von Facilitierung bei kleinen (<1%) Kontrasten zu typischerweise hemmender Maskierung bei größeren Kontrasten (Abb. 4.61). Die Halbwertsbreite der Maskierwirkung ist für große (>3,2%) Maskiererkontraste deutlich größer als für kleine (0,4%) Maskiererkontraste. Zur Beschreibung der Phänomene wird ein nichtlineare Komponenten enthaltendes Modell bestehend aus einer Bandpaßfunktion und einer bei höheren Kontrasten sättigenden (gedächtnislosen) Nichtlinearität vorgeschlagen. Die Sättigung bewirkt, daß das zu erkennende Signal bei hohen Maskiererkontrasten nurmehr eine schwache Erhöhung im Vergleich zum unmaskierten Fall hervorruft und damit schlechter wahrgenommen wird. Im Rahmen unserer eigenen Untersuchungen wurden Modellrechnungen mit einem mehrkanaligen Maskierungsmodell (Modell IV im Anhang, Kap. 5.4, nach Elsner, 1986) durchgeführt, die die experimentellen Daten gut nachbilden.

Das bemerkenswerteste Ergebnis der Arbeit von Wilson et al. (1983) besteht in der Tatsache, daß die Kanalanordnung in der Frequenzebene als diskret anzusehen ist und 6 unterschiedliche Filtertypen mit Mittenfrequenzen von 1 bis 16 c/deg postuliert werden können. Die Bandbreite nimmt zwar mit steigender Mittenfrequenz von 2,5 auf 1,25 Oktaven ab, bleibt damit aber in der gleichen Größenordnung. Die zweidimensionale Übertragungcharakteristik einzelner Kanäle wurde ebenfalls mit einem entsprechend gestalteten Maskierungsexperiment ermittelt (Daugman, 1984). Das Ergebnis ist im wesentlichen eine Bestätigung der bisher erhobenen Befunde, jedoch verbunden mit der Aussage, daß die Maskierungsfunktion polar nicht separierbar ist, d.h. nicht als Produkt einer radialen und einer winkelabhängigen Frequenzfunktion beschrieben werden kann. Einen Einblick in die untersuchten Maskierungsphänomene sollen die nachfolgenden Experimente geben.

Experimente zur Maskierung: *Ein durch Rasterung entstehendes Maskierungsphänomen ist in Abb. 4.62 unter Verwendung des Portraits einer in der Münchner Systemtheoretikerszene wohlbekannten Persönlichkeit vorgeführt und erklärt. Die durch Rasterung entstehende Blockstruktur maskiert dabei den Bildinhalt, d.h. sie läßt den Bildinhalt infolge der Maskierung nicht oder nur undeutlich erkennen.*

Der spanische Maler S. Dali hat sich durch ein derartiges Maskierungsphänomen zu einem berühmten Bild inspirieren lassen, wobei er die maskierende Wirkung des Rasters zusätzlich durch Farbe, Tiefe und Bildinhalt verstärkt (Abb. 4.63). Bei unscharfer Betrachtung (im Museum wird zu diesem Zweck eine entsprechende Plastiklinse, eine sog. "Dalioptische Linse" ausgeteilt) geht auch hier die Maskierwirkung zugunsten des Portraits von A. Lincoln verloren. Harmon und Julesz (1973) verwendeten in ihren Untersuchungen zur Maskierung (ihrer nationalen Zugehörigkeit entsprechend) die-

> ses bekannte Portrait von A. Lincoln, das in Rechteckblöcken abgetastet, ortsfrequenzgefiltert und mit maskierenden Störungen verschiedener Zusammensetzung überlagert wurde.

4.7.4 Wahrnehmbarkeit zusammengesetzter Muster

In einer weiteren Klasse von Experimenten zur Bestimmung der Kanaleigenschaften wird die Wahrnehmbarkeit zusammengesetzter Muster untersucht und zwar dahingehend, ob und inwieweit die einzelnen Komponenten wahrnehmungsmäßig zusammenwirken. In diesen Experimenten ist eine der Komponenten üblicherweise sinusförmig (oder wenigstens schmalbandig), was den Grund hat, den Beitrag dieser Frequenzkomponente an der Gesamtaktivität des mit der Wahrnehmung der anderen Komponente befaßten Kanals zu messen. Ist keine Wirkung vorhanden, so liegt diese Frequenz außerhalb des Einzugsbereichs des aktiven Kanals, während eine starke Wirkung einen entsprechend hohen Wert der Übertragungsfunktion des Kanals für diese Frequenz anzeigt. Eine genaue quantitative Analyse der Kanaleigenschaften erfordert dabei weitergehende Annahmen über das (möglicherweise nichtlineare) lokale und kanalweise Zusammenwirken der einzelnen Komponenten. Die Umsetzung der experimentellen Daten ist damit, wie leicht einzusehen ist und wie weiter unten gezeigt wird, wesentlich von diesen Annahmen abhängig.

Überlagert man sinusförmige Komponenten unterschiedlicher, aber benachbarter Ortsfrequenz (Sachs et al., 1971; Graham und Nachmias, 1971; Kulikowski und King-Smith, 1973; Quick und Reichert, 1975; Bergen et al., 1979) so erhält man Ergebnisse wie in Abb. 4.64 dargestellt. Die darin ausgedrückte Wirkung eines modulationsschwächeren Sinusgitters auf die Wahrnehmbarkeit eines Testgitters fällt mit wachsendem Frequenzunterschied zunächst stark ab, um dann allmählich auf einen konstanten Wert zu konvergieren. Entnimmt man die Halbwertsbreite des betreffenden Kanals direkt (d.h. ohne weitere Modellannahmen) aus diesen Daten, so ergibt sich für das dargestellte Beispiel ein Wert von $\pm 0{,}1$ Oktave, was angesichts der aus anderen Untersuchungen erhaltenen Schätzungen ein sehr niedriger Wert ist. Unter Zuhilfenahme geeigneter nichtlinearer bzw. nichtlinear/probabilistischer Modelle (Cowan, 1977; Wilson und Bergen, 1979; Bergen et al., 1979; Graham, 1977, 1980, 1989) läßt sich der in Abb. 4.64 gezeigte Verlauf jedoch auch mit deutlich breitbandigeren Filtermechanismen erklären. Das nichtlineare Element ist dabei in einer kanalweise bzw. kanalweise und örtlich erfolgenden

4.7 Biologische Mehrkanalkonzepte

Summation einzelner Anteile gemäß $[\Sigma A^k]^{1/k}$ im Sinne einer Vektornorm gegeben, wobei k Werte zwischen 3 und 5 annehmen kann.

In einer Variante dieser Methode werden aperiodische Testmuster (Linien, Balken, Kanten usw.) verwendet, die von einer unterschwelligen Sinuskomponente überlagert werden (Kulikowski und King-Smith, 1973; Shapley und Tolhurst, 1973; Hauske et al., 1976, 1978; Hauske, 1988). Mißt man den Einfluß dieser Sinuskomponente (bestimmter Ortsfrequenz) auf die Wahrnehmbarkeit der Testmuster, so erhält man Einflußdiagramme als Funktion der Ortsfrequenz, wie in Abb. 4.65 angegeben. Interessant ist, daß die Form dieser Sensitivitätsfunktionen bis auf eine konstante bandpaßartige Funktion der Form der Ortsfrequenzspektren der Testmuster gleicht. Dieser Zusammenhang ist in Abb. 4.65 nachgewiesen.

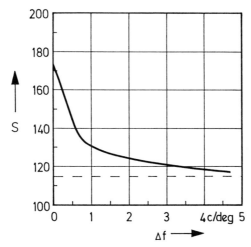

Abb. 4.64 Sensitivität S (d.h. reziproke Schwellenmodulation) eines Sinusgitters der Ortsfrequenz 4 c/deg als Funktion des Frequenzabstandes Δf zu einem gleichzeitig dargebotenen Sinusgitter von wahrnehmungsmäßig halbem Modulationsgrad im Vergleich zum Testgitter. Gestrichelt ist die Sensitivität für das Testmuster allein angegeben. Daten nach Bergen et al. (1979) leicht geglättet und extrapoliert. ❑

Interpretiert man die experimentell erhaltenen Sensitivitätsfunktionen als Übertragungsfunktion des bei der Detektion jeweils aktiven Kanals, so folgt daraus unmittelbar das von uns in diesem Zusammenhang formulierte Konzept des signalangepaßten Filters (engl. matched filter). Es ist danach zu postulieren, daß das visuelle System zumindest für die hier untersuchten Testmuster (Kante, Linie, differenzierte Linie, doppelt differenzierte Linie) signalangepaßte Filter bereitstellt. Mehrkanalige Schemata, wie sie z.B. aufgrund von Maskierungsexperimenten angenommen werden, lassen sich damit als signalangepaßte Filter für bestimmte Elementarsignale deuten. Die

Übertragungsfunktion des signalangepaßten Filters enthält als wesentliche Komponente das konjugiert komplexe Spektrum des zu detektierenden Signals und eine von der spektralen Zusammensetzung der Störung abhängende Frequenzbewertung. Im Frequenzbereich wird damit das Signal optimal gewichtet, was im Originalbereich zu einer für die nachfolgende Detektion günstigen, da maximalen Ausgangsgröße führt. Diese Leistung ist auch für das visuelle System von Bedeutung.

Wieviele verschiedene signalangepaßte Filter das visuelle System zur Verfügung stellen kann, ist nicht vollständig geklärt, jedoch konnte die erfolgreiche Anwendung dieses Konzeptes zur Beschreibung der Wahrnehmbarkeit zahlreicher unterschiedlicher Testmuster gezeigt werden (Modell VI im Anhang, Kap. 5.4, nach Hauske, 1988). Daß die postulierten musteradaptiven Filtermechanismen nicht starr vorprogrammiert vorliegen, zeigen Experimente mit mehreren zu detektierenden Mustern (Kante, Linie), bei denen die Sensitivitätsfunktion vom jeweils vorher gebotenen Muster abhängt (Hauske, 1988). Die Abhängigkeit von Augenbewegungsparametern (Sakkadanamplitude, -position) vom dargebotenen Muster (Abb. 4.47) darf ebenfalls in diesem Zusammenhang gesehen werden (Hauske, 1988). Diesbezügliche Hinweise ergeben sich auch aus der Abhängigkeit von Klassifikationsexperimenten von der Art des Lernens (Shapley et al., 1990).

Es soll jedoch nicht verschwiegen werden, daß die experimentellen Daten der vorher genannten Untersuchungen auch im Rahmen eines nichtlinear/probabilistischen Modellansatzes gedeutet werden können (Graham 1977, 1980, 1989). In diesem Konzept werden gleichförmige, über die Ortsfrequenz verteilte Kanäle mit nichtlinearem Zusammenwirken angenommen, womit die unterschiedlichen, dem signalangepaßten Filter entsprechenden Sensitivitätsfunktionen von Abb. 4.65 ebenfalls erzeugt werden können. In diesem Modellansatz wird angenommen, daß jede der Komponenten eines Musters zunächst getrennt einem Detektionsmechanismus zugeführt wird und das zusammengesetzte Muster erkannt wird, wenn alle Komponenten detektiert werden (Wahrscheinlichkeitssummation, engl. probability summation). Der Beobachter erkennt danach ein zusammengesetztes Muster, wenn keine der Komponenten unterschwellig bleibt (d.h. nicht erkannt wird), woraus sich die in Abb. 4.66 gezeigte Formel herleitet. Man kann zeigen, daß Experimente an zusammengesetzten Mustern mit Hilfe eines solchen Modellansatzes beschrieben werden können (Abb. 4.66).

Der Vorteil dieser probabilistischen Konzepte wird in einer (bezogen auf die Kanalstruktur) niedrigeren Anzahl freier Parameter gesehen. In diesem Zusammenhang sei noch eine kürzlich erschienene theoretisch Arbeit erwähnt

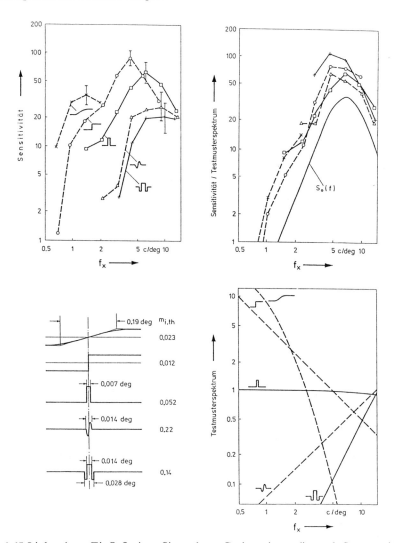

Abb. 4.65 Links oben: Einfluß eines Sinus- bzw. Cosinusgitters (je nach Symmetrie des Testmusters) auf die Wahrnehmbarkeit von Testmustern als Funktion der Ortsfrequenz der Gitter. Aufgetragen ist die (differentielle relative) Sensitivität, d.h. der Quotient aus der relativen Veränderung der Schwellenmodulation des Testmusters und der entsprechenden Modulationsveränderung (z.B. von 0 auf einen bestimmten Wert) des überlagerten Sinusgitters. Rechts oben: Der Quotient aus frequenzabhängiger Sensitivität und Testmusterspektrum bei Schwellenmodulation führt auf eine musterunabhängige Bandpaßfunktion $S_o(f)$, die zur besseren Darstellung versetzt gezeichnet ist. Unten: örtlicher Intensitätsverlauf und Ortsfrequenzspektren der Testmuster bei Schwellenmodulation. Die frequenzabhängige Sensitivität läßt sich für jedes Muster als Produkt aus dem Musterspektrum und der musterunabhängigen Bandpaßfunktion $S_o(f)$ bilden, die als reziproke spektrale Leistungsdichte einer internen Störung interpretiert werden kann. Aus Hauske et al. (1976). □

(Mortensen, 1988), in der die nichtlineare Summation im Sinne der Wahrscheinlichkeitssummation als nicht schlüssig nachgewiesen erachtet wird. Eine gleichlautende Ansicht wird im Rahmen eines Mehrkanalmodells für die Detektion von zusammengesetzten Gittermustern vertreten (Jaschinski-Kruza und Cavonius, 1984).

Eine mögliche differentialgeometrische Deutung der in Abb. 4.65 gezeigten Familie von Sensitivitätskurven liefert ein Ansatz von Koenderink und van Doorn (1987) und Koenderink (1988). Danach führt eine Serie fortschreitender Differentiationen, wie systemtheoretisch unmittelbar einsichtig, im Spektrum zu einer Multiplikation mit der Frequenz, womit gerade die Schar der Spektren der von uns verwendeten Testmuster (Kante, Linie, differenzierte Linie, doppelt differenzierte Linie) und der zugehörigen Sensitivitätsfunktionen beschrieben wird. Eine derartige Signaldarstellung ist für eine Signalanalyse von großer Bedeutung, denn sie erlaubt eine Reihe von Signaleigenschaften (wie z.B. Krümmung) in einfacher Weise darzustellen.

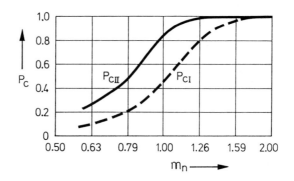

Abb. 4.66 Psychometrische Funktionen für Einzelkomponenten (I) und für das aus diesen zusammengesetzte Muster (II). Gestrichelt: Erkennungswahrscheinlichkeit P_{cI} für Sinusgitter von 1,33/4/12 c/deg als Funktion der normierten Modulation m_n. Die Normierung der einzelnen Gitter erfolgte dargestellt, daß diese gleich gut erkennbar sind. Durchgezogen: Höhere Erkennungswahrscheinlichkeit P_{cII} für ein aus allen 3 Komponenten zusammengesetztes Muster entsprechend dem probabilistischen Modell. Es gilt $P_{cII} = 1 - (1 - P_{cI})^3$. Die experimentellen Daten sind in guter Übereinstimmung mit dem Modellansatz (Graham, 1980). ❑

4.7.5 Mehrdimensionale Mehrkanalkonzepte

Orientierungskanäle. Zusammengefaßt dargestellt zeigt sich das visuelle System aus einer Vielzahl praktisch nicht überlappender Subsysteme aufgebaut. Der spektrale Einzugsbereich des einzelnen Subsystems kann etwas verein-

4.7 Biologische Mehrkanalkonzepte

facht durch eine radiale Breite von 1 Oktave und durch eine Winkelbreite von 30 deg beschrieben werden, was schematisch in Abb. 4.67 gezeigt ist. Diese Spezifität ist im Cortex u.a. bei den sog. Simple Cells anzutreffen und betrifft die Orientierung mit einer Bandbreite von 30 deg (Hubel und Wiesel, 1962, 1965, 1968) wie auch die Ortsfrequenz mit Bandbreiten von 0,7 bis 2,5 Oktaven (Maffei und Fiorentini, 1973; DeValois et al., 1982).

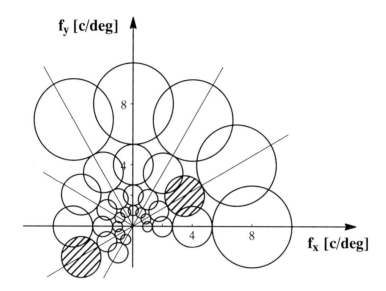

Abb. 4.67 Schematisierte Anordnung von Ortsfrequenzkanälen in der zweidimensionalen Ortsfrequenzebene. Die einzelnen Kanäle besitzen Oktavbreite in radialer Richtung und 30 deg Breite orthogonal dazu und gehören paarweise zusammen (schraffiert). Für jedes Paar wird sowohl eine reel/gerade wie auch eine imaginär/ungerade Realisierung angenommen. Modifiziert nach Elsner (1986). ❑

Ortsfrequenz-/Zeitfrequenzkanäle. Eine ganz ähnliche Aufteilung ergibt sich im spektralen Ortsfrequenz/Zeitfrequenzbereich, wonach das visuelle System das durch zwei Ortsfrequenzen und eine Zeitfrequenz aufgespannte Volumen letztlich in Teilvolumina aufteilt. Dabei findet sich (mit Hilfe von Adaptations- und Identifikationversuchen nachgewiesen) im Zeitfrequenzbereich generell eine geringere Selektivität als im Ortsfrequenzbereich, gleichzeitig aber eine richtungsabhängige Geschwindigkeitsselektivität bei niederen Ortsfrequenzen (Levinson und Sekuler, 1980; Thompson, 1983, 1984). Neurophysiologische Untersuchungen am Cortex und an Zellen des mittleren temporalen Areals (MT) konnten ebenfalls geschwindigkeitsselektive Eigenschaften aufdecken (Fellemann und Kaas, 1984; Emerson et al., 1992). Ein zweidimensionaler Zeitfrequenz/Ortsfrequenzschnitt hat dabei eine schematische Form, wie in Abb. 4.68 dargestellt. Analog zur Orientierungsselektivität im Ortsfrequenzbereich gehören auch hier Paare von gegenüberliegenden Kanälen entsprechend der Geschwindigkeit (und der Richtung) zusammen. Das visuelle System ist danach ein im wesentlichen Geschwindigkeiten analysierendes System, was im Bezug auf die Augenbewegungen eigentlich nicht verwunderlich ist. Diese geschwindigkeitsmäßige Aufteilung ist auch die Ursache für die um einen Faktor zwei bessere Wahrnehmbarkeit von bewegten im Vergleich zu alternierend flimmernden Mustern (vgl. Abb. 4.35). Die Spektren bewegter Muster fallen nämlich voll in einen Geschwindigkeitskanal, während das Spektrum des alternierend flimmernden Musters (das aus den Spektren zweier gegenläufig bewegter Gitter zusammengesetzt gedacht werden kann) jeweils nur zur Hälfte in einen der Geschwindigkeitskanäle fällt (vgl. Abb. 2.8).

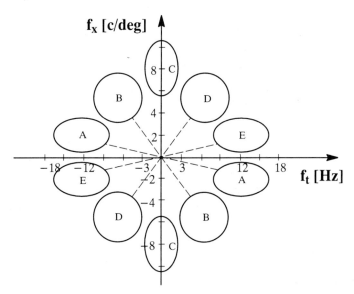

Abb. 4.68 Schematisierte Anordnung von Kanälen in der zweidimensionalen Orts-/Zeitfrequenzebene. Die Kanäle A-A bis E-E sind geschwindigkeitsselektiv nach Größe und Richtung (vgl. Anhang, Kap. 5.4). Die Kanäle A/A und E/E sind für hohe, die anderen Kanäle entsprechend für niedere Geschwindigkeiten und die Geschwindigkeit 0 zuständig. Aus Elsner (1986). ❑

4.8 Technische Mehrkanalkonzepte

4.8.1 Codierung, Datenkompression

Ein sehr handfestes Argument für die Verwendung einer mehrkanaligen Repräsentation ist die damit zu erreichende Datenkompression. Dies mag zunächst als Widerspruch erscheinen, da an Stelle des Eingangsbildes nun eine Vielzahl von bandpaßgefilterten Repräsentationen existiert. Da die bandpaßgefilterten Bilder jedoch jedes für sich weniger Information enthalten und in einer unterabgetastet vergröberten Form niedergelegt werden können, resultiert, wie man zeigen kann, für hart begrenzende zweidimensionale Filter keine Vergrößerung und in sonstigen Fällen nur eine geringfügige Vergrößerung des Datenumfangs. Dieser wird zudem noch durch die im Vergleich zum Original günstigere Statistik der Bandpaßrepräsentationen ausgeglichen. Die Grauwertstatistiken sind in Abb. 4.69 für ein Original und einen (relativ hochortsfrequenten) Bandpaßauszug anhand eines (in der Bildtechnik häufig verwendeten) Bildbeispiels dargestellt, woraus eine ganz markante Reduzierung der vorkommenden Graustufen und damit der Entropie beim Bandpaßbild ersichtlich ist. Diese Eigenschaft kann den Bildern unmittelbar angesehen werden. Niedere Ortsfrequenzen, die im Original zu einer Vielzahl von feinen Grauabstufungen führen, sind im bandpaßgefilterten Bild nicht enthalten. Die bandpaßgefilterten Teilbilder lassen sich damit sehr viel effektiver (d.h. sparsamer) codieren, wobei Kompressionsfaktoren von 4 bis 8 erhalten werden.

Derartige Codierverfahren werden in der Technik (für Bild- und Tonsignale) unter dem Namen Subbandcodierverfahren erfolgreich angewandt (Woods und O'Neil, 1986). Auf die zahlreichen Varianten von Subbandverfahren, wie z.B. die Wavelet-Transformation (Mallat, 1989), wird hier nicht eingegangen, es sollen aber grundlegende Aspekte der Subbandcodierung zum Verständnis der biologischen Mehrkanalsysteme dargelegt werden. In diesem Zusammenhang sei auch noch erwähnt, daß sich derartige Vorverarbeitungsverfahren zur Erzeugung des bei der Speicherung in Neuronalen Netzen notwendigen spärlichen Codes mit wenigen Einsen und vielen Nullen einsetzen lassen (Zetzsche, 1990).

Die Wirkungsweise von Subbandverfahren beruht auf einer Redundanz-Elimination, bei der keine Information verlorengeht und lediglich eine Anpassung des Codes an die Statistik der Quelle erfolgt, und (meist damit gekoppelt) einer Irrelevanz-Reduktion durch entsprechend grobe Quantisierung der Daten unter Informationsverlust. Die Rechtfertigung für Subbandverfahren ergibt sich im Rahmen einer Analyse der bei bitratenbegrenzter Übertragung entstehenden Fehler im Vergleich mit Vollbandverfahren. Man nimmt dabei zunäcgt an, daß eine bestimmte Anzahl von Bits optimal den Amplituden eines Bildes bzw. seiner Subband-Teilbilder zugeordnet werden. Optimale Zuordnung besagt dabei, daß bei großer Varianz der Amplitudenstatistik (entsprechend einer breiten Amplitudenverteilung) mehr Bits und umgekehrt zugeordnet werden. Betracht man die mittleren quadratischen Fehler d_{Sub} für Subbandcodierung und d_{Fb} für Vollbandcodierung, ergibt sich der folgende Ausdruck

$$\frac{d_{Sub}}{d_{Fb}} = \frac{\prod_{m=1}^{M} \left(\sigma_m^2/V_m\right)^{1/V_m}}{\sum_{m=1}^{M} \sigma_m^2} ,$$

in dem σ_m die Varianz in den einzelnen Subbändern und v_m der Unterabtastungsfaktor ist. Ist die Varianz σ_m der einzelnen Subbänder gleich, so ist der Ouotient $d_{Sub}/d_{Fb}=1$ und damit kein Vorteil der Subbanddarstellung gegeben. Für natürliche Bilder sind jedoch die Varianzen ungleich verteilt (vgl. Abb. 4.69 unten mit niedrigen Amplituden in den hochfrequenten Bandpässen), so daß es sinnvoll ist, den gesamten Frequenzbereich zu unterteilen, um in den einzelnen Bändern eine flachere (und damit informationstheoretisch günstigere) Charakteristik zu erhalten. Eine solche Maßnahme führt zu einem um einen Faktor von ca. 8 niederen Fehler bei Subbanddarstellung im Vergleich zur Vollbanddarstellung (bei gleicher Rate !). Bei gleichem Fehler erhält man im Subbandverfahren eine entsprechend um den gleichen Faktor niedere Rate.

Die starke Ungleichverteilung der Varianzen (d.h. Energien) in den einzelnen Bandpaßauszügen berührt ein zentrales Thema im Zusammenhang mit Codierung, auf das kurz eingegangen werden soll. Energiekompaktierung, d.h. die Konzentration der Energie auf möglichst wenige Koeffizienten, ist eines der wesentliche Ziele von Codierverfahren. Damit entsteht bei einer Rekonstruktion von Bildern unter Weglassen von energiearmen Koeffizienten nur ein kleiner Fehler. Dieser Fehler soll nach Möglichkeit irrelevante Information betreffen und vom Beobachter nicht oder nicht störend wahrgenommen werden. Eine optimale Energiekompaktierung wird durch die sog. Karhunen-Loeve-Transformation (auch Hauptachsen- oder Prinzipalkomponenten-Transformation genannt) erreicht. Damit erhält man zudem noch ein Signal,

4.8 Technische Mehrkanalkonzepte

dessen Komponenten keinerlei statistische Korrelation untereinander aufweisen, d.h. die Kovarianzmatrix ist diagonal. Diese Dekorrelation ist eine für eine Redundanzeliminierung (ohne Informationsverlust) sinnvolle Maßnahme. Die Parameter der Karhunen-Loeve-Transformation werden aus den statistischen Eigenschaften der Signale (genau deren Kovarianzmatrix) ermittelt und sind damit signalabhängig. Man findet nun, daß das für natürliche Bilder erhaltene orthonormale System von Basisfunktionen der Karhunen-Loeve-Transformation (gegeben durch die Eigenvektoren der Kovarianzmatrix) weitgehend mit dem der (nicht signalabhängigen) diskreten Cosinustransformation (oder anderen vergleichbaren Transformationen dieser Art) übereinstimmt (Jayant und Noll, 1984). Dies ist eine Folge der hohen Pixelkorrelation in natürlichen Bildern, denn in einem mathematisch strengen Sinn ist die Cosinustransformation für einen Markov-Prozeß erster Ordnung mit hoher Korrelation zwischen den Pixeln optimal. Da weiterhin Transformationscodierung und Subbandcodierung (in vergleichbarer Weise dargestellt) bei natürlichen Bildern zu sehr ähnlichen Charakteristiken führen (Abb. 4.69 unten mitte und unten links), folgt daraus die (näherungsweise) Optimalität der Subbandcodierung. Die Vergleichbarkeit beider Transformationen folgt aus ihrer formalen Verwandtschaft, die lediglich in einer Umordnung der transformierten Pixel besteht (Subbandformat in Abb. 4.69 unten rechts: 64*64 Pixel umfassende Bilder für 8*8 unterschiedliche Frequenzbereiche; Transformationsformat in Abb. 4.69 unten mitte und links: 8*8 Koeffizienten umfassende Frequenzbereiche für 64*64 Bildblöcke).

Ein wichtiger Punkt der Datenkompression besteht in der Quantisierung des ursprünglich analogen Signals, d.h. der Abbildung von Wertebereichen desselben auf betimmte diskrete Größen. Man findet, daß eine Darstellung eines Bildes mit 8 bit (entsprechend 256 diskreten Stufen) keine sichtbare Verschlechterung hervorruft. Üblicherweise folgt die Quantisierung jedoch einer Vorverarbeitung (Transformation), die in den meisten Fällen eine Filterung darstellt. Dabei ist in aller Regel eine gröbere Quantisierung zulässig. Um Fehler klein zu halten, müssen Quantisierung und Filterung aufeinender abgestimmt werden. Dies kann dadurch erreicht werden, daß man die Codierverfahren und die dabei entstehenden Fehler in Bezug auf die im biologischen System ablaufenden Vorgänge interpretiert (Field, 1987). In diesen mehr biologisch ausgerichteten sog. Codierverfahren der zweiten Generation werden Eigenschaften des menschlichen visuellen Systems, das vom Prinzip her ebenfalls ein Subbandschema darstellt, einbezogen. Konkrete Codierverfahren dieser Art sind für Gaborfilter (Daugman, 1988), für sektorartige Filtertypen als Cortex-Transformation (Watson, 1987) und für differenzierende Gauß-

Filter als Laplace-Pyramide (Burt und Adelson, 1983) realisiert worden. Damit lassen sich Kompressionsfaktoren von etwas mehr als 8 entsprechend ei-

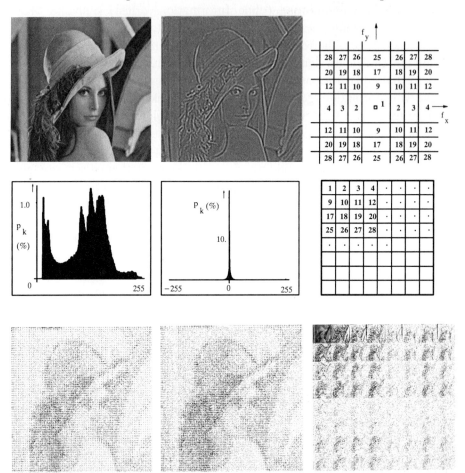

Abb. 4.69 Oben links: Testbild "Lenna" und eine Bandpaßrepräsentation. Mitte links: Grauwertstatistik für 8 bit Original mit den Graustufen von 0 bis 255 und einer Entropie von 7.41 bit/Pixel und Grauwertstatistik der Bandpaßrepräsentation mit nurmehr um den Nullpunkt herum konzentrierten Werten und einer auf 4.61 bit/Pixel reduzierten Entropie. Unten rechts: Testbild "Lenna" in Subbanddarstellung. Jedes Teilbild zeigt die in einem bestimmten Frequenzband enthaltene Information. Die Abnahme der Energie von links oben (Tiefpaß, niederfrequente Bandpässe) nach rechts unten (hochfrequente Bandpässe) ist gut sichtbar. Die Zuordnung der einzelnen Bänder zu den Teilbildern ist rechts oben und mitte gezeigt. Unten mitte: Subbandkoeffizienten im Format der diskreten Cosinustransformation für "Lenna". Unten links: Koeffizienten der diskreten Cosinustransformation für "Lenna", woraus eine etwas bessere Energiekompaktierung dieser hervorgeht.

☐

ner Entropie von unter 1 bit/Pixel erreichen. Eine gute Einführung in die Thematik der biologisch orientierten Bildcodierung und -verarbeitung gibt das von Watson (1993) herausgegebene Buch.

4.8.2 Multiraten-, Multiskalenverarbeitung

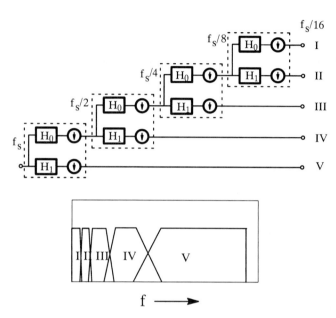

Abb. 4.70 Hierarchisches System mit identischen Stufen bestehend aus Hochpaß H_1 und Tiefpaß H_0 gefolgt von einer Unterabtastung um einen Faktor 2. Dargestellt ist das System in einer Dimension, wie sie z.B. bei einem zeitlich abgetasteten Bild vorliegt. Das Schema läßt sich unschwer auf zwei Ortsdimensionen erweitern (Woods, 1991). ❏

Die Möglichkeit hierarchische, modular strukturierte Systeme aufzubauen, ist von großer Bedeutung für die Technik (Fliege, 1993), aber auch die Biologie. Oktavbreite Bandpässe lassen sich technisch mit Hilfe eines hierarchisch aufgebauten Systems realisieren (Abb. 4.70). Jede Ebene besteht aus einem Hochpaß und einem Tiefpaß gefolgt von einer Unterabtastung um einen Faktor 2. Der Tiefpaßauszug wird jeweils einer weiteren Stufe zugeführt, was zu einer kaskadenartigen Struktur mit oktavbreiten Bandpässen führt. Die digitalen Filter der einzelnen Stufen sind identisch, was für die technische Realisierung von Bedeutung ist. Dies folgt aus der Tatsache, daß die Filter infolge der Unterabtastung in unterschiedlichen Frequenzbereichen wirken. Für ein zeitlich abgetastetes Signal lassen sich damit unterschiedliche Bitraten entsprechend der ausgewählten Ebene erzeugen. Darüberhinaus kann es für die

Verarbeitung von Bildern von Interesse sein, hierachisch vorzugehen und einzelne Auflösungen sequentiell zu verarbeiten. Dies wurde bei der Merkmalsextraktion (Marr und Hildreth, 1980) und in der Analyse von Stereobildern (Nishihara, 1987) angewandt. Die Grundidee dabei ist, die Information aus einer bestimmten Auflösungsstufe für die Analyse in den weiteren Stufen zu verwenden, wobei in unterschiedlicher Richtung (grob-fein, fein-grob) vorgegangen werden kann.

4.8.3 Analytisches Signal

Eine Weiterentwicklung im Rahmen der Mehrkanalkonzepte ist die Erzeugung des sog. analytischen Signals, das nurmehr Komponenten bei positiven Frequenzen und damit ein komplexes Orts- bzw. Zeitsignal besitzt (überblickartige Darstellung in Kap. 5.1 nach Hauske und Zetzsche, 1990). Um die Anteile bei negativen Frequenzen zu eliminieren, wird so verfahren, daß dem ursprünglich reellen Signal (nach der üblichen Bandpaßfilterung) ein imaginäres Signal hinzugefügt wird (Abb. 4.71 oben). Dies ist durch eine diesbezüglich doppelt ausgelegte Struktur der Bandpässe (vgl. Abb. 4.67) leicht zu erreichen und auch biologisch plausibel.

Die Methodik, die auf Gabor (1946) zurückgeht, hat zum Ziel, eine Signalbeschreibung als Funktion der Frequenz (nicht der Fourierfrequenz, sondern der Momentanfrequenz), und der Zeit zu geben. Dieses Konzept hat sich in der elektrischen wie auch optischen Signal- und Systemtheorie vielfach bewährt, denn es erlaubt eine elegante und anschauliche Darstellung komplizierter Phänomene z.B. im Zusammenhang mit Kohärenz und Modulation. Ein wesentlicher Gesichtspunkt der jüngeren Anwendungen des analytischen Signals ist die Lösung des Mehrdeutigkeitsproblems bei der Detektion von Merkmalen durch Filtermechanismen. Viele der bekannten Verfahren liefern in diesem Zusammenhang Fehlklassifikationen, d.h. sie finden Merkmale an Orten, wo keine vorhanden sind. Zu dieser Thematik ist gezeigt worden, daß die lokale Energie (entsprechend dem Betragsquadrat) des analytischen Signals ein besseres Kriterium darstellt (Field, 1987; Morrone und Owens, 1987). In unseren eigenen Untersuchungen wurde der prinzipielle Vorteil des analytischen Signals bei Bilddarstellung und -codierung studiert.

Eine sehr erfolgversprechende Anwendung des analytischen Signals hat sich im Bereich Bildcodierung ergeben (Wegmann und Zetzsche, 1990). Der (lokale) Phasenverlauf des analytischen Signals trägt, wie Abb. 4.71 zeigt, die Information über die Art des vorliegenden Musters, während der lokale Betrag (d.h. die Amplitude) mit seinem Maximum das Vorhandensein eines Musters

4.8 Technische Mehrkanalkonzepte

anzeigt. Für eine anschließende Codierung erweist sich eine Darstellung des (komplexen) analytischen Signals in Polarkoordinaten als günstig. Dies beruht auf bestimmten, mit der Polarkoordinatendarstellung zusammenhängenden statistischen Eigenschaften des analytischen Signals bei natürlichen

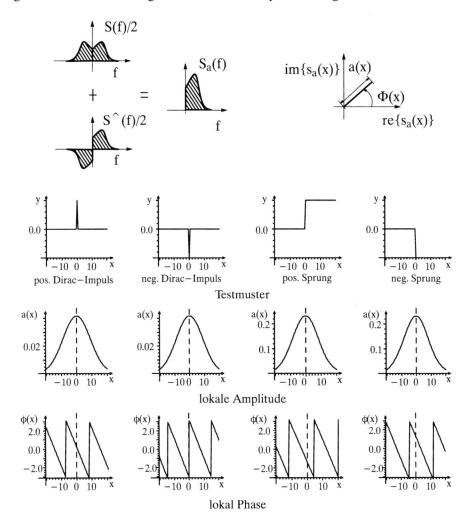

Abb. 4.71 Oben: Generierung des analytischen Signals im Frequenzbereich. Das im Originalbereich komplexe analytische Signal kann durch Betrag und Phase dargestellt werden. Unten: Amplitude und Phase des analytischen Signals für Impulse und Sprünge mit unterschiedlichem Vorzeichen. Man beachte, daß die lokale Amplitude (mitte) bis auf einen Faktor für alle gezeigten Signale praktisch identisch ist. Das Maximum der lokalen Amplitude zeigt den Ort des Musters an. Der Unterschied zwischen den einzelnen Signalen stellt sich im Verlauf der lokalen Phase (unten) dar. Aus Wegmann und Zetzsche (1990). ❑

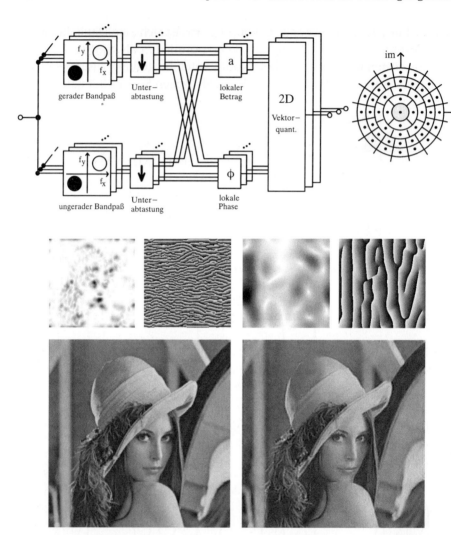

Abb. 4.72 Oben links: Coderschema mit gerade- und ungerade-symmetrischer Bandpaßaufspaltung des Bildes zur Erzeugung des analytischen Signals, entsprechender Unterabtastung und Darstellung des analytischen Signals nach Betrag und Phase. Dieses Signal wird im Vektorquantisierer den zu übertragenden Repräsentanten zugeordnet. Oben rechts: Die (beim analytischen Signal notwendigerweise) komplexe Amplitude eines Bildpunktes in Polarkoordinatendarstellung. Die Punkte stellen die Repräsentanten des jeweiligen Bereiches dar. Man erkennt gut die entsprechend der Anpassung an den menschlichen Beobachter erfolgte ungleichmäßige Aufteilung des Signalraums und insbesondere die Irrelevanzzone im Ursprung. Aus Wegmann und Zetzsche (1990). Mitte: Paare von Betragsbild (links) und Phasenbild (rechts) für Bandpaßauszüge des Testbildes "Lenna" (linkes Paar: horizontale hohe Ortsfrequenz, rechtes Paar: vertikale niedrige Ortsfrequenz). Unten: Beispiel für Original (8 bit/Pixel) und datenreduziertes Bild (0.77 bit/Pixel). ❑

Bildern und entsprechenden Eigenschaften des visuellen Wahrnehmungsraumes, wobei zu vermuten ist, daß sich letzterer an die Eigenschaften seiner natürlichen Umgebung angepaßt hat (vgl. dazu Anhang Kap. 5.1). Das gemäß lokalem Betrag und lokaler Phase dargestellte Signal wird dabei einer Vektorquantisierung (entsprechend einer Zuordnung zu bestimmten zu übertragenden Repräsentanten) unterworfen.

Das Funktionschema dieses Coders ist in Abb. 4.72 oben gezeigt. Die Redundanzreduktion (d.h. die Elimination der statistischen Bindungen) erfolgt dabei im wesentlichen bei der mehrkanaligen Vorfilterung, während die für die weitere Datenkompression wichtige Irrelevanzreduktion in der Aufteilung des (zweidimensionalen) Signalraums auf die Repräsentanten des Vektorquantisierers (Punkte in Abb. 4.72 unten) erfolgt. Diese Aufteilung muß an die Eigenschaften des visuellen Systems angepaßt werden, um entstehende Fehler wahrnehmungsmäßig klein zu halten. Dies wird einmal dadurch erreicht, daß kleine Amplituden um den Ursprung herum durch den Repräsentanten Null übertragen werden (Irrelevanzzone). Größere Signalamplituden werden durch die Mittelpunkte entsprechender Kreisringbereiche dargestellt, wobei es sich als sinnvoll erwiesen hat, achsennahe Bereiche feiner zu unterteilen. Auf diese Weise lassen sich Reduktionsfaktoren von etwa 10 ohne merkliche Qualitätseinbuße erreichen (Abb. 4.72 unten).

4.8.4 Texturunterscheidung

Man kann zeigen, daß der Betrag des analytischen Signals ganz allgemein Aktivität signalisiert, ohne Aussagen über die spezielle Art des jeweiligen Musters zu liefern. Der Betrag des analytischen Signals ist damit hervorragend für Detektionsaufgaben geeignet (Field, 1987; Morrone und Owens, 1987). Die Phase des analytische Signals bestimmt dagegen die Art des Musters und kann daher für Diskriminationsaufgaben z.B. bei der Texturanalyse (du Buf, 1990) eingesetzt werden. Bildet man den Betrag des analytischen Signals für einzelne Bandpaßauszüge, so kann der Betrag des analytischen Signals jedoch auch zur Texturunterscheidung eingesetzt werden (Clark et al., 1987; Kriegeskotten-Tiede und Zetzsche, 1988). Der in unseren Untersuchungen zur Texturunterscheidung verwendete Satz von orientierungs- und größenspezifischen Filtern ist in Abb. 4.73 zusammen mit einem Beispiel gezeigt.

Ergebnisse einer umfassenden Modelluntersuchung, in der das analytische Signal mit diesem Satz von Bandpaßfiltern ermittelt wurde, sind in Abb. 4.74 zusammengefaßt. Hierbei werden Eigenschaften der vom menschlichen Beobachter geleisteten Texturunterscheidung vom Modell insgesamt gut wiedergegeben. Das Modell reagiert stark auf große Winkelunterschiede der Texturelemente (Abb. 4.74 a), während kleine Winkelunterschiede entsprechend schwächer beantwortet werden (Abb. 4.74 b,c). Weiterhin läßt die Stärke der Antwort nach, wenn die Texturelemente weniger dicht liegen (Abb. 4.74 d), was im Grenzfall dazu führt, daß eine Textur im eigentlichen Sinn nicht mehr gegeben ist.

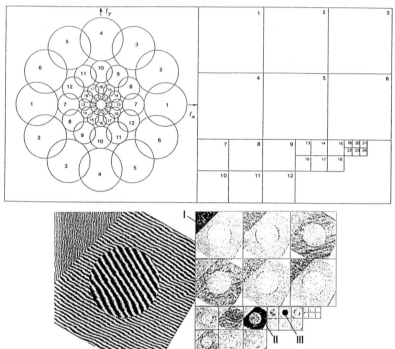

Abb. 4.73 Links oben: 24 Schmalbandfilter zur Texturanalyse in der f_x/f_y Ebene jeweils von reel/geradem und imaginär/ungeradem Typ. Rechts oben: Anordnung der Betragsbilder des analytischen Signals für Filter-ausgänge in 4 Größenskalen und 6 Orientierungen (Reihenfolge 90, 120, 150, 0, 30, 60 deg) wie unten rechts und in Abb. 4.74 rechts. Unten: Richtungsgefilterte Betragsausgänge für die angegebene Textur. Starke Schwärzungen (I, II, III) entsprechen den nach Orientierung und Ortsfrequenz zugeordneten Texturbereichen. Aus Hauske und Zetzsche (1990). ❑

4.8.5 Bildqualitätsmodell

Der Begriff der Auffälligkeit von Bildfehlern ist im Kontext von Bildcodierung ein außerordentlich wichtiges Forschungsgebiet. Gäbe es nämlich ein diesbezüglich vollständiges Modell der menschlichen visuellen Wahrnehmung, so ließe sich reziprok dazu ein optimaler Coder entwickeln. Weiterhin

4.8 Technische Mehrkanalkonzepte

würde ein solches Modell zeitraubende Experimente mit zahlreichen Versuchspersonen ersparen. Leider ist nur sehr unvollständig bekannt, nach welchen Kriterien ein Beobachter die Qualität von Bildern (vom Bildinhalt nach Möglichkeit abgesehen) bestimmt. Es stellt sich in diesem Zusammenhang sehr schnell heraus, daß das technische Signal/Geräuschverhältnis (SNR) ein zwar leicht zu ermittelndes, aber letzlich schlechtes Maß für den vom Beobachter empfundenen Abstand eines gestörten Bildes vom Original ist (Abb. 4.75 oben rechts). Dies ist in Abb. 4.75 unten an einem Beispiel verdeutlicht.

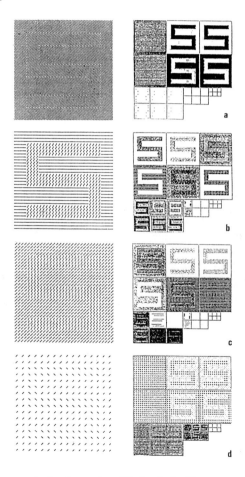

Abb. 4.74 Links: Muster mit abnehmendem Eindruck des Texturunterschiedes infolge kleiner werdender Winkeldifferenz zwischen den Texturelementen. Rechts: Lokale Beträge des analytischen Signals für die angegebenen Muster in den Filtern entsprechend dem Schema von Abb. 4.73. Schwärzung zeigt Aktivität des Filters an. Starke Unterschiede zwischen Hell- und Dunkelbereichen weisen auf gute Unterscheidbarkeit hin. Diese nimmt auch im Modellausgang von oben nach unten ab. Aus Hauske und Zetzsche (1990). ❏

184   Kapitel 4 Der Gesichtssinn als Übertragungskanal

Eine bessere Schätzung für die Bildqualität erhält man, wenn der Fehler entsprechend den Eigenschaften des menschlichen visuellen Systems ermittelt wird. Zu diesem Zweck wurde ein Bildqualitätsmodell entworfen (Zetzsche und Hauske, 1989a,b), das eine dem menschlichen visuellen System angemessene Bildrepräsentation beinhaltet. Diese besteht aus den bekannten Bandpaßfiltern zuzüglich nichtlinearer Stufen, die am Eingang zur Elimination der mittleren Leuchtdichte und am Ausgang zur Maskierung dienen (Abb. 4.76). Die mit diesem Verfahren erhaltenen Modellschätzungen sind deutlich

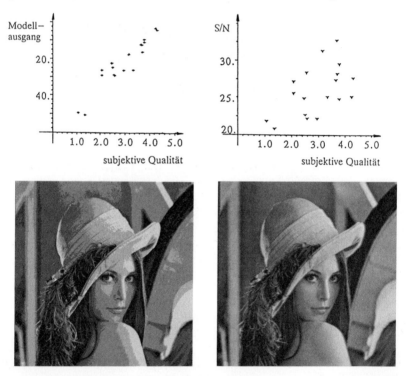

Abb. 4.75 Oben: Zusammenhang zwischen der Qualitätsschätzung des Beobachters und dem Modellausgang (links) sowie dem SNR (rechts). Die Qualitätsschätzungen sind Mittelwerte über mehrere Beobachter ausgedrückt durch die Sichtbarkeit der Fehler (1 – stark störend, 2 – störend, 3 – leicht störend, 4 – wahrnehmbar, aber nicht störend, 5 – nicht wahrnehmbar). Untersucht wurden 8 Bildtypen unter Verwendung einer Cosinus-Transformationscodierung mit unterschiedlichen Bitraten. Aus Zetzsche und Hauske (1989a,b). Unten: Beispiele für unterschiedlich auffällige Bildfehler in verschiedenartigen Codierverfahren bei gleichem S/N-Verhältnis (22 dB): Puls-Code-Modulation (PCM) mit starken Kontureffekten (links), Differenz-Puls-Codemodulation (DPCM) mit wenig sichtbaren Störungen gegeben durch den sog. slope overload, d.h. Unschärfe und Verschiebung von Kanten (rechts). Bei der PCM wird jedes Pixel quantisiert, bei der DPCM lediglich die Differenzen zum benachbarten Pixel. ☐

4.8 Technische Mehrkanalkonzepte

besser als die dem simplen SNR entsprechenden, wie aus Abb. 4.75 (oben links) zu ersehen ist.

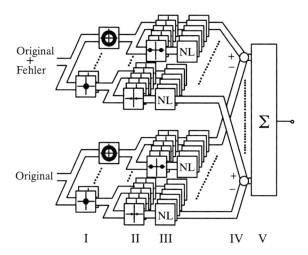

Abb. 4.76 Funktionsschema des Bildqualitätsmodells. I: ROG-Pyramide bestehend aus radialsymmetrischen Bandpässen realisiert durch eine Leuchtdichteinvarianz erzeugende Verhältnisbildung ROG zwischen gaußschen Tiefpässen (Quotient aus gaußschen Tiefpässen, engl. ROG-ratio of Gaussians). II: Orientierungsselektive Gabor-Filter. III: Lokale (sättigende) Nichtlinearitäten zur Erzielung einer Maskierungswirkung. IV: Differenzbildung zwischen Original und gestörtem Bild für jeden Bildpunkt in jeder Repräsentation. V: Summation der Einzelfehler e_i gemäß $[\, \Sigma \, e_i^k \,]^{1/k}$ mit k=3. Aus Zetzsche und Hauske (1989a,b). ❑

4.8.6 Bildvorverarbeitung, Lokalisierung

Ein ganz entscheidendes Argument für die Verwendung eines Mehrkanalkonzeptes ist die Erzeugung einer für Bildverarbeitung und -verständnis günstigen Vorlage, eines sog. ersten Entwurfes (engl. primal sketch, als mehrkanaliges Konzept eingeführt von Marr, 1982), der in geeignet reduzierter Form alle für das biologische und technische System relevanten Informationen enthält. Geht man davon aus, daß Linien und Kanten wichtige Aufbauelemente unserer Wahrnehmung sind, so liegt eine ganz entscheidende (und bisher noch nicht behandelte) Aufgabe darin, diese Elemente herauszuarbeiten und insbesondere zu lokalisieren, was einen adäquaten Code voraussetzt.

Ein interessanter Vorschlag für ein derartiges Vorverarbeitungssystem ist von Watt und Morgan (1985) und Watt (1987) gemacht worden und im Buch von Watt (1988) ausführlich dargestellt. Ein ähnliches Mehrkanalschema haben

Morrone und Burr (1988) vorgeschlagen. Das Modellschema (genannt MIRAGE), dessen Funktion in Abb. 4.77 erläutert ist, stellt ein typisches Beispiel für ein Mehrkanalmodell dar. Es enthält zunächst bandpaßartige Kanäle, die die Aufgabe haben, auf Muster unterschiedlicher Größe (z.B. flaue wie auch

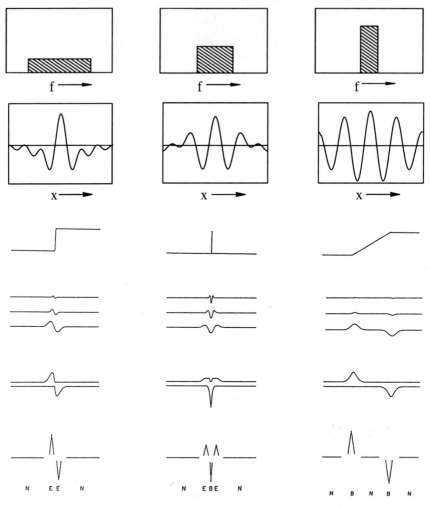

Abb. 4.77 Oben: Zusammenhang zwischen Bandbreite (2, 1, und 0.5 Oktave) und Impulsantwort. Unten: Verarbeitungsschritte im Modellschama MIRAGE (aus Watt und Morgan, 1985). Erste Zeile: Drei typische Eingangsmuster Kante, Linie und Rampe. Zweite Zeile: Entsprechende Antworten von drei Bandpässen mit von oben nach unten sinkender Mittenfrequenz. Diese Antworten sind sämtlich lokal begrenzt. Dritte Zeile: Summe der jeweils positiven und negativen Anteile getrennt. Letzte Zeile: Gefundene Primitivmerkmale und Interpretation (N-keine Aktivität, E-Kante, B-Balken). Man beachte, daß auch in diesem System Machphänomene an Rampen (rechte Spalte) auftreten. ❑

4.8 Technische Mehrkanalkonzepte

scharfe Kanten) antworten zu können. Die Ausgangsgröße dieser Bandpässe besteht bei am Eingang angebotenen Kanten, Linien und Rampen in ortsbegrenzten Funktionen (ohne größere Überschwinger), deren Position (und damit auch die Position der Eingangsmuster) einfach zu bestimmen ist. Um möglichst geringe Überschwinger zu erhalten, darf die Breite der (mit relativ steilen Flanken angenommenen) Bandpässe einen Wert von 1 Oktave, der sich auch tatsächlich im biologischen Vorbild findet, nicht unterschreiten (Abb. 4.77 oben). Damit ist eine Rechtfertigung der Mehrkanalstruktur und der Dimensionierung der Bandpässe im Kontext einer sinnvollen Vorverarbeitung gegeben. Die weiteren, hier nicht näher beschriebenen Schritte im MIRAGE-Modellsystem sind eine getrennte Summation der positven und der negativen Antworten aus allen Bandpässen, womit günstiges Verhalten bei überlagerten Störungen erreicht wird, und eine nachfolgende symbolische Interpretation der Ausgangsgrößen.

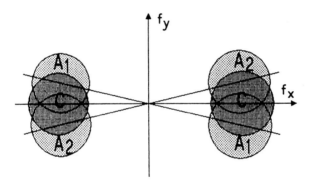

Abb. 4.78 Modell einer Hyperkomplexzelle des Cortex im Ortsfrequenzraum. Die Kreise A_1 und A_2 stellen den Einzugsbereich zweier orientierungsspezifischer Komponenten bestimmter Radialfrequenz dar, die logisch "und"-verknüpft werden. Da die Überlappung der beiden Orientierungsfilter zu Antworten bei 1-dimensionalen Signale führen würde, wird im Überlappungsbereich eine inhibitorische Wirkung durch die Komponenten C vorgesehen. Aus Zetzsche und Barth (1990a). □

Eine generell zu stellende Frage betrifft die Größe der Bandbreite von etwa 1 Oktave und Konsequenzen, die ein niedrigerer oder höherer Wert nach sich ziehen würde. Eine hierfür gegebene Antwort basiert auf der Ähnlichkeit der spektralen Kanalstruktur mit Gaborfunktionen und der bei diesen vorhandenen Optimalität der gleichzeitigen Orts- und Ortsfrequenzauflösung, ein Zusammenhang der von Daugman (1980, 1988) zum ersten Mal in zwei Dimensionen formuliert wurde. In der Tat besitzen Gaborfunktionen aufgrund ihrer Zusammensetzung aus einer gaußschen Umhüllenden und einem harmonischen Träger eine Bandpaßcharakteristik, die nicht nur die psychophysisch, sondern auch die neurophysiologisch gefundene Kanalstruktur gut wiedergibt (Young, 1986; Jones und Palmer, 1987). Optimalität der gleichzeitigen Orts- und Ortsfrequenzauflösung besagt, daß das Produkt aus den Breiten der Funktionen im Ortsbereich und im Ortsfrequenzbereich ein Minimum wird. Wir haben hier einen für die Funktion des visuellen Systems möglicherweise wichtigen Kompromiß bezüglich der Selektivität in den beiden Dimensionen vor uns in dem Sinne, daß die Vorverarbeitung keine der beiden bevorzugt und möglichst viel Information für die zentrale Verarbeitung liefert.

4.8.7 Krümmungsdetektion

Markante Elemente unserer Sehwelt sind gekrümmte Linien und Kanten, Abzweigungen, Kreuzungen, Endpunkte und isolierte Punkte. Allen diesen Mustern ist gemeinsam, daß sie wesentlich 2-dimensionale Signale im Gegensatz zu 1-dimensionalen Signalen, wie geraden Linien und Kanten und geraden Sinusgittern, darstellen. In diesem Zusammenhang stellt sich die Frage, wie ein Detektionsmechanismus, der nur auf 2-dimensionale Signale und nicht auf 1-dimensionale Signale anspricht, aufgebaut sein muß. Hinweise, daß derartige Mechanismen in biologischen Systemen vorkommen, geben ältere neurophysiologische Befunde von Lettvin et al. (1959) zum "Käfer-Detektor" (engl. "bug detector") beim Frosch. Die Hyperkomplexzellen von Hubel und Wiesel (1965) und die erst kürzlich entdeckten punktempfindlichen Zellen (engl. dot responsive cells) von Saito et al. (1988) sind ebenfalls typische 2-dimensionale Detektoren. In einem psychophysischen Zusammenhang sei noch erwähnt, daß die Scheinkanten nach Kanisza (Abb. 1.4) das 2-dimensionale Analogon zum eher 1-dimensionalen Craik-O'Brian Effekt (Abb. 4.35) sind.

Zetzsche und Barth (1990a,b) haben nachgewiesen, daß Krümmungsdetektion das gleichzeitige Vorhandensein unterschiedlicher Orientierungen voraussetzt und verallgemeinernd geschlossen, daß die hierzu nötigen Operationen notwendigerweise nichtlinear (logische Verknüpfung, Multiplikation, nichtlineare Kennlinie) sein müssen. Ein solches Prinzip liegt auch dem differentialgeometrischen Ansatz der gaußschen Krümmung zugrunde, denn diese enthält im Zähler die (nichtlineare) Produktverknüpfung zweier Orientierungskomponenten. In einer biologienahen Realisierung eines derartigen, Gauß-Krümmung detektierenden Systems wurde hohe Empfindlichkeit bei perfekter Sperrung 1-dimensionaler Signale erreicht. Abb. 4.78 zeigt die Struktur eines krümmungsdetektierenden Systems am Beispiel eines Modells für eine Hyperkomplexzelle. Infolge der spektralen Überlappung der verwendeten Orientierungsfilter sind zusätzliche Kompensationsmechanismen ein-

4.8 Technische Mehrkanalkonzepte

zufügen. Die Leistungsfähigkeit eines derartigen Systems ist in Abb. 4.79 vorgestellt. Man erkennt insbesondere, daß rein 1-dimensionale Muster keine

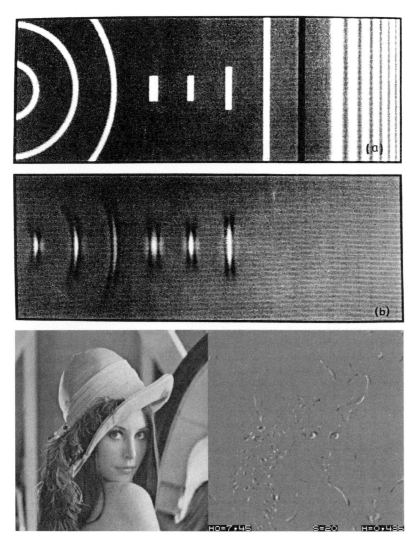

Abb. 4.79 Oben: Antworten eines krümmungsdetektierenden Systems (realisiert als Hyperkomplexzelle gem. Abb. 4.78. (a) Eingangsmuster mit Kreisen unterschiedlicher Krümmung (links), mit Linienstücken samt Endpunkten (mitte) und mit unendlich ausgedehnten, 1-dimensionalen Linien (rechts). (b) Je stärker die Krümmung, desto stärker die Antwort des Systems (Kreise links); bei geraden, 1-dimensionalen Objekten (Linien rechts) ist keine Antwort vorhanden; kurze Linienstücke mit Endpunkten (mitte) geben wieder eine Antwort. Aus Zetzsche und Barth (1990a). Unten: Antworten des Testbildes Lenna im krümmungsdetektierenden System. ❑

Antwort liefern, was keineswegs für alle Modelle dieser Art erfüllt ist (vgl. hierzu die kritische Auseinandersetzung mit derartigen Ansätzen in Zetzsche und Barth, 1990a). In Abb. 4.79 unten ist schließlich gezeigt, wie ein krümmungdetektierendes System zur Datenreduktion eingesetzt werden kann, da das krümmungscodierte Testbild nur sehr wenig Aktivität enthält. Eine Rekonstruktion des Originals ist mit Hilfe eines nichtlinearen Relaxationsverfahrens möglich (Zetzsche et al., 1993).

4.9 Farbe

Farbe ist als Objekteigenschaft von der Form des Objektes nicht zu trennen. Farbe ist, etwas vereinfacht ausgedrückt, immer Farbe von etwas. Dennoch lassen sich die wichtigen Aspekte Farbmischung und -metrik, wie nachfolgend geschehen, weitgehend unabhängig vom Aspekt Form behandeln. Gute Darstellungen zu diesem Thema finden sich in Graham (1966), von Campenhausen (1981), Richter (1986) und Wendland (1988). Ein ganz wesentlicher Zusammenhang ist jedoch der zwischen Farbe und Form, der systemtheoretisch dargestellt werden kann. Dies ist das Thema des zweiten Abschnitts. Beide Gesichtspunkte werden nachfolgend in knapper, aber die wesentlichen Fakten wiedergebender Form behandelt.

4.9.1 Farbmischung und -metrik

Bei der Farbmischung wird hinsichtlich der Erzeugung der Farben zwischen subtraktiver und additiver Farbmischung unterschieden. Die subtraktive Mischung entsteht bei der Überlagerung spektral unterschiedlicher Absorptionsbereiche z.B. bei Farbfiltern, beim Mischen von Malkastenfarben und beim Übereinanderdrucken der Farben im Tiefdruck. Bekanntermaßen entsteht beim subtraktiven Mischen der Farben gelb und blau als Mischfarbe grün. Zur Erklärung geht man davon aus, daß eine gelbe Substanz bevorzugt blau (d.h. kurzwellig) und eine blaue Substanz bevorzugt rot und gelb (d.h. langwellig) absorbiert. Mischt man beide Substanzen, so wird in der Mischung insgesamt blau, rot und gelb absorbiert und nurmehr grün (d.h. eine mittlere Wellenlänge) entsprechend der Farbe der Mischung durchgelassen. Die additive Farbmischung ist demgegenüber die Überlagerung von Licht, was durch Mehrfachprojektion, aber auch durch örtliches Verschmieren dicht nebeneinanderliegender Farbpunkte wie beim Farbfernsehen und beim Mehrfarbendruck (Offset- und Hochdruck) und durch örtlich/zeitliches Verschmieren in einem Farbkreisel erfolgen kann.

Für die Erscheinung von subtraktiv und additiv erzeugten Farben ist deren spektrale Zusammensetzung bestimmend. Umgekehrt kann aus der Farbe nicht auf die spektrale Zusammensetzung geschlossen werden, da aufgrund der Eigenschaften des farbwahrnehmenden Systems keine exakte Spektralanalyse, d.h. keine eindeutige Zuordnung von Wellenlänge und Farbe vorgenommen wird. Vielmehr wird eine Abbildung der spektralen Zusammensetzung auf Farbe im Sinn der Farbmetrik vorgenommen. Diese Abbildung wird im wesentlichen durch die empirisch nachweisbare Eigenschaft bestimmt, daß alle wahrnehmbaren Farben aus nicht mehr als drei möglichst unterschiedlichen Grundfarben additiv mischbar sind. Diese Eigenschaft ist eine Folge der bereits von Young (1807) und Helmholtz (1867) postulierten, aber erst jüngst nachgewiesenen Existenz dreier spektral unterschiedlich absorbierender Zapfenarten in der Retina (Abb. 4.80).

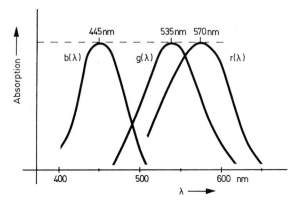

Abb. 4.80 Spektrale Absorptionskurven einzelner Zapfen von Primaten (Marks et al., 1964). Die Darstellung ist willkürlich auf den gleichen Maximalwert normiert. Tatsächlich ist die Absorption von b(λ) wesentlich niedriger als die von g(λ) und r(λ). ❏

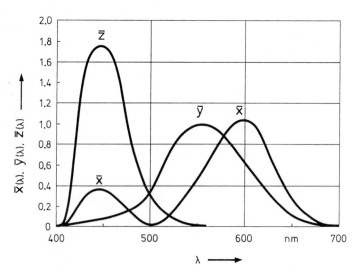

Abb. 4.81 Normalspektralwertfunktionen $\bar{x}(\lambda)$, $\bar{y}(\lambda)$ und $\bar{z}(\lambda)$ der CIE für imaginäre Primärfarben. Die Funktion $\bar{y}(\lambda)$ ist identisch zur spektralen Helligkeitsempfindlichkeit V(λ) gewählt worden. Die Werte gelten für 2 deg großes Feld und 5 nm breites Spektralintervall. ❏

4.9 Farbe

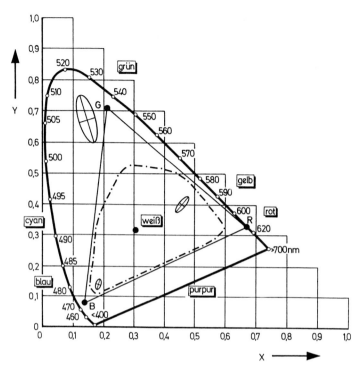

Abb. 4.82 Normfarbtafel für die Normalspektralwertfunktion der CIE gemäß Abb. 4.81. Die dargestellten Mac-Adam-Ellipsen zeigen die 10-fache Streuung von Farbunterschiedsschätzungen in die jeweiligen Richtungen. Die R/G/B-Phosphore und der jeweilige Weißpunkt sind für das EBU (European Broadcasting Union)- und das FCC (Federal Communications Commission)-System (oben eingezeichnet) wie folgt gegeben:

		x	y	z
EBU:	R	0,64	0,33	0,03
	G	0,29	0,60	0,11
	B	0,15	0,06	0,79
	D65	0,313	0,329	0,358
FCC:	R	0,67	0,33	0,00
	G	0,21	0,71	0,08
	B	0,14	0,08	0,78
	C	0,310	0,316	0,374

Der EBU-Weißpunkt D65 und der CIE/FCC-Weißpunkt C sind tageslichtähnliche Weißwerte. Die ausgezogene Linie umfaßt den mit gängigen Phosphoren darstellbaren Bereich. Strichpunktiert ist der mit Diapositiven erhaltene kleinere Bereich gezeigt. ❏

Um für eine gegebene spektrale Dichte S(λ) die Farbe zu bestimmen, müssen zunächst die 3 sog. Normalfarbenwerte X, Y, und Z gemäß

$$X = \int S(\lambda)\, \bar{x}(\lambda)\, d\lambda, \quad Y = \int S(\lambda)\, \bar{y}(\lambda)\, d\lambda \quad \text{und} \quad Z = \int S(\lambda)\, \bar{z}(\lambda)\, d\lambda$$

ermittelt werden. Die Größen $\bar{x}(\lambda)$, $\bar{y}(\lambda)$ und $\bar{z}(\lambda)$ werden als Normalspektralwertfunktionen bezeichnet. Die Normalspektralwertfunktionen geben an, welche Anteile an Primärfarben nötig sind, um den jeweiligen Teil der spektralen Dichte farblich zu erreichen. Als Primärfarben wurden zunächst Spektralfarben und später (aus formalen Gründen) physikalisch nicht existierende Farben verwendet. Die Normalspektralwertfunktionen wurden von der CIE als Mittelwerte von psychophysischen Daten vieler Versuchspersonen bestimmt (Abb. 4.81). Dabei wurde festgelegt, daß der spektrale Verlauf von $\bar{y}(\lambda)$ der spektralen Empfindlichkeit V_λ entspricht, und weiterhin, daß nur positive Werte für die Normalspektralwertfunktionen vorkommen.

Aus den Normalfarbenwerten werden die relativen Normfarbwertanteile x, y und z, die die Farbart in der Normfarbtafel (Abb. 4.78) bestimmen, gemäß

$$x = X / (X + Y + Z) = X / A ,$$

$$y = Y / (X + Y + Z) = Y / A ,$$

$$z = Z / (X + Y + Z) = Z / A ,$$

ermittelt, wobei A die Summe der Normalfarbenwerte ist. Man erkennt, daß sich die Normfarbwertanteile zu 1 summieren, weshalb zur Ermittlung einer Farbe nurmehr 2 Parameter, also z.B. x und y nötig sind. Mit den beiden Parametern x und y wird mit Hilfe der Normfarbtafel (auch Farbdreieck genannt) die Farbe festgelegt.

In der Normfarbtafel (Abb. 4.82) ist die Grenze der existierenden Farben durch den Spektralfarbenzug entsprechend den angegebenen Wellenlängen und Farbbezeichnungen festgelegt. Dieser stellt die am stärksten gesättigten ("farbigsten") realen Farben dar. Die imaginären Primärfarben bilden die Ecken des Farbdreiecks und liegen damit außerhalb des physikalisch darstellbaren Bereiches. Die Verbindung des kurzwelligen Endpunktes blau/violett mit dem langwelligen Endpunkt rot bildet die sog. Purpurgerade, die keine Spektralfarbe darstellt. Die auf dem geschlossenen Kurvenzug aufgetragenen Farben lassen sich als Farbkreis mit kontinuierlichen Übergängen darstellen (blau, grünblau, blaugrün, grün, usw.). Diese Systematik wurde bereits von Newton 1704 vorgeschlagen. Nach innen werden die Farben immer weniger gesättigt ("farbloser"), um schließlich beim Weiß- bzw. besser Graupunkt zu

4.9 Farbe

landen. Farben, die symmetrisch zum Weißpunkt liegen, werden als Komplementärfarben bezeichnet. Die Farbunterscheidungsfähigkeit wird im Farbdreieck durch die sog. Mac-Adam Ellipsen beschrieben. Diese geben Orte gleicher Verwechslungshäufigkeiten an. Man erkennt, daß die Größe der Ellipsen in den verschiedenen Bereichen des Farbdreiecks unterschiedlich ist und insbesondere im Grün-Bereich große Ellipsen entstehen. Um annähernd gleiche Empfindungsunterschiede in allen Bereichen des Farbdreiecks zu erhalten, wurde ein entsprechend (linear) transformiertes Farbsystem (das UCS-Farbsystem der CIE) entwickelt.

Der Farbmischung liegt eine Schwerpunktbildung der zu mischenden Farborte zugrunde, wobei jede Farbe entsprechend ihrem Helligkeitsbeitrag eingeht. Auch dies wurde bereits von Newton (1704) postuliert, wohingegen die genaue quantitative Formulierung der Farbmischgesetze erst von Grassman (1854) gegeben wurde. Für Farben i mit den Farbkoordinaten x_i und y_i und einer Summe $A_i = X_i + Y_i + Z_i$ der Normalfarbenwerte werden die Farbkoordinaten x_m und y_m der Mischfarbe gemäß der Schwerpunktformel

$$x_m = (\Sigma_{(i)} x_i A_i) / \Sigma_{(i)} A_i,$$

$$y_m = (\Sigma_{(i)} y_i A_i) / \Sigma_{(i)} A_i,$$

gebildet. ΣA_i entspricht darin der Summe der Normalfarbenwerte der Mischfarbe. Durch Farbmischung z.B. mit den R/G/B-Phosphoren von Fernsehbildschirmen sind alle Farben innerhalb des durch sie aufgespannten Dreiecks zu mischen (Abb. 4.82). Dieser Bereich ist insbesondere im Grünen deutlich größer als der durch sonstige Reproduktionsverfahren (Druck, Farbfilter) erreichbare (strichpunktierte Linie in Abb. 4.82). Beispiele zur Farbmischung, die unmittelbar aus dem Farbdreieck abgelesen werden können, sind:

I :   rot + grün   = gelb,

II :   rot + blau   = purpur,

III :   grün + blau   = blaugrün (cyan),

IV :   rot + blaugrün   = weiß.

Dazu ist zu bemerken, daß mischgelb (I) etwas weniger gesättigt als spektralgelb ist (d.h. näher am Weißpunkt liegt) und purpur (II) keiner Spektralfarbe entspricht.

Die Dreifarbentheorie nach Young/Helmholtz wird durch die Dreiheit der Zapfentypen und die damit verbundenen Farbmischungsgesetze, aber auch durch Befunde aus der Farbfehlsichtigkeit (z.B. fehlt beim sog. Dichromaten jeweils ein Zapfentyp) gestützt. In (scheinbarem) Widerspruch hierzu entwikkelte Hering (1878) seine Gegenfarbentheorie. Diese geht davon aus, daß nach aller Erfahrung 4 elementare Farbbezeichnungen (rot, gelb, grün, blau) üblich sind, von denen je zwei, nämlich rot/grün und gelb/blau, nicht kombinierbar sind. Hering hat seine Farbentheorie dementsprechend auf 2 Paaren von Gegenfarben aufgebaut und zunächst erhebliche Opposition seitens der (gut etablierten) Dreifarbenanhänger erfahren.

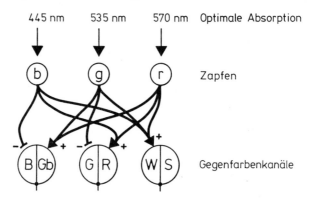

Abb. 4.83 Modellschema zur Farbwahrnehmung nach Hochberg (1978) mit drei Rezeptortypen b (blau), g (grün) und r (rot), die antagonistisch (+/−) auf zwei Gegenfarbenkanäle (B/GB=blau/gelb; G/R=grün/rot) verschaltet werden, wobei gelb seinerseits als Summe der Ausgänge von g (grün) und r (rot) gebildet wird. Der Helligkeitskanal (W=weiß, BK=schwarz) wird aus der Summe der drei Rezeptorausgänge gebildet. Die drei Rezeptortypen b, g und r sind jeweils im Verhältnis 1 : 10 : 10 vorhanden. Ein quanitatives Blockschema dieser Art ist in Buchsbaum und Gottschalk (1983) gezeigt. ❑

In den 50er Jahren unseres Jahrhunderts haben physiologische Befunde die Theorie Herings jedoch auf das glänzendste bestätigt. Es wurden nämlich in der Retina des Goldfisches und später im CGL von Affen Zellen gefunden, die antagonistisch auf die Gegenfarbpaare, also z.B. positiv auf rot und negativ auf grün antworten. Der Widerspruch zur Young/Helmholtz'schen Dreifarbentheorie klärt sich, wenn man davon ausgeht, daß jeweils unterschiedliche anatomisch/physiologische Verarbeitungsorte zugrunde gelegt werden. Die Dreifarbentheorie ist Ausdruck der 3 verschiedenen Zapfentypen der Retina, während die Gegenfarbtheorie eine mehr zentralnervöse Ursache hat. Beide scheinbar sich widersprechenden Theorien des Farbensehens sind demnach gleichermaßen gültig. Abb. 4.83 stellt ein Modellschema für die beiden unterschiedlichen Verarbeitungsstufen des Farbensehens vor. In jünge-

4.9 Farbe

ren neurophysiologischen Befunden wurde das Farbensehen quantitativ genauer untersucht und der gezeigte Typ von Verarbeitung weitgehend bestätigt und erweitert.

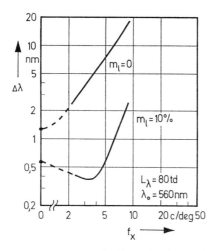

Abb. 4.84 Farb- bzw. Wellenlängenunterscheidung für heterochrome Rechteckgitter als Funktion der Ortsfrequenz f_x ohne Helligkeitsmodulation ($m_1=0$) und mit Helligkeitsmodulation ($m_1=10\%$). Basiswellenlänge $\lambda_o=560$ nm. Daten geglättet nach Hilz und Cavonius (1970). ❑

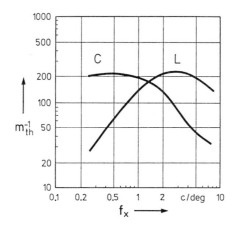

Abb. 4.85 Sensitivität, d.h. reziproke Schwellenmodulation für Luminanzgitter (L) im Vergleich zu reinen Chrominanzgittern (C) als Funktion der Ortsfrequenz f_x. Die mittlere Leuchtdichte betrug 80 cd/m², die Bildgröße 16 deg und die zeitliche Modulation 0,5 Hz. Daten nach Kelly (1989a) leicht geglättet. Die Muster wurden aus roten und grünen Sinusgittern gebildet, die addiert ein gelbes Luminanzgitter (L) und subtrahiert ein rot/grünes Chrominanzgitter (C) ergeben. Ähnliche Ergebnisse werden in Glenn (1993) gezeigt, wobei die Charakteristik für blau/gelbe Chrominanzgitter noch niederfrequenter ist. ❑

Eine überzeugende Rechtfertigung findet das Hering'sche Gegenfarbenmodell, wenn es unter dem Aspekt einer optimalen Farbcodierung interpretiert wird (Buchsbaum und Gottschalk, 1983). Ausgangspunkt ist dabei die Tatsache, daß infolge der starken Überlappung der spektralen Empfindlichkeitskurven der Rezeptoren deren Ausgangsgrößen eine starke gegenseitige Korrelation aufweisen. Die Eliminierung dieser Redundanz ist eine wesentliche Voraussetzung für eine effiziente Informationsübertragung. Eine Transformation, die die gewünschte Dekorrelation leistet, ist die Karhunen-Loeve-Transformation, auch Eigenvektor- oder Hauptachsentransformation genannt (vgl. Kap. 4.81). Wendet man die Eigenvektortransformation auf die spektralen Empfindlichkeiten der Zapfen (Abb. 4.80) an, so erhält man drei Eigenwerte mit zugehörigen Eigenfunktionen, die gut dem Helligkeits-, dem Rot/Grün- und dem Gelb/Blau-System entsprechen. Erreicht wird damit, daß die Ausgangsgrößen nach Transformation gegenseitig unkorreliert sind. Interessant ist in diesem Zusammenhang noch, daß die Eigenvektortransformation, auf Farbfehlsichtigkeit angewandt, ebenfalls in guter Übereinstimmung mit den empirischen Daten ist.

4.9.2 Farbe und Form

Zunächst sei klargestellt, daß alle in den vorausgehenden Kapiteln 4.1 bis 4.8 dargelegten Zusammenhänge den Parameter Helligkeit betrafen, der damit die dominierende und wesentlich informationstragende Größe in unserem visuellen System ist. Was wir sehen, sind im wesentlichen Helligkeitsunterschiede (Punkte, Linien, Kanten, Texturen usw.) und erst in zweiter Linie Farbunterschiede.

In diesem Zusammenhang zeigt die Erfahrung, daß reine Farbkanten (ohne Helligkeitsänderung) relativ schlecht wahrgenommen werden. Ein Hinweis auf die Dominanz der Helligkeit über die Farbe ist auch die Tatsache, daß Farbbereiche durch Luminanzkonturen beeinflußt und mitgezogen werden (Ramachandran, 1987). Diese Eigenschaft drückt sich in einem Experiment zur Wellenlängenunterscheidung von Rechteckgittern unterschiedlicher Ortsfrequenz aus, bei dem das Vorhandensein einer Helligkeitsmodulation zu wesentlich kleineren noch erkennbaren Wellenlängendifferenzen führt als bei reinem Farbunterschied (Abb. 4.84). Der ortsfrequenzspektrale Verlauf für Helligkeitsmodulation zeigt dabei Bandpaßcharakteristik, während der Verlauf für reine Farbmodulation Tiefpaßcharakteristik aufweist. Ähnliche Ergebnisse wurden beim Vergleich der Schwellenmodulation von Chrominanz- und Luminanzgittern variabler Ortsfrequenz erhalten (Rohaly und Buchsbaum, 1988; Kelly, 1989a,b). Auch hier weisen Luminanzgitter Band-

4.9 Farbe

paßverhalten und Chrominanzgitter Tiefpaßverhalten mit deutlich niederer Grenzfrequenz auf (Abb. 4.85).

Im Ortsbereich analysiert wurde der Übergang vom Bandpaß- zum Tiefpaßverhalten in Experimenten zur unterschwelligen Summation von luminanten bzw. rein chromatischen Komponenten gefunden (Röhler, 1988). Danach existiert Luminanzsummation je nach Testfeldgröße bis zu einer Enfernung von etwa 15-30 Winkelminuten mit anschließendem inhibitorischem Teil (Bandpaßverhalten), Chrominanzsummation jedoch bis zu einer größeren Entfernung von etwa 40-80 Winkelminuten ohne nachfolgende Inhibition (Tiefpaßverhalten).

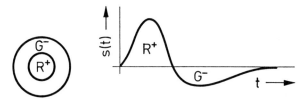

Abb. 4.86 Links: Modellschema für das rezeptive Feld einer farbantagonistischen Zelle. Als Beispiel ist ein erregendes Zentrum für rot und eine hemmende Peripherie für grün gezeigt. Diese Art der Verschaltung wird für die sog. parvocellularen Ganglienzellen bei Primaten angenommen. In einer homogenen Anordnung solcher farbantagonistischer Zellen wirken farbige Lichter entsprechend ihrer spektralen Zusammensetzung als erregend oder hemmend. Rechts: Zeitliche Impulsantwort mit den entsprechend unterschiedlichen zeitlichen Komponenten. ❏

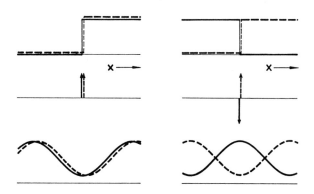

Abb. 4.87 Links: Luminanzsprung, entsprechender durch Differentiation erhaltener Luminanzimpuls und Luminanzgitter. In diesem Fall muß rot (gestrichelt) und grün (durchgezogen) als additiv überlagert gedacht werden. Die Farbanteile haben gleiches Vorzeichen. Rechts: Chrominanzsprung von grün (durchgezogen) auf rot (gestrichelt), entsprechender ebenfalls durch Differentiation erhaltener farbmäßig bipolarer Chrominanzimpuls und reines Chrominanzgitter. Die Farbanteile haben hier gegensätzliches Vorzeichen. ❏

Die unterschiedlichen Übertragungseigenschaften von Helligkeits- und Farbbinformation lassen sich auf Eigenschaften der rezeptiven Felder von farbantagonistischen Zellen zurückführen. Neurophysiologische Befunde (Derrington et al., 1984) zeigen, daß diese Zellen für die zentrale Erregung eine andere spektrale Empfindlichkeit als für die periphere Hemmung besitzen und z.B. zentral durch rotes Licht erregt, peripher aber durch grünes Licht gehemmt werden (Abb. 4.86). Diese Eigenschaft ist in entsprechender

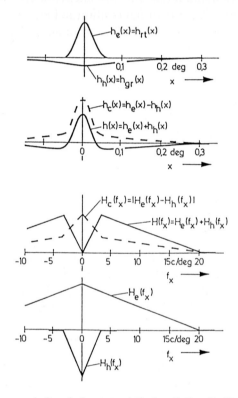

Abb. 4.88 Übertragungsverhalten farbantagonistischer Zellen für Helligkeits- und Farbsignale. Oben: Impulsantwort einer farbantagonistischen R^+-Zentrum-/G^--Peripheriezelle mit Erregung durch einen roten Deltapunkt entsprechend positivem $h_e(x) = h_{rt}(x)$ und mit Hemmung durch einen grünen Deltapunkt entsprechend negativem $h_h(x) = h_{gr}(x)$. Ein Luminanz-Deltapunkt, der rot und grün mit gleichem Vorzeichen enthält, ruft eine Impulsantwort $h(x) = h_e(x) + h_h(x)$ hervor, die der klassischen Impulsantwort bandpaßartiger Systeme entspricht. Ein Chrominanz-Deltapunkt enthält rot und grün mit gegensätzlichem Vorzeichen (vgl. Abb. 4.87) und führt daher zu einer Impulsantwort $h_c(x) = h_e(x) - h_c(x)$. Unten: $H_e(f_x)$ und $H_h(f_x)$ sind die entsprechenden Fouriertransformierten der erregenden Impulsantwort $h_e(x)$ und der hemmenden Impulsantwort $h_h(x)$. Aus diesen Komponenten setzt sich die Übertragungsfunktion $H(f_x)$ für Luminanzsignale additiv und $H_c(f_x)$ für Chrominanzsignale subtraktiv zusammen. □

Form auch für das Zeitverhalten gültig. Zeitliches Bandpaßverhalten mit spektral unterschiedlichen Komponenten ist in Abb. 4.86 rechts schematisch dargestellt. Damit gilt der o.a. Unterschied des Übertragungsverhaltens mit einem Übergang vom Bandpaß- zum Tiefpaßverhalten analog auch für Zeitfrequenzen (Kelly, 1989b). Eine Modellstudie und ein Überblick über neurophysiologische Befunde findet sich bei Ingling und Martinez (1985).

Bei der (linearen) systemtheoretischen Analyse ist wesentlich, daß die beiden Farbkomponenten von Sprung, Impuls und Sinusgitter getrennt betrachtet werden können, wobei für diese im Fall der Luminanzkomponente gleiches Vorzeichen und im Fall der Chrominanzkomponente gegensätzliches Vorzeichen einzusetzen ist (Abb. 4.87). Entsprechend sind die Impulsantworten der Farbanteile zu addieren bzw. zu subtrahieren. In Abb. 4.88 (oben) wird die Impulsantwort einer farbantagonistischen Zelle gemäß Abb. 4.86 durch ein von rot erregtes Zentrum $h_e(x)$ und eine von grün gehemmte Peripherie $h_h(x)$ gebildet. Die Impulsantwort $h(x)$ bei Luminanzsignalen ist die Summe dieser Komponenten, was auf den bekannten "Mexikanerhut" mit positivem Zentrum und negativer Peripherie führt. Die Impulsantwort $h_c(x)$ bei Chrominanzsignalen ist die Differenz der Komponenten, was wegen der Vorzeichenumkehr des hemmenden Teils eine nurmehr positive Funktion darstellt. Nach Fouriertransformation ergeben sich aus den Impulsantworten die zugehörigen Übertragungsfunktionen $H(f_x)$ für Luminanzsignale und $H_c(f_x)$ für Chrominanzsignale (Abb. 4.88 unten). Man erkennt, daß der im psychophysischen Experiment gefundene Unterschied zwischen Luminanz- und Chrominanzsignal (Bandpaßfunktion für Luminanzsignal, Tiefpaßfunktion relativ niedriger Grenzfrequenz für Chrominanzsignal) gut wiedergegeben wird.

Diese Tatsache, daß die Grenzfrequenz des Chrominanztiefpasses um einen Faktor 4 - 5 niedriger als die des Luminanzbandpasses ist, wird im gegenwärtigen Farbfernsehen dadurch genutzt, daß die Farbinformation mit nur 1/5 der Bandbreite des Helligkeitskanals übertragen wird. Dies führt dazu, daß Farbkanten, wenn man sie genau analysiert, im Vergleich zu Helligkeitskanten verwaschen erscheinen, was jedoch wegen der Dominanz der Helligkeitswahrnehmung nicht störend ist.

4.10 Müller-Lyer Täuschung

Optische Täuschungen liegen vor, wenn das wahrgenommene Bild vom physikalisch/geometrisch gegebenen Objekt abweicht. Plausibel wird die Existenz optischer Täuschungen durch die bereits in der Einleitung (Kap. 1.1) zitierte Absicht des visuellen Systems, Objekte und Gestalten zu erkennen und nicht in erster Linie ein präzise meßtechnisches Abbild der Umwelt zu liefern. Inwiefern einzelne, gut beschriebene Teilsysteme am Zustandekommen einer optischen Täuschung beteiligt sind, ist umfassend studiert worden. Damit sind optische Täuschungen nicht nur unterhaltsame Phänomene unserer visuellen Wahrnehmung, sondern wichtige Elemente für das Verständnis der Funktion des visuellen Systems. In diesem Sinn ist die Darstellung im Büchlein von Schober und Rentschler (1972) zu sehen. Es wird auch kaum ein Modell für das visuelle System vorgestellt, das nicht die eine oder die andere optische Täuschung erklären kann (vgl. z.B. Abb. 4.77). Im Rahmen der hier vorgenommenen systemtheoretischen Analyse des visuellen Systems ist es naheliegend, die Beteiligung der peripheren Kanäle am Zustandekommen von optischen Täuschungen zu klären. Daß zum umfassenden Verständnis noch eine Reihe weiterer, zentraler Verarbeitungsprozesse herangezogen werden können, soll ebenfalls verdeutlicht werden.

Als Beispiel soll die Müller-Lyer Täuschung (vgl. Abb. 1.3 und 4.90) dienen. Die von der Geometrie her sehr einfache Figur ist wohl gerade aus diesem Grund überaus häufig untersucht worden. Die Müller-Lyer Täuschung, die zu den geometrischen Täuschungen gehört, besteht aus einer geraden Linie, deren Enden von Pfeilspitzen abgeschlossen sind. Diese Linie erscheint länger, wenn die Pfeile nach innen weisen, und kürzer, wenn die Pfeile nach außen weisen (Abb. 4.90 links). Bei der Schätzung der Länge der Linie werden wir folglich durch das Vorhandensein der Pfeilspitzen irregeleitet.

Eine Interpretation der Müller-Lyer Täuschung ist von zahlreichen Sehforschern aller Zeiten versucht worden, wobei ganz unterschiedliche Konzepte herangezogen wurden. Praktisch allen Interpretationen ist die Tatsache gemeinsam, daß man annimmt, daß Figurelemente nicht unabhängig wahrgenommen werden, sondern gestaltmäßig zusammengehören und aufeinander einwirken. Dies ist in der Tendenz bereits in älteren Erklärungen enthalten, bei denen die "Stimmung" des Sinnesorgans durch das gleichzeitige Vorhandensein weiterer Musterkomponenten als verändert gedacht wird. Ein aktueller Überblick zu diesem Thema ist in den Büchern von Gregory (1970), Rock (1983) und Resnikoff (1989) zu finden. Von Interesse ist dabei auch der Befund, daß die Müller-Lyer Täuschung (wie viele andere Täuschungen) stark vom kulturellen Umfeld der Versuchsperson abhängig ist und Europäer dieser Täuschung wesentlich stärker als Nichteuropäer unterliegen (Segall et al., 1966).

Vier Erklärungen der Müller-Lyer Täuschung seien hier vorgestellt: zwei die mehr den peripheren Kanal mit seinen systemtheoretischen Eigenschaften betreffen und zwei, die mehr zentrale Vorgänge einbeziehen. Bei der kritischen Würdigung der vorgestellten Erklärungsversuche verstärkt sich dabei der Eindruck, daß keiner dieser Ansätze Allgemeingültigkeit beanspruchen kann, sondern in allen vorgeschlagenen Konzepten gleichermaßen Richtiges ausgedrückt wird. Diese Vermutung, die auch für andere optische Täuschungen zu gelten scheint, hat ihren Ursprung in der vielschichtigen, auf sehr unterschiedliche Aufgaben ausgerichteten Struktur unseres visuellen Systems.

4.10.1 Systemtheoretische Interpretation

Eine der auf Kanaleigenschaften bezogenen Interpretationen der Müller-Lyer Täuschung geht von orientierungsselektiven Zellen im Cortex aus und der von diesen Zellen auf Zellen mit ähnlicher Orientierung ausgeübten Inhibition. Diese Inhibition führt dazu, daß sich die Antworten auf spitze Winkel gegenseitig hemmen und als Antwort nur die die Winkelhalbierte übrig bleibt. Neuronal gesehen besteht ein spitzer Winkel also zunächst aus einem vom Scheitel ausgehenden geraden Stück, das erst in einiger Entfernung in den eigentlichen Winkel übergeht (Abb. 4.89). Damit läßt sich die Verlängerung bei nach innen zeigender Pfeilspitze leicht erklären.

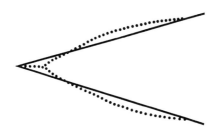

Abb. 4.89 Neuronale Repräsentation (punktiert) eines Winkels (durchgezogen) in einem System von orientierungsselektiven Zellen mit gegenseitiger Hemmung. Eine derartige Konfiguration wurde im neurophysiologischen Experiment gemessen (aus Coren und Girgus, 1978, zitiert nach Resnikoff, 1989). ❑

Eine ebenfalls auf Kanaleigenschaften beruhende Erklärung der Müller-Lyer Täuschung geht von der Annahme einer örtlichen Tiefpaßfilterung mit niedriger Grenzfrequenz aus, die ein unscharfes Bild ähnlich Abb. 4.90 hervorbringt. Im sehr stark tiefpaßgefilterten Bild entspricht die Gesamtausdehnung der beiden Figurvarianten tatsächlich der Wahrnehmungstäuschung. Eine derartige Repräsentation ist in einem Mehrkanalsystem analog Abb. 4.67 durchaus denkbar. Als eine andere Möglichkeit für einen Tiefpaß ist die bei der Sakkadensteuerung postulierte Schwerpunktberechnung des Zielbereiches denkbar (Deubel und Hauske, 1988; Deubel et al., 1986). Der Schwerpunkt der Endpositionen der beiden Varianten ist in der Tat in guter Übereinstimmung mit der wahrgenommenen Täuschung.

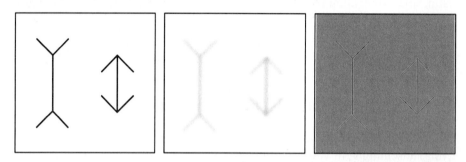

Abb. 4.90 Die Müller-Lyer Täuschung in Normalversion (links), tiefpaßgefiltert (mitte) und hochpaßgefiltert (rechts). Das hochpaßgefilterte Bild besteht relativ zur mittleren Leuchtdichte des Hintergrundes aus helleren und dunkleren Linienelementen (dargestellt nach einer Idee von Carlson et al., 1980, zitiert nach Julesz und Schumer, 1981). ❑

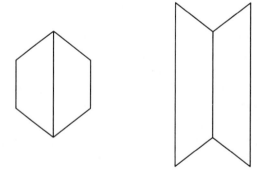

Abb. 4.91 Zur räumlichen Erklärung der Müller-Lyer Täuschung mit vorspringender Hauskante (links) und nach rückwärts versetzter Zimmerkante (rechts). ❑

In Frage gestellt wird die Tiefpaßerklärung der Müller-Lyer Täuschung allerdings durch ihre Sichtbarkeit in einer Hochpaßversion, wie im nachfolgenden Experiment gezeigt (Abb. 4.90). Der vorgetragene Einwand gilt jedoch nur im Rahmen einer streng linearen Filterung. Erlaubt man Nichtlinearitäten (die z.B. die bipolaren Linien des hochpaßgefilterten Musters gleichrichten), so erhält man niederortsfrequente Anteile, die sehr wohl einer Tiefpaßfilterung oder Schwerpunktbildung unterworfen werden können. In diesem Zusammenhang sei erwähnt, daß derartige vollweggleichrichtende Nichtlinearitäten im Rahmen des Schwerpunktkonzeptes der Sakkadensteuerung postuliert wurden (Deubel et al., 1988). Damit ist die Tiefpaß- und insbesondere auch die Schwerpunkterklärung durchaus akzeptabel.

> **Experiment zur Tiefpaß-Erklärung der Müller-Lyer Täuschung (Abb. 4.90):** *Die Müller-Lyer Täuschung existiert auch in Hochpaß-Darstellung, wie an einem Vergleich von Abb. 4.90 links und rechts hervorgeht. Eine Tiefpaßfilterung des Hochpaßbildes liefert keine Antwort, was man durch unscharfe Abbildung (z.B. beim teilweisen Schließen des Lids oder bei Betrachtung durch eine vor das Bild gelegte Pergamentfolie bzw. aus großer Entfernung) demonstrieren kann. Im Rahmen eines rein linearen Konzepts kann daraus gefolgert werden, daß eine Tiefpaßerklärung für die Müller-Lyer Täuschung fragwürdig ist. Läßt man Nichtlinearitäten zu (siehe Text), so erweist sich der gegebene Einwand allerdings als hinfällig.*

4.10.2 Kognitive Interpretation

Eine von Typ her ganz andere Erklärung der Müller-Lyer Täuschung ist im Rahmen einer räumlich perspektivischen Interpretation der beiden Pfeilvarianten gegeben worden. Eine derartige Interpretation, die von Gregory (1970) favorisiert wird, findet sich bereits in Arbeiten aus dem 19. Jahrhundert. Man geht davon aus, daß die retinal (und objektiv) gleichlangen Linien entweder als Vorderkante eines Hauses oder als rückwärtige Kante eines Zimmers gedeutet werden können (Abb. 4.91). Infolge der Größenkonstanz unserer Wahrnehmung muß das räumlich näher erscheinende Objekt (bei gleicher retinaler Größe) kleiner als das räumlich ferner erscheinende interpretiert werden. Gregory (1970) hat dieses Phänomen quantitativ studiert und die scheinbare Tiefenversetzung als Funktion des die Perspektive wiedergebenden Pfeilwinkels ermittelt. Ansatz für eine Kritik an der räumlichen Interpretation ist die Tatsache, daß die beiden Bilder der Müller-Lyer Täuschung nicht in einem realweltnahen räumlichen Kontext erscheinen, sondern zunächst isoliert nebeneinander dargeboten werden (Rock, 1985). Insgesamt darf die räumliche Interpretation jedoch als ein plausibler, auf komplizierten, interpretatorischen Vorgängen in der zentralen Verarbeitung beruhender Ansatz angesehen werden.

Als letztes nicht systemtheoretisches Modell für die Erklärung der Müller-Lyer Figur sei eine jüngst mit einem Hopfield-Netz durchgeführte Simulation erwähnt (Ventouras et al., 1992). Das Neuronale Netz lernt, wie in Abb. 4.92 gezeigt, in diesem Fall zunächst die längenmäßig unterschiedlichen Referenzmuster I und II als zu unterscheidende Klassen. Testet man anschließend mit einer der beiden Varianten der Pfeilfigur (III in Abb. 4.92), so wird diese der Klasse II mit dem kürzeren Muster analog zum visuellen Eindruck zugeordnet. Eine Modifikation der Pfeilfigur mit einer Fehlstelle in der Spitze (IV in Abb. 4.92) entspricht der längeren Klasse I ebenfalls in Analogie zum visuellen Eindruck. Der diesbezüglich umgekehrte Befund läßt sich mit der anderen Variante der Pfeilfigur erhalten. Die Erklärung für dieses Verhalten des Hopfield-Netzes ist in der jeweils größeren Korrelation des getesteten Musters mit der einen oder anderen Klasse zu sehen, denn in einem derartigen System wird für diejenige Klasse entschieden, zu der das angebotene Muster die größte Ähnlichkeit hat. Diese Ähnlichkeit ist durch Abzählen der übereinstimmenden Punkte leicht zu ermitteln. Als ein Nachteil dieser Erklärung der Müller-Lyer Täuschung ist allerdings der Umstand, daß ein sehr spezielles Referenzmuster verwendet wird, zu werten.

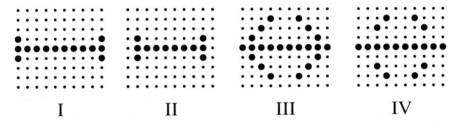

I II III IV

Abb. 4.92 Interpretation der Müller-Lyer Täuschung mit Hilfe eines Hopfield-Netzes, das zunächst die Refernzmuster I und II lernt. Beim Test mit einer der Varianten der Pfeilfigur (III) wird die kürzere Klasse II zugeordnet, was dem visuellen Eindruck entspricht. Eine modifizierte Pfeilfigur (IV) wird der Klasse I zugeordnet, ebenfalls in Übereinstimmung mit dem visuellen Eindruck. ❏

4.11 Tiefensehen

4.11.1 Binokulares Tiefensehen.

Mit Tiefensehen (auch Stereosehen oder räumliches Sehen genannt) haben sich ebenfalls die Wahrnehmungsforscher aller Zeiten beschäftigt. Eine umfassende Übersicht über die älteren Arbeiten ist im Buch von Hofmann (Reprint 1970) zu finden. In jüngerer Zeit wurde dieses Gebiet durch die Methodik der Zufallspunkt-Stereogramme (engl. random dot stereograms) von Julesz (1971, 1978) stark beflügelt. Parallel dazu haben sich die stark im Aufschwung befindliche Bilddatenverarbeitung und die experimentelle Neurophysiologie den räumlichen Phänomenen zugewandt. Für den erstgenannten Bereich sei als wichtige Literaturübersicht das von Landy und Movshon (1991), für den zweitgenannten Bereich das von Spillmann und Werner herausgegebene Buch (1990) zitiert.

Die Wahrnehmung räumlicher Tiefe hängt wesentlich, aber wie weiter unten gezeigt wird, nicht ausschließlich mit der Überlappung der zu den beiden Augen gehörenden Sehfelder und der Integration der entsprechenden Informationen zusammen. Die Erkenntnis, daß die Ursache für das Tiefensehen auf der unterschiedlichen Ansicht räumlicher Objekte in beiden Augen und der dabei erzeugten Disparität beruht, wird dem Astronomen Kepler zugeschrieben. Die erste systematische Untersuchung des Tiefensehens ist 1838 von dem englischen Physiker Wheatstone durchgeführt worden, der zu diesem Zweck eine Spiegelanordnung zur Darstellung (zunächst noch gezeichneter) disparitätsbedingter Stereobilder erfand. Heute lassen sich derartige Bilder auf photographischem Wege mit speziellen Doppelkameras erzeugen.

Abb. 1.2 zeigt das anatomische Schema der Integration der binokularen Information in den beiden Cortexhälften. Dabei werden zugeordnete Halbebenen beider Augen in speziellen disparitätsspezifischen Zellen zusammengefaßt. Wir finden hier also den Mechanismus, mit dessen Hilfe die von beiden versetzt angeordneten Augen gelieferte Tiefeninformation im Nervensystem kodiert wird. Diese auf binokulare Signale reagierenden Zellen wurden in neurophysiologischen Experimenten untersucht, wobei sich zwei Bereiche der Empfindlichkeit auf kleine binokulare Verschiebungen (die Querdisparitäten) ergaben. Die Funktion dieser Zellen wird durch die Übereinstimmung der neurophysiologischen Daten mit psychophysischen Befunden belegt. Es

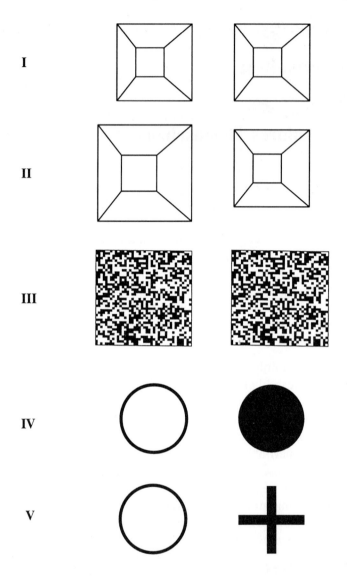

Abb. 4.93 Beispiele zur Tiefenwahrnehmung als Folge von Querdisparitäten zwischen den Bildern des linken und des rechten Auges. Fusion der aus etwa 30 cm zu betrachtenden Bilder erfolgt durch Fixation auf einen hinter der Bildebene gelegenen virtuellen Punkt. Dies ist bei den hinreichend kleinen Bildern nach einiger Übung zu erreichen. I und II: Beispiele für Tiefenstruktur an figuralen Elementen. III: Tiefenstruktur bei einem Zufallspunkt-Stereogramm nach Julesz (1971); nach Fusion schwebt ein Quadrat über dem Hintergrund. IV: Zur teilweisen Fusion ähnlicher, aber nicht identischer Muster. V: Keine Fusion im Sinne eines "Einrastens", sondern binokularer Wettstreit bei unterschiedlichen Bildern. ❑

4.11 Tiefensehen

zeigt sich, daß Disparitäten absolut bis zu Werten von etwa 2 - 5 Winkelsekunden wahrnehmbar sind, was einem Tiefenunterschied z.B. von 26 - 65 mm bei 10 m Entfernung, bzw. 6,5 - 15,5 mm bei 5 m Entfernung entspricht. Die mit der Tiefenwahrnehmung verbundene Disparitätsempfindlichkeit erreicht damit die Größenordnung der Noniussehschärfe. Weiterhin wurde die Unterschiedsempfindlichkeit für das Tiefensehen als Funktion der Bezugstiefe ermittelt. Danach ist die Unterschiedsempfindlichkeit für kleine Disparitäten maximal und sinkt bis etwa 4 min Disparität auf die Hälfte ab.

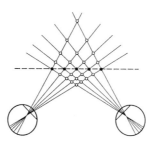

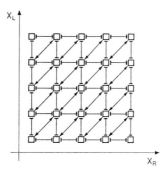

Abb. 4.94 Das Korrespondenzproblem des Tiefensehens und seine Lösung. Links: Reale Objektpunkte (ausgefüllte Kreise) in gleicher Tiefe. Die Zuordnung aller Paarungen von Retinapositionen gibt eine Vielzahl von falschen, d.h. in falscher Tiefe erscheinenden Objektpunkten (offene Kreise). Rechts: Zellen des kooperativen Algorithmus für retinale Position x_r im rechten und x_l im linken Auge mit erregender Nachbarschaftswirkung bei gleicher Disparität (Pfeile) und hemmender Nachbarschaftswirkung bei unterschiedlicher Disparität (Querbalken). ❏

> **Experimente zur Tiefenwahrnehmung:** *Abb. 4.93 zeigt den durch Querdisparation zwischen beiden Augen hervorgerufenen Tiefeneindruck an verschiedenen Beispielen, wobei eine Methode ohne optische Hilfsmittel verwendet wird. Zu diesem Zweck fixiert man aus ca. 30 cm die Mitte zwischen den paarigen Abbildungen in der Weise, daß man einen hinter dem Blatt befindlichen (virtuellen) Punkt anvisiert. Durch das*

nach einiger Übung erreichte Auseinanderlaufen der Augen (Verkleinerung des Konvergenzwinkels) gelingt ein Verschmelzen von linkem und rechtem Bild samt dem entsprechenden Tiefeneindruck. Rechts und links vom binokular verschmolzenen Bild erkennt man noch die monokularen, disparitätsmäßig unterschiedlichen Einzelbilder.

Als Beispiel für binokulare Verschmelzung ist in I eine normale geometrische Figur (Pyramidenstumpf) gezeigt. Interessanterweise wird Fusion auch erreicht, wenn die beiden Bilder von leicht unterschiedlicher Größe sind (II), aber auch wenn sie z.B. unterschiedlich scharf dargeboten werden. Daß Verschmelzung nicht notwendigerweise figurale Komponenten wie in I und II voraussetzt, wird anhand der Zufallspunkt-Stereogramme von III deutlich. In diesen Mustern ist eine Tiefenstruktur dadurch gegeben, daß bestimmte Bereiche in beiden Bildern entsprechend der eine bestimmte Tiefe definierenden Querdisparation gegeneinander verschoben sind. In diesem Beispiel ist ein zentraler quadratischer Bereich versetzt und erscheint vor dem Hintergrund zu schweben, der identisch in beiden Bildern ist. IV zeigt binokulare Verschmelzung zweier Bilder ohne Tiefenstruktur auf der Basis identischer hochortsfrequenter Komponenten (hier der Randbereich der Kreise). Sind die beiden Bilder völlig voneinander verschieden, so tritt an die Stelle der binokularen Fusion die binokulare Rivalität im Sinne eines Alternierens zwischen den beiden monokularen Ansichten (V). Dieser Effekt tritt auch auf, wenn ein bestimmter Größenbereich der Disparität (sog. Panum-Bereich von 6-10 Winkelminuten) überschritten wird.

Eine wichtige, noch zu lösende Aufgabe ist das Mehrdeutigkeitsproblem, nämlich die (zunächst nicht bekannte) Zuordnung korrespondierender, d.h. zu gleichen Objekten gehöriger Bildpunkte. Auf adäquate Modellansätze soll nachfolgend eingegangen werden.

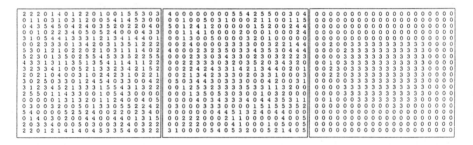

Abb. 4.95 Beispiel für eine iterative Lösung des Korrespondenzproblems (von links nach rechts). Die Zahlen stellen Tiefenwerte in einem örtlichen, 20 Pixel mal 20 Pixel großen Raster dar. Das erste Bild zeigt die zufällig gewählten Anfangswerte. Auf der Basis der Bilddaten (Zufallsmuster-Stereogramm wie in Abb. 4.89, III) wird iterativ unter Verwendung der kooperativen Strategie von Abb. 4.94 (unten) das tatsächliche Tiefenmuster angenähert. ❑

4.11 Tiefensehen

Diese Konzepte entstammen dem Bereich der computernahen Neurowissenschaften (engl. computational neuroscience), die eine Verbindung zwischen mathematisch/naturwissenschaftlichen und biowissenschaftlichen Disziplinen analog zur Kybernetik darstellen. Dabei wird der Versuch unternommen, biowissenschaftliche Ergebnisse der Untersuchung von Systemleistungen in einen algorithmisch/computermäßigen Zusammenhang zu stellen. Der klassischen linearen Systemtheorie kommt in diesem Fall die Rolle zu, die Vorverarbeitung insbesondere im Sinne der Mehrkanalstruktur zu beschreiben und zu analysieren.

Die grundsätzliche Problematik des Korrespondenzproblems ist in Abb. 4.94 (links) an einem einfachen Beispiel erläutert. Es werde angenommen, daß beide Augen Raumpunkte gleicher Tiefe vor sich haben und einen der Punkte zentral fixieren. Weiterhin werde angenommen, daß die Punkte nicht unterscheidbar seien. Die Aufgabe der zentralen Stereobildauswertung ist es nun, den Stereoeindruck aus den beiden unterschiedlichen Retinabildern zu ermitteln. Wegen der Ununterscheidbarkeit der Punkte sind allerdings mehrere Zuordnungen möglich, nämlich neben der richtigen Anordnung (ausgefüllte Kreise) zahlreiche falsche (aber mit den Retinabildern durchaus kompatible) Anordnungen (offene Kreise). Ohne Zusatzinformation kann zwischen beiden Möglichkeiten nicht unterschieden werden.

Man kann zeigen, daß sich mit Hilfe von Zusatzinformationen im Sinne von Randbedingungen (engl. constraints) Algorithmen zur Lösung des Korrespondenzproblems herleiten lassen, was zuerst von Marr und Poggio (1976, 1979) gefunden wurde. Weitere Darstellung dieses Themas findet man bei Marr (1982) und als Neuronale-Netz-Simulation bei Divko und Schulten (1986, 1990). Die notwendigen Randbedingungen ergeben sich im Rahmen der Struktur der realen Sehwelt, in der kompakte Objekte mit glatter, d.h. räumlich sich nicht abrupt ändernder Oberfläche vorherrschen. Es läßt sich zeigen, daß ein sog. kooperativer Algorithmus bestehend aus lokal verkoppelten Zellen (bzw. besser Prozessoren), die jeweils einen der möglichen Korrespondenzpunkte repräsentieren (in den meisten Fällen) eine Lösung des Korrespondenzproblems liefert (Abb. 4.95). Die Glattheitsannahme wird dabei durch eine positive, d.h. sich gegenseitig (verstärkende) Nachbarschaftswirkung zwischen den Zellen gleicher Disparitäten realisiert. Die Eindeutigkeit der Zuordnung, d.h. die Forderung, daß ein Punkt in einem Bild jeweils nur mit einem Punkt in einem anderen Bild korrespondiert, wird durch eine Hemmung zwischen verschiedenen Disparitäten erhalten (Abb. 4.94 rechts). Läßt man das Netzwerk iterieren, so unterstützen sich disparitätsmäßig gleiche Zellen und liefern einen großen Ausgangswert, der eine Schwelle überschreiten kann. Abschließend sei noch erwähnt, daß eine Tiefpaßfilterung, wie sie in der Kanalstruktur des visuellen Systems gegeben ist, bevorzugt glatte Objekte erzeugt und sich damit eine Lösung des Korrespondenzproblems leichter erzielen läßt. Ein schrittweises Verfeinern der Tiefeninformation kann durch Hinzunehmen höherer Frequenzen erreicht werden kann (Marr und Poggio, 1979).

4.11.2 Monokulares Tiefensehen

Beim monokularen Sehen sind Informationen über Tiefe keineswegs verschwunden, wenngleich die unmittelbare Realität des binokularen Eindrucks hier nicht erreicht wird. Diese Tiefeninformationen werden vom Sehsystem aus dem monokularen (zweidimensionalen) Retinabild abgeleitet, wobei periphere optische Faktoren, aber auch zentralnervöse Faktoren, die auf der erfahrenen Struktur der realen Sehwelt basieren, eine Rolle spielen. Die optischen Faktoren, die die Unschärfe des Bildes bezüglich achromatischer und chromatisierter Fehler betreffen, sind als Steuerparameter für die Akkommodation bereits genannt worden (Kap. 3.3). Auf zentralnervöse Faktoren, die von großer Bedeutung nicht nur für ein Verständnis des Sehsystems, sondern auch für technische Verfahren sind, soll nachfolgend eingegangen werden.

Gemeinsam ist allen zentralnervösen Faktoren, daß sie den Zusammenhang zwischen bestimmten (meßbaren) Eigenschaften des zweidimensionalen Retinabildes und der Tiefenstruktur beinhalten. Beispiele für derartige Faktoren sind zunächst die Verdeckung, gemäß der das Verdeckte weiter entfernt sein muß. Weiterhin ist hier die Klarheit bzw. die Vernebeltheit des Eindrucks zu nennen, gemäß der klare bzw. vernebelte Objekte näher bzw. ferner vom Beobachter zu liegen scheinen. Beide Effekte lassen sich in der Tiefenstaffelung von Bergketten gut verdeutlichen (Abb. 4.96). Die umgekehrt bei klarer Föhnluft zum Greifen nahe erscheinenden Bergketten gehören ebenfalls in diesen Zusammenhang zwischen Klarheit und Entfernung. Ferner lassen sich Erfahrungen über tatsächliche Größe zur Entfernungsschätzung nutzen, wobei aus der Größe des Retinabildes auf die Entfernung geschlossen werden kann. Als letzte Faktoren seien noch die Perspektivstruktur, die besonders bei technischen und architektonischen Objekten deutlich wird, und die Bewegungsparallaxe, d.h. die durch Bewegung des Auges hervorgerufene Veränderung tiefengestaffelter Bilder erwähnt.

Zentralnervöse Faktoren, deren Zusammenwirken an der Entstehung des Tiefeneindrucks psychophysisch genauer untersucht und modelliert wurde,

4.11 Tiefensehen

sind der entfernungsabhängige Texturgradient und die aus der Beleuchtungssituation resultierenden Aspekte Schatten und Glanz (Bülthoff, 1991).

Abb. 4.96 Photo einer Berglandschaft (Blick vom Sarangkot/Nepal), in der die weiter entfernten Bergketten vernebelt und verdeckt erscheinen (Photo von G. Kürzinger). ❑

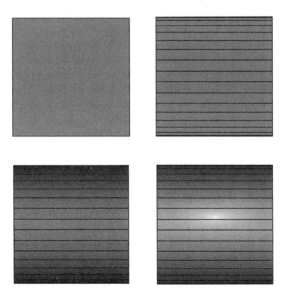

Abb. 4.97 Verstärkung des räumlichen Eindrucks des dargestellten Zylinders durch Hinzunahme der Faktoren Texturgradient, Schatten und Glanz (von links oben nach rechts unten). Die gezeigten Effekte sind geometrisch konstruierbar. Glanz ist eine spezielle Materialeigenschaft, bei der Reflexion nur in einem kleinen Winkelbereich erfolgt (modifiziert nach Bülthoff, 1991). ❑

Ganz allgemein wurde in diesem Zusammenhang gefunden, daß ein Hinzufügen von jeweils einem weiteren Faktor den Tiefeneindruck verstärkt (vgl. Abb. 4.97). Wird eine zusätzliche disparitätsmäßige (binokulare) Tiefeninformation (mit Kantenelementen) gegeben, so verstärkt sich der Tiefeneindruck noch weiter. Gleichzeitig dominiert die binokulare Information in widersprüchlichen Fällen und schaltet u.U. anderslautende Informationen monokularer Faktoren aus (Vetofunktion). In diesem Zusammenhang sei auch erwähnt, daß der Erfahrung widersprechende binokulare Tiefeninformationen, wie sie z.B. beim Betrachten einer hohlen Gesichtsmaske auftreten, ihrerseits von der Erfahrung als übergeordneter Instanz anulliert werden. Eine Modellvorstellung, die das Korrespondenzproblem auf eine geeignet konzipierte und zu minimierende Kostenfunktion zurückführt, wurde von Bülthoff (1991) angegeben. Eine Besonderheit dieses Modells ist, daß die bei der Extraktion der Tiefeninformation üblicherweise verwendeten Schritte (Lösung des Korrespondenzproblems, Glättung/Interpolation) hier in einem einzigen Algorithmus zusammengefaßt werden.

Kapitel 5
Anhang

5.1 Das analytische Signal

Gegeben sei ein reelles Signal f(t) mit Spektrum F(f). Dem Signal f(t) kann ein sog. (komplexes) analytisches Signal $f_a(t)$ zugeordnet werden, wobei gilt, daß das Spektrum $F_a(f)$ des analytischen Signals für positive Frequenzen gleich dem doppelten Spektrum F(f) ist und für negative Frequenzen verschwindet:

$$F_a(f) = \begin{cases} 2F(f) & \text{für } f \geq 0, \\ 0 & \text{für } f < 0. \end{cases} \qquad \text{(Gl. 5.1)}$$

Damit ist das analytische Signal auch darstellbar als

$$f_a(t) = 2\int_0^{+\infty} F(f)\, e^{j2\pi ft}\, df. \qquad \text{(Gl. 5.2)}$$

Durch Einführen der Sprungfunktion

$$\gamma(f) = \frac{[1 + sgn(f)]}{2} \qquad \text{(Gl. 5.3)}$$

als Fensterfunktion läßt sich das analytische Signal im Spektrum als

$$F_a(f) = 2\,\gamma(f)\,F(f) = [1 + sgn(f)]\,F(f) = F(f) + F\hat{}(f)$$
(Gl. 5.4)

darstellen und durch Fourierrücktransformation gemäß

$$f_a(t) = 2\int_{-\infty}^{+\infty} F(f)\,\gamma(f)\,e^{j2\pi ft}\,df$$

$$= \int_{-\infty}^{+\infty} F(f)\,e^{j2\pi ft}\,df + j\int_{-\infty}^{+\infty} F(f)\,\frac{1}{j}\,sgn(f)\,e^{j2\pi ft}\,df$$

$$= f(t) + j\,f\hat{}(t)$$
(Gl. 5.5)

bilden.

Das analytische Signal ist demnach die Summe aus einem Realteil f(t) und einem als Hilberttransformierter f ̂(t) bezeichneten Imaginärteil. Umgekehrt ist die Funktion f(t) als Realteil des analytischen Signals $f_a(t)$ darstellbar. Da gemäß Gl. 5.4 der Imaginärteil f ̂(t) die Fourierrücktransformierte des mit sgn(f) gewichteten Spektrums der Funktion f(t) ist, folgt aus dem Faltungssatz und der Fourierkorrespondenz

$$\frac{sgn(f)}{j} \circ\!\!-\!\!\bullet \frac{1}{\pi t}$$
(Gl. 5.6)

für den Imaginärteil die Beziehung

$$f\hat{}(t) = f(t) * \frac{1}{\pi t} = \frac{1}{\pi}\int_{-\infty}^{+\infty} \frac{f(T)}{t - T}\,dT.$$
(Gl. 5.7)

Das in Gl. 5.7 gezeigte Integral wird als Hilberttransformation bezeichnet und symbolisch durch

$$f(t) \bullet\!\!\longrightarrow f\hat{}(t)$$

dargestellt. Anschaulich ausgedrückt fügt man dem reellen Signal f(t) ein gemäß der Hilberttransformation gebildetes imaginäres Signal j f ̂(t) hinzu, um zu erreichen, daß das als Summe beider gebildete analytische Signal $f_a(t)$ nurmehr Spektralanteile für positive Frequenzen besitzt. Die im Spektralbereich besonders einfachen Operationen zeigen, daß das Spektrum eines reellen Signals als Folge des Zuordnungssatzes durch seinen Verlauf bei positiven Frequenzen eindeutig bestimmt ist. Damit läßt sich auch der bei Minimalphasensystemen geltende Zusammenhang zwischen Dämpfung und Phase ableiten.

Einige für die Signalbeschreibung wichtige Eigenschaften des analytischen Signals seien nachfolgend angegeben. Es findet sich als Charakteristikum von

5.1 Das analytische Signal

Hilbertpaaren f(t) und f^(t), daß ihre Autokorrelationsfunktionen $R_{ff}(T)$ und $R_{f\hat{}f\hat{}}(T)$ gleich sind:

$$R_{ff}(T) = R_{f\hat{}f\hat{}}(T)$$

$$\text{mit} \quad R_{xx}(T) = \int_{-\infty}^{+\infty} x(t)\, x(t+T)\, dt\ .\qquad \text{(Gl. 5.8)}$$

Dies folgt aus der Tatsache, daß die zugehörigen Energiespektren $|F(f)|^2$ und $|F\hat{}(f)|^2$ gleich sind und die Autokorrelationsfunktion als Fourierrücktransformierte der Energiespektren gebildet werden. Im rein harmonischen Fall sind damit die Autokorrelationsfunktionen allgemein cos-Funktionen. Hilbertpaare sind weiterhin dadurch gekennzeichnet, daß periodische Funktionen wiederum periodische Hilberttransformierte aufweisen und insbesondere

$$\cos t \quad \longmapsto \quad -\sin t$$

$$\sin t \quad \longmapsto \quad \cos t \qquad \text{(Gl. 5.9)}$$

gilt. Aperiodische Funktionen besitzen entsprechend aperiodische Hilberttransformierte, wobei der Ähnlichkeitssatz der Hilberttransformation gilt. Dieser besagt, daß dem Hilbertpaar $f(t) \longmapsto f\hat{}(t)$ das in sich ähnliche Hilbertpaar

$$f(at) \quad \longmapsto \quad f\hat{}(at) \qquad \text{(Gl. 5.10)}$$

entspricht.

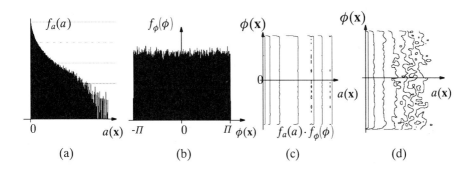

Abb. 5.1 Links: Wahrscheinlichkeitsdichte $f_a(a)$ für lokalen Betrag und $f_\Phi(\Phi)$ für lokale Phase. Rechts: Höhenlinien der zweidimensionalen Dichte $f_a(a)\, f_\Phi(\Phi)$ bei angenommener statistischer Unabhängigkeit und die dazu weitgehend identische empirische zweidimensionale Dichte der beiden Parameter. ❏

Eine für die Signalkennzeichnung wichtige Größe ist der Betrag des analytischen Signals

$$z(t) = \sqrt{f^2(t) + f\widehat{}^2(t)}.$$ (Gl. 5.11)

Dieser stellt die Momentanamplitude bzw. die Umhüllende des komplexen Signals dar. Da man zeigen kann, daß der lokale Betrag des analytischen Signals bei Bandpaßauszügen weitgehend unabhängig von der Art des Signals ist, kommt dieser Größe eine wichtige Markierfunktion bei der Signalverarbeitung zu (vgl. Abb. 4.71). Ein wichtiger, hier interessierender Gesichtspunkt ist auch die Tatsache, daß für rein sinusförmige Signale der Betrag des analytischen Signals wegen $\cos^2(t) + \sin^2(t) = 1$ konstant ist. Diese Eigenschaft ist vorzüglich geeignet, das Vorhandensein von rein sinusförmigen Komponenten in Signalen zu entdecken. Bei Frequenzgemischen ist eine Schmalbandfilterung notwendig, da sonst vermöge der Betragsbildung störende Summen- und Differenzfrequenzen auftreten. Der lokale Verlauf der Phase des analytischen Signals gibt im Gegensatz zur lokalen Amplitude eine Information über die Art des Signals (vgl. Abb. 4.71).

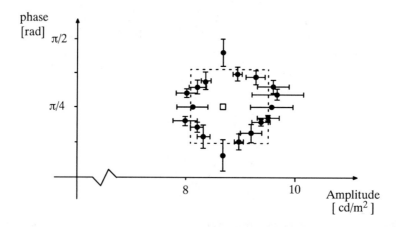

Abb. 5.2 Eben wahrnehmbarer Unterschied von lokalem Betrag und lokaler Phase relativ zu einem Basiswert (□). Das Testsignal ist ein Bandpaßmuster, wie in Abb. 5.3 gezeigt. Der dargestellte Bereich (gestrichelt) zeigt die Separierbarkeit in die Parameter lokaler Betrag und lokale Phase. ❑

Lokaler Betrag und lokale Phase haben sich als wichtige Beschreibungsgrössen im Bereich Bildcodierung und Bilddatenreduktion erwiesen. Dies ergibt sich einmal daraus, daß lokaler Betrag und lokale Phase von Bandpaßauszügen natürlicher Bilder als statistisch voneinander unabhängig anzusehen sind. Dies ist in Abb. 5.1 dadurch belegt, daß sich die gemeinsame Wahrscheinlichkeitsdichte von lokalem Betrag und lokaler Phase als Produkt der jeweiligen

5.1 Das analytische Signal 219

Randwahrscheinlichkeitsdichten darstellen läßt. Interessant ist auch, daß eine Signaldarstellung mit Hilfe von lokalem Betrag und lokaler Phase durch die Struktur des Wahrnehmungsraums nahegelegt wird. Untersucht man nämlich die eben wahrnehmbaren Unterschiede eines bandpaßartigen Signals hinsichtlich der beiden genannten Parameter, so zeigt sich, daß die damit aufgespannte Fläche des Wahrnehmungsraums gut mit dem Konzept zweier unabhängiger Parameter (lokaler Betrag und lokale Phase) verträglich ist (Wegmann und Zetzsche, 1992).

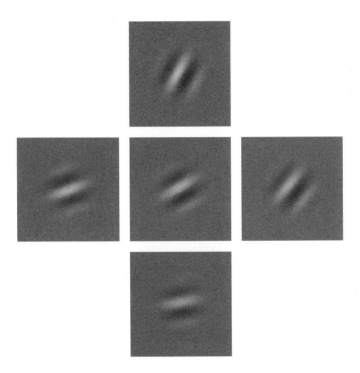

Abb. 5.3 Beispiel für bandpaßartige Testmuster mit eben wahrnehmbarem Unterschied in lokalem Betrag (Ansteigen in vertikaler Richtung) und lokaler Phase (Änderung der Symmetrieeigenschaften in horizontaler Richtung). Die Orientierung ist wie im psychophysischen Versuch randomisiert. ◻

5.2 Wichtige Fourierkorrespodenzen

Bei einer Vertauschung von Zeit und Frequenz ist zu beachten, daß gerade-symmetrische und rotationssymmetrische Funktionen unmittelbar umkehrbar sind, während bei ungerade-symmetrischen Funktionen die Transformierte negatives Argument besitzen muß.

Gerade Funktionen		
Zeitfunktion	$g(t) \circ\!\!-\!\!\bullet G(f)$	Spektrum
1		$\delta(f)$
1 für $\frac{-\Delta t}{2} < t < \frac{\Delta t}{2}$ 0 sonst		$\Delta t \, \frac{\sin(\pi \Delta t f)}{\pi \Delta t f}$
1 für $\begin{cases} -(t_0 + \frac{\Delta t}{2}) < t < -(t_0 - \frac{\Delta t}{2}) \\ t_0 - \frac{\Delta t}{2} < t < t_0 + \frac{\Delta t}{2} \end{cases}$ 0 sonst		$2\Delta t \, \frac{\sin(\pi \Delta t f)}{\pi \Delta t f} \cos(2\pi t_0 f)$
$\cos(2\pi f_0 t)$ 0 sonst		$\frac{1}{2}[\delta(f - f_0) + \delta(f + f_0)]$
$\frac{t}{\Delta t} + 1$ für $-\Delta t \leq t \leq 0$ $\frac{-t}{\Delta t} + 1$ für $0 \leq t \leq \Delta t$ 0 sonst		$\Delta t \left[\frac{\sin(\pi \Delta t f)}{\pi \Delta t f}\right]^2$

5.2 Wichtige Fourierkorrespodenzen

Ungerade Funktionen

Zeitfunktion	u(t) ○———● U(f)		Spektrum
sign(t)			$\dfrac{1}{j\pi f}$
1 für $0 < t < \dfrac{\Delta t}{2}$ −1 für $\dfrac{-\Delta t}{2} < t < 0$ 0 sonst			$j\dfrac{\cos(\pi f \Delta t) - 1}{\pi f}$
$\delta'(t)$			$j2\pi f$
$\sin(2\pi f_0 t)$			$-j\dfrac{1}{2}[\delta(f - f_0) + \delta(f + f_0)]$

Rotationssymmetrische Funktionen

Ortsfunktion	g(r) ———○——— G(f)		Spektrum
h für $0 < r < r_0$ 0 sonst			$\dfrac{h}{f_r} r_0 J_1(2\pi r_0 f_r)$
h für $r_1 < r < r_2$ 0 sonst			$\dfrac{h}{f_r}[r_2 J_1(2\pi r_2 f_r) - r_1 J_1(2\pi r_1 f_r)]$
$\delta(r - r_0)$			$2\pi r_0 J_0(2\pi r_0 f_r)$

5.3 Cosinusgitter

Eine langsame Drehung des Cosinusgitters (z.B. auf einem Plattenteller) gestattet eine anschauliche Darstellung der Orts- und Zeitfrequenz umfassenden Charakteristik des visuellen Systems (Experiment in Kap. 4.6.1).

Bei sehr schneller Drehung sieht man eine radialsymmetrische Struktur entsprechend einer Bessel-Funktion nullter Ordnung. Dies folgt daraus, daß sich die Besselfunktion nullter Ordnung, wie im Kap. 2.2.1 gezeigt, als

5.3 Cosinusgitter

$$I_0(x) = \frac{1}{\pi} \int_0^\pi \cos(x \sin\phi) \, d\phi$$

darstellen läßt. D.h. es werden in diesem Integral alle Anteile des cos-Gitters entlang eines Kreises mit Radius x aufsummiert (Abb. 5.4). Durch sehr schnelle Drehung eines cos-Gitters kann diese Summation durch Verschmieren im relativ trägen visuellen System erfolgen und man sieht eine radialsymmetrische Struktur entsprechend der Besselfunktion nullter Ordnung.

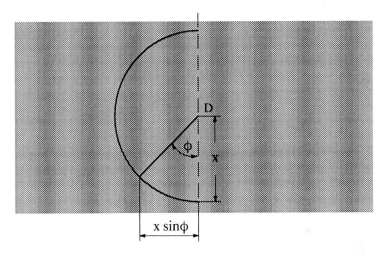

Abb. 5.4 Integrationsweg bei der Bildung der Besselfunktion nullter Ordnung. D ist das Drehzentrum. Es wird der cos-Wert an den Orten x sinϕ aufsummiert. ☐

5.4. Kenngrößen von Mehrkanalmodellen

Die vorgestellten Modelle beziehen sich auf verschiedene Aspekte und Entwicklungsstufen eigener Untersuchungen am visuellen System des Menschen. Gemeinsam ist allen Modellen, daß sie mehrkanalig (i.a. in mehreren Dimensionen) sind.

Modell I. Das Modell von Lupp (1981) beschreibt die Reaktionszeitexperimente aus Kap. 4.3.2. Dabei ist folgende Sprungantwort σ(t) zugrundegelegt:

$$\sigma(t) = \begin{cases} 0 & t < 0, \\ 1 - exp(-t/T_1) & 0 < t \leq T_2, \\ 1 - exp(-t/T_1) - C \cdot [1 - exp(\frac{-t + T_2}{T_3})] & t > T_2. \end{cases}$$

Um die Knickstelle bei $t=T_2$ zu glätten, wurde die Sprungantwort σ(t) zusätzlich durch einen Gaußtiefpaß der Breite T_g gefiltert. Für die Ortsfrequenzen f_x=1c/deg und 16c/deg wurden die Parameter des Modells gemäß folgender Tabelle gewählt:

f_x (c/deg)	T_1 (msec)	T_2 (msec)	T_3 (msec)	C	T_g (msec)
1	60,5	113,98	66,23	0,80	10
16	104,0	172,80	118,8	0,38	25

Modell II. Dieses Modell beschreibt die Experimente zu örtlich zweidimensionalen Bessel-Mustern aus Kap. 4.4.3 (Elsner, 1986). Detektionsgröße in diesem Modell ist das Maximum der Ausgangsgröße a(x,y), die ihrerseits als Summe über 12 Orientierungskanäle gebildet wird:

$$a_{max}(x,y) = Max\left\{\left[\sum_\alpha \sum_i | e(x,y) * h_{\alpha,i}(x,y) |^6 * h_0(x,y)^{2/6}\right]^{1/2}\right\}$$

Die Übertragungsfunktion $H_{\alpha,i}$ (f_x, f_y) der 12 Orientierungsfilter bestimmt sich zu

5.4 Kenngrößen von Mehrkanalmodellen

$$H_{a,i}(f_x, f_y) = k_i \left(\frac{f_x^2}{f_{vi}^2} + \frac{f_y^2}{f_{vi}^2}\right) \exp(1 - z_a^2)$$

mit $z_a^2 = \frac{f_x^2}{f_{vi}^2} + \frac{f_y^2}{f_{vi}^2} + \frac{(\varepsilon^2 - 1)(f_x \sin\alpha - f_y \cos\alpha)^2}{f_{vi}^2}$ und $\varepsilon = 4$.

k_i stellt darin die Amplitudenbewertung des einzelnen Kanals und ε das Verhältnis von großer zu kleiner Halbachse der elliptischen Orientierungsfilter dar. Für den Orientierungswinkel α wurden die Werte 0, 30, 60 und 90 deg gewählt. Die zugehörigen Impulsantworten sind $h_{\alpha,i}(x,y)$. Die einzelnen Parameter wurden gemäß folgender Tabelle bestimmt:

i	ki	f_{vi} (c/deg)
1	0,56	2
2	1,12	4
3	0,70	8

Das zusätzlich eingefügte integrierende Übertragungsglied besitzt eine Impulsantwort gemäß

$$h_0(x,y) = \begin{cases} 1, & \text{für } |x| \leq 2 \text{ deg und } |y| \leq 2 \text{ deg} \\ 0, & \text{für } |x| > 2 \text{ deg und } |y| > 2 \text{ deg} \end{cases}.$$

Modell III. Dieses Modell (Elsner, 1986) beschreibt die Experimente zu Schwellenmessungen mit überlagerten Mustern von Kap. 4.3.3 und die Experimente zur Kurzzeitdarbietung von Kap. 4.6.3. Es entspricht in seiner Struktur dem Modell II. Detektionskriterium in diesem Modell ist das (örtliche und zeitliche) Maximum der Ausgangsgröße $a(x, t)$, die als Summe über 5 Kanäle gebildet wird:

$$a_{\max}(x,t) = Max\left\{\left[\sum_{i=1}^{5} |e(x,t) * h_i(x,t)|^6 * h_o(x)\right]^{2/6} * h_t(t)\right\}^{1/2}.$$

Die Übertragungsfunktion der 5 geschwindigkeitsselektiven Filter ist

$$H_i(f_x, f_t) = k_i z_i^2 \exp\left[1 - \left(\frac{f_x}{f_{vi}}\right)^2 - \left(\frac{f_t}{f_{\tau i}}\right)^2\right].$$

Die Parameter werden nach folgender Tabelle bestimmt:

i	k_i	f_{vi} [c/deg]	$f_{\tau i}$ [Hz]	z_i^2
1	0,5	2	12	$(\frac{f_x}{f_{vi}} + \frac{f_t}{f_{\tau i}})^2$
2	1,0	4	6	$(\frac{f_x}{f_{vi}} + \frac{f_t}{f_{\tau i}})^2$
3	0,7	8	0	$(\frac{f_x}{f_{vi}})^2$
4	1,0	4	−6	$(\frac{f_x}{f_{vi}} - \frac{f_t}{f_{\tau i}})^2$
5	0,5	2	−12	$(\frac{f_x}{f_{vi}} - \frac{f_t}{f_{\tau i}})^2$

Die zugehörigen Impulsantworten, mit denen gefaltet wird, sind $h_i(x,t)$.

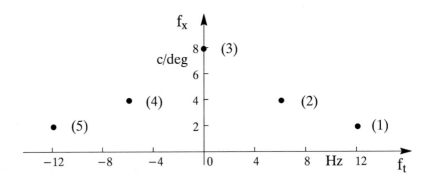

Abb. 5.5 Lage der fünf Kanäle in der f_x/f_t-Ebene bei Modell III (Elsner, 1986). ❑

Die zusätzlichen integrativen Übertragungsglieder besitzen eine Impulsantwort gemäß

$$h_0(x) = \begin{cases} 1, & \text{für } |x| \leq 1 \text{ deg}, \\ 0, & \text{für } |x| > 1 \text{ deg}, \end{cases}$$

$$h_t(t) = \begin{cases} 0, & \text{für } t < 0, \\ \exp(t/0,5), & \text{für } t \geq 0. \end{cases}$$

5.4 Kenngrößen von Mehrkanalmodellen

Eine durch örtliche Orientierungsfilter erweiterte Version dieses Modells (Ellipsen mit Achsenverhältnis 1:4) ist in Elsner (1986) beschrieben. Eine Einbeziehung von Adaptations- und Maskierungsphänomenen ist ebenfalls in dieser Arbeit behandelt.

Modell IV. Dieses Modell beschreibt die statischen Maskierungs- und Facilitierungseffekte von Kap. 4.7.3. Eine Erweiterung auf dynamische, d.h. von der zeitlichen Darbietung abhängende Phänomene ist bei Elsner (1986) zu finden. Die Wirkung des Maskierers auf das Testmuster wird durch die subtraktive Wirkung des Maskiererzweiges auf den Wahrnehmungszweig erhalten, wobei jeder Zweig Teil eines mehrkanaligen Systems ist. Die Struktur des Maskierermodells ist in Abb. 5.6 gezeigt.

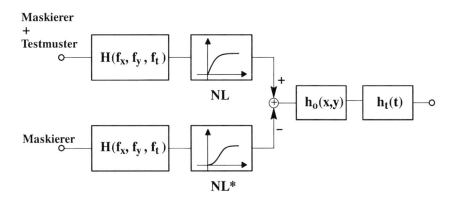

Abb. 5.6 Funktionsschema des Maskierungsmodells (Elsner, 1986). $H(f_x, f_y, f_t)$ stellt die Übertragungsfunktion eines Kanals dar, $h_o(x,y)$ und $h_t(t)$ sind Impulsantworten von örtlich und zeitlich integrierenden Gliedern wie in Modell II und III. ☐

Die Maskierungs- bzw. Facilitierungswirkung wird durch die speziell Form der gedächtnislosen Nichtlinearität NL im Wahrnehmungszweig und NL* im Maskiererzweig erreicht. Ohne die Nichtlinearitäten würde sich die Wirkung des Maskierers infolge der Subtraktion aufheben. Die in beiden Nichtlinearitäten identische Sättigung bewirkt, daß ein Testmuster bei starkem Maskierer weniger effektiv ist als bei kleinem Maskierer. Ein starker Maskierer verlagert nämlich den Arbeitspunkt der Kennlinie in einen flachen Bereich. Für sehr kleine Maskierer ist die Maskierwirkung wegen der im Ursprung flachen Kennlinie NL* unterbunden und es resultiert Summation von Testmuster und Maskierer, wie auch im Experiment (Abb. 4.6.1) gefunden.

Modell V. Die Abhängigkeit der Übertragungsfunktion des visuellen Systems von der mittleren Helligkeit I_o kann durch die Parameter $A(I_o)$ und $c(I_o)$ beschrieben werden (Elsner, 1986). Diese steuern die Gesamtempfindlichkeit und die Form der Übertragungsfunktion gemäß

$$H(f_x, f_t) = A(I_o)[c(I_o) + z_i^2]\exp[1 - (\frac{f_x}{f_v})^2 - (\frac{f_t}{f_\tau})^2]$$, wobei

$$c(I_o) = \frac{0,1}{I_o} \quad \text{und}$$

$$A(I_o) = \begin{cases} 500\sqrt{10\ I_o}, & \text{für } I_o < 0,1\ td \\ 500/\sqrt{10\ I_o}, & \text{für } 0,1\ td \leq I_o < 10\ td \\ 500/\ I_o, & \text{für } I_o > 10\ td \end{cases}$$

gesetzt wird. Darin drückt $A(I_0)$ die Gesamtempfindlichkeit des Filters und $c(I_0)$ den relativen Anteil von Tief- und Bandpaß und damit Lage und Größe des Maximums der Übertragungsfunktion aus. Aus der Funktion $A(I_0)$ folgt insbesondere das DeVries-Rose-Gesetz für kleine und das Webersche Gesetz für große Leuchtdichten.

Modell VI. Diesem Modell liegt das Matched-Filter-Konzept (Hauske et al., 1976; 1978; Hauske, 1988) zugrunde. Dieses wurde im Rahmen von Sensitivitätsmessungen mit überlagerten (unterschwelligen) Sinusgittern postuliert (Kap. 4.7.4). Gemäß Abb. 4.65 kann die Sensitivitätsfunktion als Produkt aus einer musterunabhängigen Bandpaßfunktion $S_0(f)$ und dem konjugiert komplexen Testmusterspektrum bei Schwellenmodulation m_{th} $F^*(f)$ dargestellt werden. Interpretiert man die Sensitivitätsfunktion als die Übertragungsfunktion des bei der Wahrnehmung jeweils aktiven signalangepaßten Filters, so erhält man als Ausgangsgröße $A(f)$ des Systems im Spektrum für eine Eingangsgröße mit Spektrum $F(f)$ und Modulation m die Beziehung

$$A(f) = [m\ F(f)]\ [m_{th}\ F^*(f)\ S_o(f)]\ .$$

Das Maximum der Ausgangsgröße, das sich im Ortsbereich bei x=0 zu

$$a(x = 0) = \int_{-\infty}^{+\infty} A(f)\ df$$

ergibt, muß eine Schwelle C erreichen. Damit wird

$$C = \int_{-\infty}^{+\infty} [m_{th}\ F(f)]\ [m_{th}\ F^*(f)]\ S_o(f)\ df$$

und umgekehrt

$$m_{th} = C \left[\int_{-\infty}^{+\infty} |F(f)|^2 S_o(f) \, df \right]^{-\frac{1}{2}}.$$

Gemäß diesem Zusammenhang läßt sich die Schwellenmodulation m_{th} für Testmuster von bekanntem Spektrum vorhersagen. Angewandt auf eine Anzahl unterschiedlicher Muster ergibt sich eine gute Übereinstimmung zwischen Theorie und Experiment (Abb. 5.7). Mit Hilfe komponentenweise zusammengesetzter Muster wurde der Anwendungsbereich des Matched-Filter-Modells untersucht. Dabei wurde die Vermutung aufgestellt, daß Matched-Filter für Muster existieren, deren Komponenten in zwei von drei Eigenschaften (Lage, Symmetrie, Spektrum) übereinstimmen. Danach versagt das Matched-Filter-Modell bei einer Kombination aus einer (gerade-symmetrischen) Linie und einer davon lokal abgesetzten (ungerade-symmetrischen) Kante.

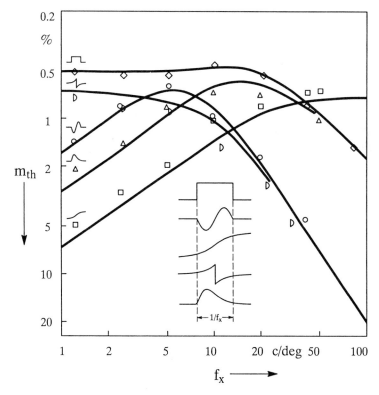

Abb. 5.7 Modulationsschwellen für Testmuster, die gemäß einem Formparameter $b=1/f_x$ variiert wurden. Die Punkte stellen die experimentellen Daten, die durchgezogenen Linien Vorhersagen des Matched-Filter-Modells dar. ❑

Kapitel 6
Schrifttum

6.1 Einführende Bücher

Die hier aufgeführten Bücher sind hinsichtlich ihres Fachgebietes und ihres thematischen Schwerpunktes mit Buchstabenkombinationen charakterisiert.

Fachgebiete
N: Neurophysiologie/Anatomie,
P: Psychologie/Psychophysik,
O: Optik/Bildverarbeitung/Fernsehtechnik.

Thematische Schwerpunkte
b: biologisch,
k: kognitiv,
t: theoretisch/kybernetisch,
s: technisch/systemtheoretisch.

Abmayr, W.: Einführung in die digitale Bildverarbeitung.
        Teubner Verlag (1994)   Os

Aubert, H.: Die Physiologie der Netzhaut. (1865)   Nb/Pb/Ps

Barlow, H.B., Mollon, J.D.: The Senses.
  Cambridge University Press (1982)   Nb/Ns

Bestenreiner, F.: Vom Punkt zum Bild. Stand und Zukunftsaspekte der
  Bildtechnik. Wichmann Verlag (1988)   Os

Bracewell, R.N.: The Fourier Transform and Its Applications.
  McGraw–Hill (1978)   Os

Campenhausen, C. von: Die Sinne des Menschen I, II.
  Thieme (1981)   Pb

Cool, S.J., Smith III, E.L. (Hrsg): Frontiers in Visual Science.
  Springer (1978)   Pb/Nb

Cornsweet, T.N.: Visual Perception.
  Academic Press (1970)   Ps

Coren, S., Porac, C., Ward, L.M.: Sensation and Perception.
  Academic Press (1978)   Pb

Davson, H. (Hrsg.): The Eye.
  Academic Press (1969)   Pb

Eckmiller, R., Malsburg, Chr. v. d. (Hrsg.): Neural Computers.
  Springer (1988)   Nt

Erismann, Th.: Allgemeine Psychologie, Bd. IV.
  Göschen 834/834a (1962)   Pk

Frisby, J.P.: Optische Täuschungen, Sehen, Wahrnehmen, Gedächtnis.
  Weltbild Verlag (1989)   Pb/Pk

Goodman, J.W.: Introduction to Fourier Optics.
  McGraw–Hill (1968)   Os

Graham, C.H. (Hrsg.): Vision and Visual Perception.
  Wiley (1966)   Pb

Gregory, R.L.: Auge und Gehirn.
  Kindler (1966)   Pb/Pi

Gregory, R.L.: The Intelligent Eye.
    McGraw–Hill (1970)   Pb/Pi

Haken, H. : Synergetics – An Introduction. Nonequilibrium Phase Transitions and Self–Organization in Physics, Chemistry and Biology. Springer (1978)   Nt/Pt

Haken, H. (Hrsg.): Pattern Formation by Dynamic Systems and Pattern Recognition. Springer (1979)   Pt

Harris, C.S.: Visual Coding and Adaptability.
    Lawrence Erlbaum (1980)   Pb/Ps

Hochberg, J.E.: Perception.
    Prentice Hall (1978)   Pb/Pi

Hodam, F.: Technische Optik.
    VEB–Verlag Technik (1967)   Pi

Hofmann, F.B.: Die Lehre vom Raumsinn des Auges.
    Springer (Nachdruck 1970, Originalauflage 1919/1925)   Pb

Holm, W.A.: Farbfernsehtechnik ohne Mathematik.
    Philips Technische Bibliothek (1964)   Os

Holst, E. v.: Zur Verhaltensphysiologie bei Tieren und Menschen, Band I.
    Piper Paperback (1969)   Pk

Julesz, B.: Foundations of Cyclopean Perception.
    The University of Chicago Press (1971)   Pb/Pi

Keidel, W.D.: Sinnesphysiologie, Teil I.
    Springer (1971)   Nb

Kling, J.W., Riggs, L.A. (Hrsg.): Woodworth and Schlosberg's Experimental Psychology. Holt, Rinehart and Winston (1971)   Pb/Pi

Korn, A.: Bildverarbeitung durch das visuelle System.
    Springer (1982)   Ps

Le Grand, Y.: Form and Space Vision.
  Indiana University Press (1967)   Pb

Leuwenburg, E.L.J., Buffart, H.F.J.M.: Formal Theories of Visual
  Perception. Wiley (1978)   Pk

Marr, D.: Vision.
  Freeman u. Co (1982)   Tk

Metzger, W.: Gesetze des Sehens.
  W. Kramer (1975)   Pi

Monje, M.: Physiologie des Auges. In: Handbuch der Zoologie
  (Hrsg.: J. G. Helmcke, D. Starck, W. Wermuth), Band III
  Walter de Gruyter (1968)   Pb

Motakawa, K.: Physiology of Color and Pattern Vision.
  Springer (1970)   Pb

Mueller, C.G., Rudolph, M.: Licht und Sehen.
  Rowohlt Taschenbuch (1969)   Pb

Palm, G.: Neural Assemblies. An Alternative Approach to Artificial
  Intelligence. Springer (1982)   Nt

Ratliff, F.: Mach−Bands.
  Holden−Day (1965)   Pb/Ps

Rein, H., Schneider, H.: Physiologie des Menschen.
  Springer (1964)   Nb/Pb

Resnikoff, H.L.: The Illusion of Reality.
  Springer (1989)   Pt

Rieck, J.: Lichttechnik.
  Vieweg (1966)   Os

Richter, M.: Einführung in die Farbmetrik.
  De Gruyter (1981)   Pb

Röhler, R.: Informationstheorie in der Optik.

6.1 Einführende Bücher

    Wiss. Verlagsgesellschaft (1967)   Os

Röhler, R.: Biologische Kybernetik. Regelungsvorgänge in Organismen.
    Teubner (1974)   Ps

Rock, J.: Wahrnehmung: Vom visuellen Reiz zum Sehen und Erkennen.
    Spektrum der Wissenschaft (1985)   Pb/Pi

Rose, A.: Vision: Human and Electronic.
    Plenum (1974)   Os

Schober, H., Rentschler, I.: Das Bild als Schein der Wirklichkeit.
    Moos–Verlag (1972)   Pb/Pi

Schönfelder, H.: Bildkommunikation.
    Springer (1983)   Os

Seelen, W.v., Shaw, G., Leinhos, U.M. (Hrsg.): Organization of Neural
    Networks (Structures and Models). Verlag Chemie (1988)   Nk/Nt

Stevens, S.S. (Hrsg.): Handbook of Experimental Psychology.
    Wiley (1966)   Pb

Trendelenburg, W.: Der Gesichtssinn.
    Springer (1961)   Nb/Pb

Wahl, F.M.: Digitale Bildverarbeitung.
    Springer (1984)   Os

Wendland, B.: Fernsehtechnik I, II.
    Hüthig (1987)   Os

Yarbus, A.L.: Eye Movements and Vision.
    Plenum Press (1967)   Pb

6.2 Weiterführende Literatur

(Hier nicht auffindbare Literatur siehe Kap. 6.1 "Einführende Bücher")

Baker, H.D.: Initial Stages of Dark and Light Adaptation. J. Opt. Soc. Am. 53, 98–103 (1963)

Barlow, H.B.: Light and Dark Adaptation: Psychophysics. In: Visual Psychophysics (Hrsg. D. Jameson, L.M. Hurvich), Springer Verlag (1972)

Bauer, D.: Use of Slow Phosphors to Eliminate Flicker in VDUs with Bright Background. Displays 8, 29–32 (1987)

Baumgart, E.: Threshold Quanta Problems. In: Handbook of Sensory Physiology, Vol. VII/4 Visual Psychophysics (Hrsg. D. Jameson und L.M. Hurvich), Springer (1972)

Bergen, J.R., Wilson, H.R., Cowan, J.D.: Further Evidence for Four Mechanisms Mediating Vision at Threshold: Sensitvities to Complex Gratings and Aperiodic Stimuli. J. Opt. Soc. Am. 69, 1580–1587 (1979)

Blackwell, H.R.: Luminance Difference Thresholds. In: Handbook of Sensory Physiology, Vol. VII/4 Visual Psychophysics (Hrsg. D. Jameson und L.M. Hurvich), Springer (1972)

Blakemore, C., Campbell, F.W.: Adaptation to Spatial Stimuli. J. Physiol. (Lond.) 200, 11–13P (1968)

Blakemore, C., Campbell, F.W.: On the Existence of Neurons in the Human Visual System Sensitive to the Orientation and the Size of Retinal Images. J. Physiol. (Lond.) 203, 237–260 (1969)

Blakemore, C., Nachmias, J., Sutton, P.: The Perceived Spatial Frequency Shift: Evidence for Frequency Selective Neurones in the Human Brain. J. Physiol. (Lond.) 210, 727–750 (1970)

Blakemore, C., Sutton, P.: Size Adaptation: A New Aftereffect. Science 166, 245–247 (1969)

Born, M., Wolf, E.: Principles of Optics. Pergamon (1965)

Bouman, M.A., Velden, H.A. van der: The Two–Quanta–Hypothesis as a General Explanation for the Behaviour of Threshold Values and Visual Acuity for the Several Receptors of the Human Eye. J. Opt. Soc. Am. 38, 570–581 (1948)

Braddick, O., Campbell, F.W., Atkinson, J.: Channels in Vision: Basic Aspects. In: Handbook of Sensory Physiology, Vol. VII/4 Visual Psychophysics (Hrsg. D. Jameson und L. M. Hurvich), Springer (1972)

Breitmeyer, B.G.: Simple Reaction Times as a Measure of the Temporal Response Properties of Transient and Sustained Channels. Vision Res. 15, 1411–1412 (1975)

Breitmeyer, B.G.: Visual Masking. An Integrative Approach. Oxford University Press (1984)

Bridgeman, B., Fisher, B.: Saccadic Suppression of Displacement is Strongest in Central Vision. Perception 19, 103–111 (1990)

Bridgeman, B., Hendry, D., Stark, L.: Failure to Detect Displacement of the Visual World During Saccadic Eye Movements. Vision Res. 15, 717–722 (1975)

Brink, G. van den, Bilsen, F.A.: The Number of Bars that Makes a Grating for the Visual System: A Reply to Dr. Kelly. Vision Res. 15, 627–628 (1975)

Brown, J.L.: Flicker and Intermittent Stimulation. In: Vision and Visual Perception (Hrsg. C.H. Graham) Wiley (1966)

Bryngdahl, O.: Visual Transfer Characteristics from Mach Band Measurements. Kybernetik 2, 71–77 (1964)

Buchsbaum, G., Gottschalk, A.: Trichromasy, Opponent Colours Coding and

Optimum Colour Information Transmission in the Retina. Proc. R. Soc. Lond. B 220, 89–113 (1983)

Budrikis, Z.L.: Model Approximations to Visual Spatio–Temporal Sine–Wave Threshold Data. The Bell System Technical Journal 52, 1643–1667 (1973)

Bülthoff, H.H.: Shape from X: Psychophysics and Computation. In: Computational Models of Visual Processing (Hrsg. M.S. Landy, J.A. Movshon), The MIT Press (1991)

Burmester, L., Mechau, E.: Untersuchung der optischen und mechanischen Grundlagen des Mechau–Projektors. Die Kinotechnik 10, 395–451 (1928)

Burr, D.C.: Implications of the Craik–O'Brien Illusion for Brightness Perception. Vision Res. 27, 1903–1913 (1987)

Burr, D.C., Ross, J.: Contrast Sensitivity at High Velocities. Vision Res. 22, 479–484 (1982)

Burt, P.J., Adelson, E.H.: The Laplacian Pyramid as a Compact Image Code. IEEE Trans. Commun. COM–31, 532–540 (1983)

Burton, G.J.: Visual Detection of Patterns Periodic in Two–Dimensions. Vision Res. 16, 991–998 (1976)

Campbell, F.W.: The Depth of Field of the Human Eye. Optica Acta 4, 157–164 (1957)

Campbell, F.W., Green, D.G.: Optical and Retinal Factors Affecting Visual Resolution. J. Physiol. 181, 576–593 (1965)

Campbell, F.W., Gregory, A.H.: Effect of Pupil Size on Visual Acuity. Nature 187, 1121–1123 (1960)

Campbell, F.W., Gubisch, R.W.: Optical Quality of the Human Eye. J. Physiol. (Lond.) 186, 558–578 (1966)

Campbell, F.W., Howell, E.R.: Monocular Alteration: A Method for the Investigation of Pattern Vision. J. Physiol. (Lond.) 225, 19 (1972)

Campbell, F.W., Kulikowski, J.J.: Orientational Selectivity of the Human Visual System. J. Physiol. (Lond.) 187, 437–445 (1966)

Campbell, F.W., Kulikowski, J.J., Levinson, J.: The Effect of Orientation on the Visual Resolution of Gratings. J. Physiol. (Lond.) 187, 427–436 (1966)

Campbell, F.W., Robson, J.G.: Application of Fourier Analysis to the Visibility of Gratings. J. Physiol. (Lond.) 197, 551–566 (1968)

Campbell, F.W., Westheimer, G.: Factors Influencing Accommodation Responses of the Human Eye. J. Opt. Soc. Am. 49, 568–571 (1959)

Campbell, F.W., Westheimer, G.: Dynamics of Accommodation Responses of the Human Eye. J. Physiol. (Lond.) 151, 285–295 (1960)

Carlson, C.R., Anderson, C.H., Moeller, J.R.: Visual Illusions without Low Spatial Frequencies. Invest. Ophthal. Vis. Sci. (Suppl.) 19, 165 (1980)

Clark, M., Bovik, A., Geisler, S.: Texture Segmentation Using Gabor Modulation/Demodulation. Patt. Recog. Lett. 6, 261–267 (1987)

Cowan, J.D.: Some Remarks on Channel Bandwidths for Visual Contrast Detection. In: Neurosciences Research Program Bulletin. (Hrsg. E. Pöppel, R. Held, J.E. Dowling). MIT Press (1977)

Coren, S., Girgus, J.S.: Seeing is Deceiving: The Psychology of Visual Illusions. Lawrence Erlbaum Associates (1978)

Cornsweet, T.N., Pinsker, H. M.: Luminance Discrimination of Brief Flashes under Various Conditions of Adaptation. J. Physiol. (Lond.) 176, 294–310 (1965)

Craik, K.J.W.: Origin of Visual Afterimages. Nature (Lond.) 145, 512 (1940)

Crawford, B.H.: Visual Adaptation in Relation to Brief Conditioning Stimuli. Proc. R. Soc. (Lond.) B 134, 283–300 (1947)

Creutzfeldt, O.D., Nothdurft, H.C.: Representation of Complex Visual Stimuli in the Brain. Naturwissenschaften 65, 307–318 (1978)

Daugman, J.: Two–Dimensional Spectral Analysis of Cortical Receptive Field Properties. Vision Res. 20, 847–856 (1980)

Daugman, J.G.: Spatial Visual Channels in the Fourier Plane. Vision Res. 24, 891–910 (1984)

Daugman, J.: Complete Discrete 2–D Gabor Transforms by Neural Networks for Image Analysis and Compression. IEEE Trans. Acoust. Speech Signal Process. ASSP–36, 1169–1179 (1988)

Dealy, R.S., Tolhurst, D.J.: Is Spatial Frequency Adaptation an After–Effect of Prolonged Inhibition. J. Physiol. (Lond.) 241, 261–270 (1974)

De Lange, H.: Research into the Dynamic Nature of the Human Fovea–Cortex Systems with Intermittent and Modulated Light. I. Attenuation Characteristics with White and Colored Light. J. Opt. Soc. Am. 48, 777–784 (1958)

Dell'Osso, L.F., Troost, B.T.: The Oculomotor System: Normal and Clinical Studies. In: Eye Movements – ARVO Symposium 1976 (Hrsg.: B.A. Brooks, F.J. Bajandas), Plenum Press (1977)

Derrington, A.M., Lennie, P.: Spatial and Temporal Contrast Sensitivities of Neurones in the Lateral Geniculate Nucleus of the Macaque. J. Physiol. 357, 219–240 (1984)

Derrington, A.M., Krauskopf, J., Lennie, P.: Chromatic Mechanisms in Lateral Geniculate Nucleus of Macaque. J. Physiol. 357, 241–265 (1984)

Descartes, R.: L'Homme. Th. Girard (1664)

Deubel, H.: Adaptivity of Gain and Direction in Oblique Saccades. In: Eye Movements. From Physiology to Cognition (Hrsg. J.K. O'Regan und A. Levy–Schoen). Elsevier North Holland (1987)

Deubel, H., Elsner, T.: Threshold Perception and Saccadic Eye Movements.

Biol. Cybern. 54, 351−358 (1886)

Deubel, H., Wolf, W., Hauske, G.: Adaptive Gain Control of Saccadic Eye Movements. Human Neurobiol. 5, 245 − 253 (1986)

Deubel, H., Elsner, T., Hauske, G.: Saccadic Eye Movements and the Detection of Fast Moving Gratings. Biol. Cybern. 57, 37−45 (1987)

Deubel, H., Hauske, G.: The Programming of Visually Guided Saccades. In: Processing Structures for Perception and Action. (Hrsg. H. Marko, G. Hauske, A. Struppler). VCH Verlagsgesellschaft (1988)

Deubel, H., Wolf, W., Hauske, G.: Corrective Saccades: Effect of Shifting the Saccade Goal. Vision Res. 22, 353−364 (1982)

Deubel, H., Wolf, W., Hauske, G.: Adaptive Gain Control of Saccadic Eye Movements. Human Neurobiol. 5, 245−253 (1986)

DeValois, K.K.: Spatial Frequency Adaptation Can Enhance Contrast Sensitivity. Vision. Res. 17, 1057−1065 (1977)

DeValois, K.K.: Interaction Among Spatial Frequency Channels in the Human Visual System. In: Frontiers in Visual Science (Hrsg. S.J. Cool und E.L. Smith III), Springer (1978)

DeValois, R.L., Albrecht, D.G., Thorell, L.G.: Spatial Frequency Selectivity of Cells in Macaque Visual Cortex. Vision Res. 22, 545−559 (1982)

DeVries, H.: The Quantum Character of Light and its Bearing upon the Threshold of Vision, the Differential Sensitivity and Acuity of the Eye. Physica 10, 553−564 (1943)

Dieringer, N., Daunicht, W.J.: Image Fading − a Problem for Frogs ? Naturwissenschaften 73, 330−331 (1986)

Ditchburn, R.W., Ginsborg, B.L.: Vision With a Stabilized Retinal Image. Nature 170, 36−37 (1952)

Divko, R., Schulten, K.: Stochastic Spin Models for Pattern Recognition. In: Neural Networks for Computing (Hrsg. J.S. Denker), American Institute of Physics (1986)

Divko, R., Schulten, K.: Hierarchical Spin Models for Stereo Interpretation Using Phase Sensitive Detectors. In: Parallel Processing in Neural Systems and Computers (Hrsg. R. Eckmiller, G. Hartmann, G. Hauske), Elsevier Science Publishers, Amsterdam (1990)

Doorn, A.J. van, Grind, W.A. van den, Koenderink, J.J.: Limits in Perception. VNU Science Press (1984)

Drasdo, N.: The Neural Representation of Visual Space. Nature 266, 554–556 (1977)

Drischel, H.: Untersuchungen über die Dynamik des Lichtreflexes der menschlichen Pupille. Pflüg. Arch. ges. Physiol. 264, 145–190 (1957)

Drischel, H.: Einführung in die Biokybernetik. Akademie Verlag (1972)

du Buf, J.M.H.: Gabor Phase in Texture Discrimination. Signal Processing 21, 221–240 (1990)

Duffieux, P.M.: L'integrale de Fourier et ses application a l'optique. Faculte de Sciences de Besancon (1947)

Durbin, R., Miall, C. , Mitchison, G. (Hrsg.): The Computing Neuron. Addison–Wesly Publishing Company (1989)

Ejima, Y., Takahashi, S.: Facilitory and Inhibitory After–Effect on Spatially Localized Grating Adaptation. Vision Res. 24, 979–985 (1984)

Elsner, T.: Systemtheoretische Modellierung der visuellen Wahrnehmung bei Detektion. Dissertation TU München. Nachrichtentechnische Berichte (Hrsg. H. Marko, G. Binkert) Band 18, Eigenverlag des Lehrstuhls für Nachrichtentechnik der TU München (1986)

Elsner, T.: Investigation of Visual Threshold Perception–Further Developments of the Z–Model. In: Processing Structures for Perception and Action (Hrsg. H. Marko, G. Hauske, A. Struppler). VCH Verlagsgesellschaft (1988)

Elsner, T., Deubel, H.: The Effect of Saccades on Threshold Perception – a

Model Study. Biol. Cybern. 54, 359–366 (1986)

Elsner, T., Hauske, G.: Nonlinear Mechanisms in the Detection of Transient Patterns. Perception 13, A15 (1984)

Emerson, R.C., Bergen, J.R., Adelson, E.H.: Directionally Selective Complex Cells and the Computation of Motion Energy in Cat Visual Cortex. Vision Res. 32, 203–218 (1992)

Enroth–Cugell, C., Robson, J.G.: The Contrast Sensitvity of Retinal Ganglion Cells of the Cat. J. Physiol. (Lond.) 187, 517–552 (1966)

Felleman, D. J., Kaas, J. H.: Receptive Field Properties of Neurons in the Middle Temporal Visual Area (MT) of Owl Monkeys. J. Neurophysiol. 52, 488–513 (1984)

Field, D.J.: Relations between the Statistics of Natural Images and the Response Properties of Cortical Cells. J. Opt. Soc. Am. A 4, 2379–2394 (1987)

Fiorentini, A.: Mach Band Phenomena. In: Handbook of Sensory Physiology, Vol. VII/4 Visual Psychophysics (Hrsg. D. Jameson und L. M. Hurvich), Springer (1972)

Fleet, D. J., Hallet, P. E., Jepson, A. D.: Spatiotemporal Inseparability in Early Visual Processing. Biol. Cybern. 52, 153–164 (1985)

Fliege, N.: Systemtheorie. Teubner Verlag (1991)

Fliege, N.: Multiraten–Signalverarbeitung. Teubner Verlag (1993)

Gabor. D.: Theory of Communication. J. IEE. 93, 429–457 (1946)

Gaskill, J.D.: Linear Systems, Fourier Transforms and Optics. Wiley (1978)

Georgeson, M.A., Harris, M.G.: Spatial Selectivity of Contrast Detection: Models and Data. Vision Res. 24, 729–742 (1984)

Georgeson, M.A., Sullivan, G.D.: Contrast Constancy: Deblurring in Human Vision by Spatial Frequency Channels. J. Physiol. (Lond.) 252, 627–657 (1975)

Gernet, H., Ostholt, H.: Augenseitige Optik – ein neues Gebiet der Okulometrie. Ophthalmologica 166, 120 (1973)

Glenn, W.E.: Digital Image Compression Based on Visual Perception. In: Digital Images and Human Vision (Hrsg. A.B. Watson), MIT Press (1994)

Glenn, W.E., Glenn, K.G.: Signal Processing for the Compatible HDTV. SMPTE Journal. 57, 812–816 (1989)

Glünder, H.: Rotating Gratings Reveal the Temporal Transfer Function of the Observing System. J. Modern Opt. 34, 1365–1374 (1987)

Graff, Th.: Grundlagen der Akkommodationsmessung. Pfügers Arch. ges. Physiol. 255, 302 (1952)

Graham, N.: Visual Detection of Aperiodic Spatial Stimuli by Probability Summation among Narrow Band Channels. Vision Res. 17, 637–652 (1977)

Graham, N.: Spatial Frequency Channels in Human Vision: Detecting Edges without Edge Detectors. In: Visual Coding and Adaptability (Hrsg. C.S. Harris). Lawrence Erlbaum Associates (1980)

Graham, N.: Visual Pattern Analysers. Oxford University Press (1989)

Graham, N., Nachmias, J.: Detection of Grating Patterns Containing Two Spatial Frequencies: A Comparison of Single–Channel and Multiple–Channel Models. Vision Res. 11, 251–259 (1971)

Grassman, H.: On the Theory of Compound Colours. Phil. Mag. 7, 254–264 (1854)

Green, D.M., Swets, J.A.: Signal Detection Theory and Psychophysics. Wiley (1966)

Grind, W.A. van de, Grüsser, O.–J., Lunkenheimer, H.–U.: Temporal Transfer Properties of the Afferent Visual System. Psychophysical, Neurophysiological and Theoretical Investigations. In: Handbook of Sensory Physiology, Vol. VII/3, Central Proscessing of Visual Information (Hrsg. R. Jung), Springer Verlag (1973)

Harmon, L.D., Julesz, B.: Masking in Visual Recognition: Effects of Two-Dimensional Filtered Noise. Science 180, 1194−1197 (1973)

Hartmann, E.: Beleuchtung und Sehen am Arbeitsplatz. Goldmann (1970)

Harwerth, R.S., Levi, D.M.: Reaction Time as a Measure of Suprathreshold Grating Detection. Vision Res. 18, 1579−1586 (1978)

Hauske, G.: Superposition of Edges and Gratings: An Interaction between Central and Peripheral Regions. Vision Res. 21, 373−384 (1981)

Hauske, G.: Systemtheorie der Flimmerwahrnehmung bei Fernseh-wiedergabe. ntz−Archiv 9, 291−297 (1987)

Hauske, G.: The Visual System as a Spatial Frequency Matched Filter. In: Processing Structures for Perception and Action. (Hrsg. H. Marko, G. Hauske, A. Struppler). VCH Verlagsgesellschaft (1988)

Hauske, G.: Spatial Averaging in Vernier Experiments with Random Dot Clusters. Invest. Ophth. Vis. Sci. 33, 1348 (1992)

Hauske, G., Deubel, H.: Temporal Responses to Switched and Saccade Induced Flicker Modulation Onsets. Invest. Ophthalmol. (ARVO Suppl.) 25, 70 (1984)

Hauske, G., Wolf, W., Lupp, U.: Matched Filters in Human Vision. Biol. Cybern. 22, 181−188 (1976)

Hauske, G., Lupp, U., Wolf, W.: Matched Filters − a New Concept in Vision. Photogr. Sci. Eng. 22, 59−64 (1978)

Hauske, G., Zetzsche, C.: Die Bedeutung des analytischen Signals in Bildanalyse und Bildcodierung. Frequenz 44, 68−73 (1990)

Hecht, S.: Rods, Cones, and the Chemical Basis of Vision. Physiol. Rev. 17, 239−290 (1937)

Hecht, S., Schlaer, S., Pirenne, H. M.: Energy, Quanta, and Vision. J. Gen.

Physiol. 25, 819—840 (1942)

Heinemann, E.G.: Simultaneous Brightness Induction as a Function of Inducing— and Test—Field Luminance. J. exp. Psychol. 50, 89—96 (1955)

Helmholz, H. von: Handbuch der Physiologischen Optik. Voss (1867)

Hentschel, C.: Flimmerreduktionsverfahren zur Verbesserung der Fernsehbildwiedergabe. ntz—Archiv 7, 219—229 (1985)

Hentschel, C.: Die Augencharakteristik als optischer Tiefpaß in der Videotechnik. Fernseh— und Kino—Technik 45, 231—240 (1991)

Hentschel, C., Buchwald, W.—P.: Augencharakteristik in der vertikal —zeitlichen Frequenzebene. Fernseh— und Kino—Technik 45, 181 —187 (1991)

Hering, E.: Zur Lehre vom Lichtsinne. Gerald (1878)

Hering, E.: Grundzüge der Lehre vom Lichtsinn. Springer Verlag (1920)

Hermann, L.: Eine Erscheinung des simultanan Kontrastes. Pflügers Arch. ges. Physiol. 3, 13—15 (1870)

Hilz, R., Cavonius, C.R.: Wavelength Discrimination Measured with Square Wave Gratings. J. Opt. Soc. Am. 60, 273—277 (1970)

Hilz, R., Cavonius, C.R.: Functional Organization of the Peripheral Retina: Sensitvity to Periodic Stimuli. Vision Res. 14, 1333—1337 (1974)

Hoekstra, J., van der Goot, D.P.J., van den Brink, G., Bilsen, F.: The Influence of the Number of Cycles upon the Visual Contrast Threshold for Spatial Sine Wave Patterns. Vision Res. 14, 435—437 (1974)

Holst, E.v., Mittelstaedt, H.: Das Reafferenzprinzip (Wechselwirkungen zwischen Zentralnervensystem und Peripherie). Naturwissenschaften 37, 464—476 (1950)

Hubel, D.H., Wiesel, T.N.: Receptive Fields, Binocular Interaction, and

Functional Architecture in the Cat's Striate Cortex. J. Physiol. (Lond.) 160, 106–154 (1962)

Hubel, D.H., Wiesel, T.N.: Receptive Fields and Functional Architecture of two Nonstriate Areas (18 and 19) of the Cat. J. Neurophysiol. 28, 229–289 (1965)

Hubel, D.H., Wiesel, T.N.: Receptive Fields and Functional Architecture of Monkey Striate Cortex. J. Physiol. (Lond.) 195, 215–243 (1968)

Ingling Jr, C.R., Martinez–Uriegas, E.: The Spatiotemporel Properties of the r–g X–Cell Channel. Vision Res. 25, 33–38 (1985)

Ivanoff, A.: On the Influence of Accommodation on Spherical Aberration in the Human Eye; an Attempt to Interpret Night Myopia. J. Opt. Soc. Am. 37, 730 (1947)

Ives, H.E.: Critical Frequency Relation in Scotopic Vision. J. Opt. Soc. Am. 6, 254–268 (1922)

Jameson, D., Hurvich, L.M.: Complexities of Perceived Brightness. Science 133, 174–179 (1961)

Jaschinski–Kruza, W., Cavonius, C.R.: A Multiple Channel Model for Grating Detection. Vision Res. 24, 933–941 (1984)

Jones, J., Palmer, L.: An Evaluation of the Two–Dimensional Gabor Filter Model of Simple Receptive Fields in Cat Striate Cortex. J. Neurophysiol. 58, 1233–1258 (1987)

Julesz, B.: Global Stereopsis: Cooperative Phenomena in Stereoscopic Depth Perception. In: Handbook of Sensory Physiology, Vol VIII, Perception (Hrsg. R. Held, H.W. Leibowitz, H.–L. Teuber), Springer Verlag, Heidelberg (1978)

Julesz, B.: Spatial Frequency Channels in One–, Two–, and Three–Dimensional Vision: Variations on an Auditory Theme by Bekesy. In: Visual Coding and Adaptability (Hrsg. C.S. Harris). Lawrence Erlbaum Associates (1980)

Julesz, B., Schumer, R.A.: Early Visual Perception, Ann. Rev. Psychol. 32, 575−627 (1981)

Kelly, D.H.: Flicker Fusion and Harmonic Analysis. J. Opt. Soc. Am. 51, 917−918 (1961)

Kelly, D.H.: Sine Waves and Flicker Fusion. Documenta Ophthalmol. 18, 16−35 (1964)

Kelly, D.H.: Flickering Patterns and Lateral Inhibition. J. Opt. Soc. Am. 59, 1361−1370 (1969)

Kelly, D.H.: Diffusion Model of Linear Flicker Responses. J. Opt. Soc. Am. 59, 1665−1670 (1969)

Kelly, D.H.: Theory of Flicker and Transient Responses, I. Uniform Fields. J. Opt. Soc. Am. 61, 537−546 (1971a)

Kelly, D.H.: Theory of Flicker and Transient Responses. II: Counterphase Gratings. J. Opt. Soc. Amer. 61, 632−640 (1971b)

Kelly, D.H.: Adaptation Effects on Spatiotemporal Sine−Wave Thresholds. Vision Res. 12, 89−101 (1972)

Kelly, D.H.: Flicker. In: Handbook of Sensory Physiology, Vol. VII/4 Visual Psychophysics (Hrsg.: D. Jameson und L. M. Hurvich), Springer (1972)

Kelly, D.H.: How Many Bars Make a Grating. Vision Res. 15, 625−626 (1975)

Kelly, D.H.: Motion and Vision. I. Stabilized Images of Stationary Gratings. J. Opt. Soc. Am. 69, 1266−1274 (1979a)

Kelly, D.H.: Motion and Vision. II. Stabilized Spatio−Temporal Threshold Surface. J. Opt. Soc. Am. 69, 1340−1349 (1979b)

Kelly, D.H.: Disappearance of Stabilized Chromatic Gratings. Science 214, 1257−1258 (1981)

Kelly, D.H.: Retinal Inhomogeneity. I. Spatiotemporal Contrast Sensitivity. J. Opt. Soc. Am. A1, 107−113 (1984)

Kelly, D.H.: Opponent−Colour Receptive Field Profiles Determined from Large−Area Psychophysical Measurements. J. Opt. Soc. Am. A 6, 1784−1793 (1989a)

Kelly, D.H.: Spatial and Temporal Interactions in Color Vision. J. Imaging Techn. 15, 82−89 (1989b)

Kelly, D.H., Burbeck, C.A.: Motion and Vision. III. Stabilized Pattern Adaptation. J. Opt. Soc. Am. 70, 1283−1289 (1980)

Kelly, D.H., Magnuski, H.S.: Pattern Detection in the Two Dimensional Fourier Transform: Circular Targets. Vision Res. 15, 911−915 (1975)

Kelly, D.H., Savoie, R.E.: Theory of Flicker and Transient Responses. III. An Essential Nonlinearity. J. Opt. Soc. Am. 68, 1481−1490 (1978)

Klein, M.V.: Optics. Wiley (1970)

Klein, S.A., Levi, D.M.: Hyperacuity Thresholds of One Second: Theoretical Prediction and Empirical Validation. J. Opt. Soc. Am. A2, 1170−1190 (1985)

Koenderink, J.J., van Doorn, A.J.: Representation of Local Geometry in the Visual System. Biol. Cybern. 55, 367−375 (1985)

Koenderink, J.J.: Operational Significance of Receptive Field Assemblies. Biol. Cybern. 58, 163−171 (1988)

Kriegeskotten−Tiede, U., Zetzsche, C.: Local Amplitude of Filter Outputs Predicts the Influence of Micro−Pattern Spacing, Orientation, and Elongation on Texture Discrimination. Perception 17, 398 (1988)

Krueger, H.: The Course of Accommodation in the Human Eye after Step−Functional Changes of the Fixation Target. In: Biokybernetik, Band III (Hrsg.: H. Drischel, N. Tiedt), VEB Gustav Fischer Verlag (1971)

Kulikowski, J.J., King−Smith, P.E.: Spatial Arrangement of Line, Edge, and Grating Detectors Revealed by Subthreshold Summation. Vision Res. 13, 1455−1478 (1973)

Kulikowski, J.J., Abadi, R., King−Smith, P.E.: Orientational Selectivity of Grating and Line Detectors in Human Vision. Vision Res. 13, 1479−1493 (1973)

Land, E.H., McCann, J.J.: Lightness and Retinex Theory. J. Opt. Soc. Am. 61, 1−11 (1971)

Landy, M.S., Movshon, J.A.: Computational Models of Visual Processing. The MIT Press (1991)

Laurens, H.: Über die räumliche Unterscheidungsfähigkeit beim Dämmerungssehen. Z. Sinnesphysiol. 48, 233 (1914)

Legge, G.E., Foley, J.M.: Contrast Masking in Human Vision. J. Opt. Soc. Am. 70, 1458−1471 (1980)

Lennie, P.: Parallel Visual Pathways: a Review. Vision Res. 20, 561−594 (1980)

Lettvin, J.Y., Maturana, H.R., McCulloch, W.S., Pitts, W.H.: What the Frog's Eye Tells the Frog's Brain. Proc. IRE 47, 1940−1951 (1959)

Levi, D.M., Klein, S.A., Aitsebaomo, A.P.: Vernier Acuity, Crowding and Cortical Magnification. Vision Res. 25, 963−977 (1985)

Levinson, J.Z.: Flicker Fusion Phenomena. Science 160, 21−28 (1968)

Levinson, J., Harmon, L.D.: Studies with Artificial Neurons, III: Mechanisms of Flicker Fusion. Kybernetik 1, 107−117 (1961)

Levinson, J.Z., Sekuler, R.: The Independence of Channels in Human Vision Selective for Direction of Movement. J. Physiol. (Lond.) 250, 347−366 (1975)

Levinson, E., Sekuler, R.: A Two−Dimensional Analysis of Direction Specific Adaptation. Vision Res. 20, 103−108 (1980)

Lit, A.: The Magnitude of the Pulfrich Stereo Phenomenon as a Function of Binocular Differences of Intensity at Various Levels of Illumination. Am. J. Psychol. 62, 159−181 (1949)

Lowry, E.M., DePalma, J.J.: Sine Wave Response of the Visual System. I. The Mach Phenomenon. J. Opt. Soc. Am. 51, 740–746 (1961)

Lupp, U.: Systemtheoretische Analyse der zeitlichen Einschwingvorgänge im visuellen System. Dissertation TU München (1981)

Lupp, U., Hauske, G., Wolf, W.: Perceptual Latencies to Sinusoidal Gratings. Vision Res. 16, 969–972 (1976)

Lupp, U., Hauske, G., Wolf, W.: Different Systems for the Detection of High and Low Spatial Frequencies. Photogr. Sci. Eng. 22, 80–84 (1978)

Maffei, L.: Spatial Frequency Channels. In: Handbook of Sensory Physiology, Vol. VII/4 Visual Psychophysics (Hrsg. D. Jameson und L. M. Hurvich), Springer (1972)

Maffei, L.: Spatial Frequency Channels: Neural Mechanisms. In: Handbook of ensory Physiology, Vol. VIII, Perception (Hrsg. R. Held, H.W. Leibowitz, H.–L. Teubner), Springer (1978)

Maffei, L., Fiorentini, A.: The Visual Cortex as a Spatial Frequency Analyser. Vision Res. 13, 1255–1267 (1973)

Maffei, L., Fiorentini, A., Bisti, S.: Neural Correlate of Perceptual Adaptation to Gratings. Science 182, 1036–1038 (1973)

Mahowald, M.A., Mead, C.: The Silicon Retina. Sci. Am. 264, 40–46 (1992)

Mallat, S.: A Theory of Multiresolution Signal Decomposition: the Wavelet Representation. IEEE Trans. PAMI–11, 647–693 (1989)

Marko, H.: Die Systemtheorie der homogenen Schichten. I. Mathematische Grundlagen. Kybernetik 5, 221–240 (1969)

Marko, H.: The z–Model – a Proposal for Spatial and Temporal Modeling of Visual Threshold Perception. Biol. Cybern. 39, 111–123 (1981)

Marko, H.: Methoden der Systemtheorie. Springer (1982)

Marks, W.B., Dobelle, W.H., McNichol Jr., E.F.: Visual Pigments of Single

Primate Cones. Science 143, 1181–1183 (1964)

Marr, D., Poggio, T.: Cooperative Computation of Stereo Disparity. Science 194, 283–287 (1976)

Marr, D., Poggio, T.: A Computational Theory of Human Stereo Vision. Proc. R. Soc. Lond. B 204, 301–328 (1979)

Masland, R.H.: The Functional Architecture of the Retina. Sci. Amer. 255, 90–99 (1986)

McCann, J.J., Hall Jr., J.A.: Effect of Average Luminance Surrounds on the Visibility of Sine–Wave Gratings. J. Opt. Soc. Am. 70, 212–219 (1980)

Menzel, E.: Der Gesichtssinn als linearer Übertragungskanal und die Machschen Streifen. Naturwiss. 46, 316–317 (1959)

Morrone, M.C., Burr, D.C.: Feature Detection in Human Vision: A Phase–Dependent Energy Model. Proc. R. Soc. Lond. B 235, 221–245 (1988)

Morrone, M.C., Owens, R.A.: Feature Detection from Local Energy. Patt. Recog. Lett. 6, 303–313 (1987)

Mortensen, U.: Visual Contrast Detection by a Single Channel versus Probability Summation among Channels. Biol. Cybern. 59, 137–147 (1988)

Nachmias, J.: Effect of Exposure Duration on Visual Contrast Sensitivity with Square Wave Gratings. J. Opt. Soc. Am. 57, 421–427 (1967)

Nachmias, J.: Signal Detection Theory and its Application to Problems in Vision. In: Handbook of Sensory Physiology, Vol. VII/4 Visual Psychophysics (Hrsg. D. Jameson und L. M. Hurvich), Springer (1972)

Nes, F.L. van: Experimental Studies in Spatiotemporal Contrast Transfer by the Human Eye. Dissertation Universität Utrecht, Holland (1968)

Nes, F.L. van, Koenderink, J.J., Nas, H., Bouman, M.A.: Spatiotemporal

Modulation Transfer in the Human Eye. J. Opt. Soc. Am. 57, 1082–1088 (1967)

Nishihara, H.K.: Practical Real Time Stereo Matcher. In: Readings in Computer Vision (Hrsg. M.A. Fischler, O. Firschein), Kauffman (1987)

Page, H.E.: The Relation between the Area of Stimulation and Intensity of Light at Various Levels of Visual Excitation as Measured by Pupil Constriction. J. exp. Psychol. 29, 177–200 (1941)

Papoulis, A.: Systems and Transforms with Applications in Optics. Wiley (1978)

Papoulis, A.: The Fourier Integral and Its Applications. McGraw–Hill Book Company (1962)

Pettigrew, J.D.: The Neurophysiology of Binocular Vision. Sci. Amer. 227, 84–95 (1972)

Platzer, H., Etschberger, K.: Fouriertransformation zweidimensionaler Signale. Laser und Elektrooptik 4(1) 39–45; 4(2) 43–49 (1972)

Pohl, R.W.: Einführung in die Optik, Springer (1940)

Pulfrich, C.: Die Stereoskopie im Dienste der isochromen und heterochomen Photometrie. Naturwissenschaften 10, 553–564, 569–574, 596–601, 714–722, 735–743, 751–761 (1922)

Quick, R.F.: A Vector–Magnitude Model of Contrast Detection. Kybernetik 16, 65–67 (1974)

Quick, R.F., Reichert, T.A.: Spatial Frequency Selectivity in Contrast Detection. Vision Res. 15, 637–643 (1975)

Ramachandran, V.S.: Interaction between Colour and Motion in Human Vision. Nature 328, 645–647 (1987)

Ramachandran, V.S.: Blind Spots. Sci. Am. 266, 43–49 (1992)

Ramachandran, V.S., Gregory, R.L.: Perceptual Filling In of Artificially Induced Scotomas in Human Vision. Nature 350, 699–702 (1991)

Ratliff, F.: Mach Bands. Holden–Day (1965)

Rauschecker, J.P.J., Campbell, F.W., Atkinson, J.: Color Opponent Neurones in the Human Visual System. Nature 245, 42–43 (1973)

Reeves, P.: The Response of the Average Pupil to Various Intensities of Light. J. opt. Soc. Amer. 4, 35–43 (1920)

Reichardt, W.: Zur Frage der Ein– oder Mehr–Quantenprozesse im Komplexauge der Fliege Musca. In: Kybernetik 1968 (Hrsg. H. Marko und G. Färber), Oldenbourg Verlag (1968)

Riggs, L.A.: Visual Acuity. In: Vision and Visual Perception (Hrsg.: C. H. Graham), Wiley (1965)

Riggs, L.A., Rattliff, F., Cornsweet, J.C., Cornsweet, T.N.: The Disappearance of Steadily Fixated Visual Test Objects. J. Opt. Soc. Am. 43, 495–501 (1953)

Robson, J.G.: Spatial and Temporal Contrast Sensitivity Functions of the Visual System. J. Opt. Soc. Am. 56, 1141–1142 (1966)

Robson, J.G.: Neural Images: The Physiological Basis of Spatial Vision. In: Visual Coding and Adaptability. (Hrsg. C.S. Harris), Lawrence Erlbaum Associates (1980)

Rogers, B.J., Steinbach, M.J., Ono, H.: Eye Movements and the Pulfrich Phenomenon. Vision Res. 14, 181–185 (1974)

Rohaly, A.M., Buchsbaum, G.: Inference of Global Spatiochromatic Mechanisms from Contrast Sensitivity Functions. J. Opt. Soc. Am. 5, 572–576 (1988)

Röhler, R.: Contribution of Colour to Pattern Recognition. In: Processing Structures for Perception and Action. (Hrsg. H. Marko, G. Hauske, A. Struppler). VCH Verlagsgesellschaft (1988)

Rose, A.: The Relative Sensitivities of Television Pick–Up Tubes,

Photographic Film and the Human Eye, Proc. IRE 30, 293 − 300 (1942)

Ross, J., Holt, J.J., Johnstone, J.R.: High Frequency Limitations on Mach Bands. Vision Res. 21, 1165−1167 (1981)

Roufs, J.A.: Dynamic Properties of Vision. I. Experimental Relationships between Flicker and Flash Thresholds. Vision Res. 12, 261−278 (1972)

Roufs, J.A.J., Blommaert, F.J.J.: Temporal Impulse and Step Responses of the Human Eye Obtained Psychophysically by Means of a Drift−Correcting Perturbation Technique. Vision. Res. 21, 1203−1221 (1981)

Rovamo, J., Virsu, V.: An Estimation and Application of the Human Cortical Magnification Factor. Exp. Brain Res. 37, 495−510 (1979)

Rushton, W.A.H.: Rhodopsin Measurement and Dark Adaptation in a Subject Deficient in Cone Vision. J. Physiol. (Lond.) 156, 193−205 (1961)

Rushton, W.A.H., Westheimer, G.: The Effect upon the Rod Threshold of Bleaching Neighbouring Rods. J. Physiol. (Lond.) 164, 318−329 (1962)

Sachs, M.B., Nachmias, J., Robson, J.G.: Spatial Frequency Channels in Human Vision. J. Opt. Soc. Am. 61, 1176−1186 (1971)

Saito, H., Tanaka, K., Fukuda, Y., Oyamada, H.: Analysis of Discontinuity in Visual Contours in Area 19 of the Cat. J. Neuroscience 8, 1311−1343 (1988)

Schade, O.H.: Optical and Photoelectric Analog of the Eye. J. Opt. Soc. Am. 46, 721−739 (1956)

Schiller, P.H.: The Central Visual System. Vision Res. 26, 1351−1386 (1986)

Schober, H., Wohletz, J., Zolleis, F.: Die monochromatische Aberration des menschlichen Auges. Klin. Monatsbl. für Augenheilkunde 155, 243−257 (1969)

Schröder, H.: On Vertical Filtering for Flickerfree Television Reproduction. In: Signal Processing. Band II: Theories and Applications (Hrsg. H.W. Schüssler). Elsevier North−Holland (1983)

Schröder, H.: On Linefree and Flickerfree Television Reproduction. Circuits Syst. Signal. Process. 3, 161−196 (1984)

Segall, M.H., Campbell, D.T., Herskovits, M.J.: The Influence of Culture on Visual Percetion. The Bobbs−Merrill Publishers (1966)

Shapley, R.M.: Visual Sensitivity and Parallel Retinocortical Channels. Am. Rev. Psychol. 41, 635−658 (1990)

Shapley, R.M., Tolhurst, D.J.: Edge Detectors in Human Vision. J. Physiol. (Lond.) 229, 165−183 (1973)

Shapley, R.M., Caelli, T., Grossberg, S., Morgan, M., Rentschler, I.: Computational Theories of Visual Perception. In: Visual Perception. The Neurophysiological Foundations (Hrsg. L. Spillmann, J.S. Werner). Academic Press (1990)

Singer, W., Bedworth, N.: Inhibitory Interactions between X and Y Units in the Cat Lateral Geniculate Nucleus. Brain Res. 49, 291−307 (1973)

Siminoff, R.: Modelling the Effect of Negative Feedback Circuit from Horizontal Cells to Cones on the Impulse Response of Cones and Horizontal Cells in the Catfish Retina. Biol. Cybern. 52, 307−313 (1985)

Sommerfeld, A.: Vorlesungen über Theoretische Physik. Band IV, Optik. Akademische Verlagsgesellschaft (1978)

Sperry, L.: Neuronal Basis of the Spontaneous Optokinetic Response Produced by Visual Inversion. J. Comp. Physiol. Psychol. 43, 482 − 489 (1950)

Spillmann, L.: Foveal Perceptive Fields in Human Contrast Vision. Pflügers Arch. ges. Physiol. 326, 281−299 (1971)

Spillmann, L.,Werner, J.S. (Hrsg.): Visual Perception. The

Neurophysiological Foundations. Academic Press (1990)

Stark, L.: Environmental Clamping of Biological Systems : Pupil Servomechanism. J. Opt. Soc. Am. 52, 925–930 (1962)

Stark, L., Bridgeman, B.: Role of Corollary Discharge in Space Constancy. Perception and Psychophysics 34, 371 – 380 (1983)

Stark, L, Kong, R., Schwartz, S., Hendry, D., Bridgeman, B.: Saccadic Suppression of Image Displacement. Vision Res. 16, 1185–1187 (1976)

Stegemann, J.: Über den Einfluß sinusförmiger Leuchtdichteänderungen auf die Pupillenweite. Pflüg. Arch. ges. Physiol. 264, 113–122 (1957)

Stegemann, J.: Regelungsvorgänge am Auge. In: Regelungsvorgänge in lebenden Wesen (Hrsg. H. Mittelstaedt), Oldenbourg Verlag (1961)

Steinhardt, J.: Intensity Discrimination in the Human Eye. The Relation of $\Delta I/I$ to Intensity. J. Gen. Physiol. 20, 185–209 (1936)

Stollenwerk, F.: Qualitätsvergleich von Zeilensprung– und Vollbildwiedergabe. Frequenz 37, 334–344 (1983)

Stromeyer, C.F.III, Julesz, B.: Spatial Frequency Masking in Vision: Critical Bands and Spread of Masking. J. Opt. Soc. Am. 62, 1221–1232 (1972)

Stromeyer, C.F.III, Klein, S., Dawson, B.M., Spillmann, L.: Low Spatial Frequency Channels in Human Vision: Adaptation and Masking. Vision Res. 22, 225–233 (1982)

Thompson, P.: Discrimination of Moving Gratings at and above Detection Threshold. Vision Res. 23, 1533–1538 (1983)

Thompson, P.: The Coding of Velocity of Movement in the Human Visual System. Vision Res. 24, 41–45 (1984)

Thoss, F.: Zur Frequenzganganalyse des Pupillenregelkreises. In: Biokybernetik, Band III (Hrsg. H. Drischel), VEB Gustav Fischer Verlag (1968)

Trincker, D.: Hell−Dunkelanpassung und räumliches Sehen. Zur Phänomenologie des Pulfricheffektes unter Berücksichtigung des "Asymmetriephänomens". Pflügers Archiv ges. Physiol. 257, 48−60 (1953)

Troelstra, A., Zuber, B.L., Miller, D., Stark, L.: Accommodative Tracking: A Trial−and−Error Function. Vision Res. 4, 585−594 (1964)

Varju, D.: Vergleich zweier Modelle für laterale Inhibition. Kybernetik 1, 200−208 (1962)

Varju, D.: Der Einfluß sinusförmiger Leuchtdichteänderungen auf die mittlere Pupillenweite und auf die subjektive Helligkeit. Kybernetik 2, 33−45 (1964)

Vassilev, A., Mitov, D.: Perception Time and Spatial Frequency. Vision Res. 16, 89−92 (1976)

Ventouras, E., Papageorgiu, C., Uzunoglu, N.K., Rabavilas, A., Stefanis, C.: Performance of Hopfield ANN in Simulating Human Optical Illusions: the Müller−Lyer Paradigm. In: Artificial Neural Networks 2 (Hrsg. I. Aleksander und J. Taylor), Elsevier Science Publishing Company, Amsterdam (1992)

Virsu, V., Rovamo, J.: Visual Resolution, Contrast Sensitivity, and the Cortical Magnification Factor. Exp. Brain Res. 37, 475−494 (1979)

Wald, G., Griffin, D.R.: The Change in Refractive Power of the Human Eye in Dim and Bright Light. J. Opt. Soc. Am. 37, 321−326 (1947)

Ward, R., Casco, C., Watt, R.J.: The Location of Noisy Visual Stimuli. Can. J. Psychol. 39, 387−399 (1985)

Wässle, H., Grünert, U., Röhrenbeck, J., Boycott, B.B.: Cortical Magnification Factor and the Ganglion Cell Density of the Primate Retina. Nature 341, 643−646 (1989)

Watson, A.B. (Hrsg.): Digital Images and Human Vision. The MIT Press (1993)

Watson, A.B.: Efficiency of a Model Human Image Code. J. Opt. Soc. Am. A 4, 2401–2417 (1987)

Watson, A.B., Barlow, H.B., Robson, J.G.: What Does the Eye See Best? Nature 302, 419–422 (1983)

Watt, R.J.: An Outline of the Primal Sketch in Human Vision. Pattern Recogn. Letters 5, 139–150 (1987)

Watt, R.J.: Visual Processing – Computational, Psychophysical, and Cognitive Research. Lawrence Erlbaum Associates (1988)

Watt, R.J., Campbell, F.W.: Vernier Acuity: Interaction between Length Effects and Gaps when Orientation Cues are Eliminated. Spatial Vision 1, 31–38 (1985)

Watt, R.J., Morgan, M.J.: The Recognition and Representation of Edge Blurr: Evidence for Spatial Primitives in Human Vision. Vision Res. 23, 1465–1477 (1983)

Watt, R.J., Morgan, M.J.: Spatial Filters and the Localization of Luminance Changes in Human Vision. Vision Res. 24, 1387–1397 (1984)

Watt, R.J. Morgan, M.J.: A Theory of the Primitive Spatial Code in Human Vision. Vision Res. 25, 1661–1674 (1985)

Watt, R.J., Morgan, M.J., Ward, R.M.: The Use of Different Cues in Vernier Acuity. Vision Res. 23, 991–995 (1983)

Wegmann, B., Zetzsche, C.: Visual System Based Polar Quantization of Local Amplitude and Local Phase of Orientation Filter Outputs. In: Human Vision and Electronic Imaging: Models, Methods, and Applications. (Hrsg. B.E. Rogowitz, J.P. Allebach), Proc. SPIE 1249, 306–317 (1990)

Wegmann, B., Zetzsche, C.: Even/Odd vs. Amplitude/Phase Representation of Primary Visual Information: a Discrimination Threshold Analysis. Perception 21, 94 (1992)

Werblin, F.S.: The Control of Sensitivity in the Retina. Sci. Amer. 228, 71–79 (1973)

Westheimer, G.: Modulation Thresholds for Sinusoidal Light Distributions on the Retina. J. Physiol. (Lond.) 152, 67–74 (1960)

Westheimer, G.: Visual Acuity and Spatial Modulation Thresholds. In: Handbook of Sensory Physiology, Vol. VII/4 Visual Psychophysics (Hrsg. D. Jameson und L. M. Hurvich), Springer (1972)

Westheimer, G.: Visual Acuity and Hyperacuity. Invest. Ophthal. Visual Sci. 14, 570–572 (1975)

Westheimer, G.: The Spatial Sense of the Eye. Proctor Lecture. Invest. Ophthal. Vis. Sci. 18, 893–912 (1979)

Westheimer, G.: Visual Hyperacuity. In: Progress in Sensory Physiology, Vol. I (Hrsg. H. Autrum, D. Ottoson, E. R. Perl, R. F. Schmidt), Springer (1981)

Westheimer, G.: Line Separation Discrimination Curve in the Human Fovea: Smooth or Segmented? J. Opt. Soc. Am. A1, 683–684 (1984)

Westheimer, G., Hauske, G.: Temporal and Spatial Interference with Vernier Acuity. Vision Res. 15, 1137–1141 (1975)

Westheimer, G., McKee, S.P.: Spatial Configurations for Visual Hyperacuity. Vision Res. 17, 941–947 (1977)

Whitten, D.N., Brown, K.T.: The Time Courses of Late Receptor Potentials from Monkey Rods and Cones. Vis. Res. 13, 107–135 (1973)

Wilson, H.R., Bergen, J.R.: A Four Mechanism Model for Threshold Spatial Vision. Vision Res. 19, 19–32 (1979)

Wilson, H.R., McFarlane, D.K., Phillips, G.C.: Spatial Frequency Tuning of Orientation Selective Units Estimated by Oblique Masking. Vision. Res. 23, 873–882 (1983)

Woodhouse, J.M.: The Effekt of Pupille Size on Grating Detection at Various Contrast Levels. Vision Res. 15, 645–648 (1975)

Woods, J.W., O'Neil, S.D.: Subband Coding of Images. IEEE Trans. Acoust.

Speech Signal Process. ASSP–43, 1278–1288 (1986)

Wülfing, E.A.: Über den kleinsten Gesichtswinkel. Z. Biol. 29, 199–203 (1892)

Young, R.A.: Simulation of Human Retinal Function with the Gaussian Derivative Model. Proc. IEEE CCVP 464–469 (1986)

Zeevi, Y.Y., Mangoubi, S.S.: Vernier Acuity with Noisy Lines: Estimation of Relative Position Uncertainty. Biol. Cybern. 50, 371–376 (1984)

Zetzsche, C.: Sparse Coding: The Link between Low Level Vision and Associative Memory. In: Parallel Processing in Neural Systems and Computers (Hrsg. R. Eckmiller, G. Hartmann, G. Hauske), Elsevier North–Holland (1990)

Zetzsche, C., Barth, E.: Fundamental Limits of Linear Filters in the Visual Processing of Two–Dimensional Signals. Vision Res. 30, 1111–1117 (1990a)

Zetzsche, C., Barth, E.: Image Surface Predicates and the Neuronal Encoding of Two–Dimensional Signal Variations. In: Human Vision and Electronic Imaging: Models, Methods and Applications. (Hrsg. B.E. Rogowitz, J.P. Allebach). Proc SPIE 1249, 160–177 (1990b)

Zetzsche, C., Hauske, G.: Multiple Channel Model for the Prediction of Subjective Image Quality. In: Human Vision, Visual Processing, and Digital Display. (Hrsg. B.E. Rogowitz) Proc. SPIE 1077, 209–216 (1989a)

Zetzsche, C., Hauske, G.: Principal Features of Human Vision in the Context of Image Quality Models. In: Proceedings IEE 307, 102–106 (1989b)

Zetzsche, C., Barth, E. Wegmann, B.: The Importance of Intrinsically Two–Dimensional Image Features in Biological Vision and Picture Coding. In: Digital Images and Human Vision (Hrsg. A.B. Watson), The MIT Press (1993)

Zwicker, E.: Psychoakustik. Springer (1982)

Sachverzeichnis

A

Abbildungseigenschaften
  des Auges, 50
  von Linsen, 13
Abbildungsfehler, 13
Aberration
  chromatische, 14, 52
  sphärische, 13, 51
Absorptionskurve, spektrale, 192
Abtastung, 130, 163
Adaptation, 62
  −sexperimente, 154
  Bewegungs−, 159
  Dunkel−, 62
  Hell−, 63
  Orientierungs−, 158
  Ortsfrequenz−, 156, 157, 161
  Sofort−, 63
  Stäbchen−, 63
  Zapfen−, 63
Adaptationswirkungen, figurale, 160
Adaptivität, 140
Akkommodation, 55
  −sbreite, 55
  −sschwankung, 56
  Faktoren zur Einstellung, 57
Amacrinezellen, 48, 64
analytisches Signal, 178, 180, 215
anatomische Darstellung des Auges, 3
Astigmatismus, 13, 51
Augenbewegungen
  anatomische Eigenschaften, 139
  Nachbildmethode, 142
  Rolle am Sehvorgang, 143
  und Musterbewegungen, 150

Ausschaltsprungantwort, 100

B

Bandpaß, 187
 −charakteristik, 105, 107, 119, 122
 −filter, 184
 −funktion, 201
 −verhalten, 99
Bandpaßverhalten, Übergang zum Tiefpaßverhalten, 126
Beleuchtung, 91
Beleuchtungsstärke, 37
Besselmuster, rotationssymmetrische, 112, 113
Bestrahlungsstärke, 37
Beugung, 15
 −soptik, 14
 Beispiele, 17
bewegter Lichtpunkt, 72
Bewegungsparallaxe, 212
Bildcodierung, 178
Bilder, binokular verschmolzene, 210
Bildfeld, 107
Bildqualitätsmodell, 182
Bildvorarbeitung, 185
binokulare Zellen, 207
Bipolarzellen, 47, 64
blinder Fleck, 47
Brechkraft, 13, 51
 −verlauf, 51
Brechungsgesetz, 11
Breite, 107

C

Chrominanz
 −gitter, 197
 −komponente, 201
 −signal, 201
Codierung, 173
Codierverfahren
 der zweiten Generation, 175
 Subband−, 173
computational neuroscience, 211
corollary discharge, 141
Cortex−Transformation, 175
Cosinusgitter, 222
 rotierendes, 127, 128
Craik−O'Brien−Effekt, 121, 122

D

Datenkompression, 173
Defokussierung, 32
Detailflimmern, 129, 132
Detektionsexperimente
 mit Mehrkomponentenmustern, 154
 mit unterschwelliger Summation, 155
Detektor, idealer, 77
DeVries−Rose−Gesetz, 108, 109, 110
Disparität, 207, 209
 −sempfindlichkeit, 209
Dreifarbentheorie, 196
Drift, 139, 142
Dunkelsprungantwort, 59

E

Efferenzkopie, 141
Eigenvektortransformation, 198
einfaches optisches System, 12, 50
Einschwingvorgänge, im visuellen System, 95
Empfindlichkeit, 87, 104
 spektrale, 198

Sachverzeichnis

Empfindlichkeitskurve, spektrale, 41
Empfindungslatenz, 72
Energiekompaktierung, 176
   bei Codierung, 174
Entfernungsschätzung, 212
exzentrische Darbietung, 108

F

Faltung, 21, 26
   −sintegral, 28
Farb
   −dreieck, 194
   −gitter, 199
   −konstanz, 124
   −metrik, 191
   −sprung, 199
farbantagonistische Zellen, 199, 200
Farbcordierung, optimale, 198
Farbe, 191
Farbe und Form, 198
Farbfernsehen, 201
Farbmischung, 195
   additive, 191
   subtraktive, 191
   und −metrik, 191
Fehlsichtigkeit, 50
Feld, rezeptives, 199
Fernsehen, 91
figurale Effekte, bei Ortsfrequenzadaptation, 158
Flimmer, 86, 91, 134
   −eindruck, 134, 136
   −phänomene, 91
   −untersuchung, 86
   −verschmelzung, 90
   −verschmelzungsfrequenz, 86, 88
   −wahrnehmung, 87
Frequenzgang, 90
   Großflächen−, 129, 130
   von höherern Harmonischen, 91
   Zwischenzeilen−, 129, 130
Flimmerfrequenz, kritische, 72
flimmernde Muster und Sakkaden, 147
Flimmerphänomene beim Fernsehen, 129
Folgebewegungen, 139
Fourier−Optik, 16
Fouriertransformation, 22, 26, 28
   Ähnlichkeitssatz, 23
   Autokorrelationssatz, 32
   Differentiationssatz, 23
   Reziprozitätssatz, 23
Fovea, 46
Fraunhofer, 15
   Beugung, 16
Frequenzgruppe, akustische, 153
Fusion, binokulare, 210
f_y/f_t−Spektrum, 133

G

Gaborfunktionen, 175
Ganglienzellen, 47
Gegenfarbentheorie, 196
geometrische Optik, 11
Gitter, alternierendes flimmerendes, 125
Glanz, 213
Glattheit, 211

H

Hauptachsentransformation, 198

Helligkeitskonstanz, 124
Hellsprungantwort, 59
Hermanngitter, 116
Hochpaßversion, 204
Hopfieldnetz, 205
Horizontalzellen, 48, 64
Hornhaut, 45
Hyperkomplexzellen, 187, 188

I

Impuls, farbmäßig bipolarer, 199
Impulsantwort, 21, 25, 99
Inflow−Konzept, 142
Inhibitionsnetzwerk, bandpaßartiges, 90
Inhomogenität, des visuellen Systems, 108
Intelligenz, künstliche, 1
Interpretation, räumlich perspektivische, 205
Iris, 45

K

Kanäle, 153
   bandpaßartige, 186
   Orientierungs−, 170
   orientierungsselektive, 159
   Ortsfrequenz−/Zeitfrequenz−, 171
Karhunen−Loeve−Transformation, 198
Kinofilm, 91
Konvergenzwinkel, 57
Korrektursakkade, 140
Krümmung
   −sdetektion, 188
   gaußsche, 188
Kurzsichtigkeit, 50
Kurzzeitdarbietung, 138
Kybernetik, 211

L

Landolt−Ringe, 80
Laplace−Pyramide, 176
Lederhaut, 45
Leuchtdichte, 37, 39
   −unterschiede, 68
   mittlere, 87, 100, 111
Licht
   −quanten, 76, 79
   −stärke, 36
   −strom, 36
Lichtblitzdarbietung, 75
Lichtquanten, 76
lichttechnische Größen, 36
lineare Systemtheorie, 2, 21
lineares System, 3, 5
Linse, 46, 55
Lochkamera, 28, 29, 30
Lokalisierung, 185
Luminanz
   −gitter, 197
   −komponente, 201
   −signal, 201

M

Mac−Adam−Ellipsen, 193, 195
Machbänder, 116
magnozelluläre Zellen, 98
Maskiereffekt, bei abgetasteten Bildern, 163
Maskierung, 161
   −sexperimente, 154
   durch Rasterung, 165
mehrdimensionale Mehrkanalkonzepte, 170

Mehrkanalkonzepte
  biologische, 153
  mehrdimensionale, 170
  technische, 173
Mehrkanalmodelle, Kenngrößen von, 224
Mehrkanalstruktur, 211
Metakontrastphänomene, 161
Mikrosakkaden, 142
MIRAGE, 186
mittlere Leuchtdichte, 109
Modell zur Beschreibung der Detektion, 155
Modellschema
  des Farbensehen, 196
  zur Farbwahrnehmung, 196
Modulations
  −grad, 26
  −übertragungsfunktion, 26
Modulationsübertragungsfunktion
  der Augenoptik, 53
  für Orts− und Zeitfrequenzen, 126
  für Ortsfrequenzen, 104
  für Zeitfrequenzen, 89
Müller−Lyer−Täuschung, 5, 202
Multiratensystem, 177
Multiskalenverarbeitung, 177

N

Nachbild, 100
Nachtkurzsichtigkeit, 51
Nachtsehen, 42
Neckerwürfel, 6
Neuronale−Netz−Simulation, 211
Neuronales Netz, 1, 173, 206
Neurowissenschaft, computernahe, 211

niederortsfrequente Scheibe, 145
Noniussehschärfe, 81, 209
Normalfarbenwert, 194
  −funktion, 194
  relativer, 194
Normalspektralwertfunktion, 192
Normfarbtafel, 193, 194

O

optische Täuschung, 202
  kognitive Interpretation, 205
  systemtheoretische Interpretation, 203
Orientierung, 108, 171, 188
orientierungsselektive Zellen, 203
Orts− und Ortsfrequenzauflösung, 187
Ortsfrequenzabhängigkeit, 103
Ortsfrequenzadaptationsexperimente, 156
Ortsverhalten, 116
Outflow−Konzept, 142

P

parvozelluläre Zellen, 98
peripherer visueller
  Kanal, 4
  System, 1
Persistenz, visuelle, 72, 93
Perspektivstruktur, 212
Photonen, 111
Poisson−Statistik, 78, 111
primal sketch, 185
probability summation, 168
psychometrische Funktion, 77
Pulfrichscher Pendelversuch, 75
punktempfindliche Zellen, 188
Pupillen, 46, 58
  −dynamik, 59

—regelkreis, 59
—veränderung, 60, 61
—weite, 58
Purkinje—Verschiebung, 43
Purpurgerade, 194

Q

Quantisierung, 175
Querdisparität, 84

R

R/G/B—Phosphore, 193, 195
Rampenantwort, 24
random dot stereograms, 207
Reaktionszeit
 —messung, 95
 —methode, 96
 —veränderung, 96
Rechteckgitter, 107
 heterochrome, 197
Redundanzreduktion, 181
Reflexionsgesetz, 11
Retina, 46, 47, 48, 107
retinotope Ordnung, 2
rezeptives Feld, 119
Rhodopsin, 64
Rot—Grün—Test, 53
Rückwärtssinhibitionsnetzwerk, 107

S

Sakkade, 139
Sakkaden, Schwerpunktmodell, 140
sakkadische Suppression, 143
sakkadischer Verstärkungsfaktor, 140
Schärfentiefe, 31, 56

Schatten, 213
Scheinkanten, 6
Schwellenmodell, 89
Schwellenmodulation, bei stabilisiertem Retinabild, 146
Schwerpunkt, 85
Sehschärfe, 47, 79
 indirekte, 81
 Nonius—, 84
 periphere, 82
Sensitivitätsfunktion, ortsfrequenzspektrale, 167
Signal/Geräuschverhältnis, 183
silicon retina, 49
Simple Cells, 171
Simultankontrast, 5, 124
sinusförmig örtliches Muster, 104
Sinusgitter, 24, 105, 112, 113
 alternierende, 126
 zweidimensionales, 112
Snellensche Optotypen, 80
Spektrumverbreiterung, durch Augenbewegung, 148
Sprungantwort, 24, 97
 des visuellen Systems, 97
Stäbchen, 46, 72
stabilisiertes Retinabild, 144, 145
Stabilität der Wahrnehmung, Kompensationsmechanismus, 141, 142
Stereobildauswertung, 211
Stereogramme, 207
Strahlungs
 —dichte, 37
 —stärke, 36
 —strom, 36
Summation
 örtliche, 70
 zeitliche, 70
Superpositions

—gesetz, 21
—methode, 95
systemtheoretisches Konzept für Flimmermessung, 89
Systemtheorie, lineare, 1, 211

T

Tagsehen, 42
Testfeldgröße, 108
Texturanalyse, 182
Texturgradient, entfernungsabhängiger, 213
Texturunterscheidung, 181, 183
Tiefensehen, 207
   binokulares, 207
   Einfluß von Zusatzinformation, 211
   kooperativer Algorithmus, 211
   Korrespondenzproblem, 209, 214
   Mehrdeutigkeitsproblem, 210
   monokulares, 212
Tiefpaßfunktion, 201
Tiefpaßfilterung, 203, 211
Tränenflüssigkeit, 45
Tremor, 139
treppenförmiger Leuchtdichteverlauf, 121
Troland, 38

U

überschwellige Muster, 114
Übertragungsfunktion, 21, 25
   bandpaßartige, 106
   bei reiner Beugung, 32
   örtlich/zeitliche, 128
Umfeld, 107, 109
Umklappeffekt, 157

Umweltstabilität, bei bewegten Augen, 140
Unterscheidung, zwischen Sinus− und Rechteckgitter, 154, 155

V

Vektorquantisierung, 180
Verdeckung, 161, 212
Vergenzbewegung, 139
Vernebeltheit, 212
Verschiebungssatz, 23
visuelles Ganzfeld, 145
Vollbild
   −verfahren, 131
   −zeilenstruktur, 129

W

Wahrnehmbarkeit, zusammengesetzter Muster, 166
Wahrnehmung
   des eigenen Augenhintergrundes, 145
   von Objekten und Gestalten, 5
Wahrnehmungsschwelle, absolute, 76
Wahrscheinlichkeitssummation, 168
Webersches Gesetz, 108, 109
Wechsellichtsprung, 93, 94
Weißpunkt, 193, 194
Weitsichtigkeit, 50
Wellenformen
   bei Flimmermessung, 90
   zusammengesetzte, 107
Wettstreit, binokularer, 208

Z

z−Modell, 127, 148
Zapfen, 46, 64, 72, 192

−arten, 192
−typ, 196
Zapfen und Stäbchen, 46
 −dichte, 48
 −sehen, 69
Zeilensprung
 −darbietung, 134
 −darstellung, 133
 −verfahren beim Fernsehen, 130
Zeilenwandern, 129, 131
Zeitfrequenz− und Ortsfrequenzverhalten, 125
Zeitfrequenzabhängigkeit, 86
Zeitverhalten, 93
zweidimensionale Muster, 112

Informationstechnik

Herausgegeben von
Prof. Dr.-Ing. **Norbert Fliege,** Hamburg-Harburg

Systemtheorie
Von Prof. Dr.-Ing. **N. Fliege,** Hamburg-Harburg
1991. XV, 403 Seiten mit 135 Bildern.
Geb. DM 62,– / ÖS 484,– / SFr 62,–   ISBN 3-519-06140-6

Kanalcodierung
Von Prof. Dr.-Ing. **Martin Bossert,** Ulm
1992. 283 Seiten mit 64 Bildern.
Geb. DM 62,– / ÖS 484,– / SFr 62,–   ISBN 3-519-06143-0

Nachrichtenübertragung
Von Prof. Dr.-Ing. **K. D. Kammeyer,** Hamburg-Harburg
1992. XVI, 678 Seiten mit 363 Bildern und 18 Tabellen.
Geb. DM 79,– / ÖS 616,– / SFr 79,–   ISBN 3-519-06142-2

Multiraten-Signalverarbeitung
Von Prof. Dr.-Ing. **N. Fliege,** Hamburg-Harburg
1993. XVII, 405 Seiten mit 314 Bildern.
Geb. DM 79,– / ÖS 616,– / SFr 79,–   ISBN 3-519-06155-4

Systemtheorie der visuellen Wahrnehmung
Von Prof. Dr.-Ing. **G. Hauske,** München
1994. XI, 270 Seiten mit 138 Bildern.
Geb. DM 78,– / ÖS 609,– / SFr 78,–   ISBN 3-519-06156-2

Architekturen der digitalen Signalverarbeitung
Von Prof. Dr.-Ing. **P. Pirsch,** Hannover
1994. ca. 300 Seiten.
In Vorbereitung   ISBN 3-519-06157-0

Die Reihe wird fortgesetzt.

Preisänderungen vorbehalten.

B. G. Teubner Stuttgart